Oswald Wiener
Manuel Bonik
Robert Hödicke

Eine elementare Einführung in die Theorie der Turing-Maschinen

Springer-Verlag Wien GmbH

Oswald Wiener
Krefeld, Bundesrepublik Deutschland

Manuel Bonik
Berlin, Bundesrepublik Deutschland

Robert Hödicke
Berlin, Bundesrepublik Deutschland

Additional material to this book can be downloaded from http://extras.springer.com.

Gedruckt auf säurefreiem, chlorfrei gebleichtem Papier – TCF
SPIN: 10527151

Umschlagbild: Gobelin von Ingrid Wiener (1992/93) unter Verwendung des
Wink-Elements „K.TM"
© Jacob von Dohnanyi 1997, Atelier 35, Großgörschenstraße 35, D-10827 Berlin,
Bundesrepublik Deutschland

Mit 78 Abbildungen

ISBN 978-3-211-82769-7   ISBN 978-3-7091-9448-5 (eBook)
DOI 10.1007/978-3-7091-9448-5

Vorwort

In einer Welt von Computer-Benutzern, die – nicht zufällig – zugleich eine Welt der mechanistischen Erklärungen ist, sollte ein beträchtlicher Teil des in diesem Buch Gebotenen zur Allgemeinbildung gehören. Einsicht in die Prinzipien seines Geräts sollte den Anwender zu einem effizienten Umgang mit ihm befähigen, idealerweise bis hin zum selbständigen Programmieren. Wichtiger für den allgemein Gebildeten ist freilich die aus solchem Wissen resultierende Einsicht in die Grenzen der Mechanisierung. Am wichtigsten aber scheint uns, daß jene Prinzipien zu einer soliden Basis für das Nachdenken über die Natur der Einsicht selbst geworden sind. Wie immer man sich das Verhältnis von Erkenntnis zu Erkanntem (oder Unerkennbarem) wünschen mag: man sollte recht genau wissen, was eine „mechanistische Erklärung" ist, wenn man für oder gegen sie zu Felde zieht.

Mit der Allgemeinbildung steht es indessen in all diesen Hinsichten nicht zum Besten. Zwar mangelt es nicht an umgangssprachlichen Einführungen, die den Leser von wenigen Voraussetzungen aus zu den tiefsten Sätzen der Theorie führen wollen. „Allgemein verständlich" bleibt aber gerade in den beim Publikum erfolgreichsten Publikationen nur die Sprache der Gleichnisse, der Humor des Paradoxen und manche motivierende Spekulation.

Wenn den Anfänger nun allein die Arbeit am Detail zu einigermaßen fruchtbarem Urteil führen kann, so ist damit die Lust an der Sache nicht exorziert. Wir haben uns bemüht, das Interesse an der Theorie als Vergnügen an konkreten Operationen wachzurufen. Dabei setzen wir bloß jenes Wissen voraus, das auf unser Thema neugierig machen könnte, und definieren und beweisen in einer geringfügig pointierten Umgangssprache; nur an einigen wenigen, eher peripheren Stellen versuchen wir, dem Leser den Geschmack des Formalen zu vermitteln. Anzustreben war nicht lakonische Eleganz, sondern eine handfeste, wo nötig umständliche Auseinandersetzung jener scheinbaren Selbstverständlichkeiten, die, wie unsere Erfahrung zeigt, den Nicht-Mathematiker ins Grübeln und zum Aufgeben bringen können. Stringenz mit Anschaulichkeit zu vereinbaren ist allerdings eine Frage des darstellenden Talents. Wo unsere Mittel nicht ausreichten, haben wir der Anschaulichkeit den Vorzug gegeben. Wir hoffen indes, daß diese Wahl nirgends ein unkorrektes Verständnis, sondern schlimmstenfalls ein Bedürfnis nach weiterer Klärung provoziert, das sich auf dem nächsthöheren Niveau leicht beheben ließe.

In der Meinung also, daß sich die abstrakteren Einsichten aus gelegentlichen Rückwendungen des Lesers auf sein eigenes Tun mehr oder weniger von selbst ergeben, räumen wir den grundlegenden einfachen Mechanismen einen ungewöhnlich großen Platz ein. Das erste Kapitel soll in einer Reihe kleiner Schritte den Begriff des Automaten aus der alltäglichen Erfahrung destillieren. Kapitel 2 charakterisiert in allgemeiner Weise jenen Automaten-Typ, dem der Rest des Buchs gewidmet ist. Kapitel 3 stellt eine Verbindung zwischen dem Formalismus der Maschinen und dem „inhaltlichen" Denken des Gestalters her. Das vierte Kapitel etabliert einige Normen für die Kommunikation zwischen der Maschine und ihrer Umgebung und erläutert das Zusammensetzen von einfacheren Maschinen zu komplizierteren. Die Kapitel 5 bis 8 sollen dem Leser einen für das Folgende nötigen Grad der Vertrautheit mit der technischen Seite des Programmierens vermitteln; zugleich werden einige Konventionen erläutert, die geeignet sind, die später unumgänglich werdenden Abstraktionen in der konkreten Vorstellung zu verankern. Den gleichen Zweck verfolgen die Kapitel 9 und 10 in speziellerer Hinsicht.

Damit scheint uns ein Fundament für die sich anschließenden Erörterungen jener allgemeinen Prinzipien gelegt, denen jede Maschine unterliegt. Kapitel 11 erläutert den Begriff „Algorithmus". In Kapitel 12 wird an Hand eines vollständig durchgeführten Beispiels die Wirkungsweise einer Universellen Maschine vorgeführt. Ist uns der Leser bis hierher gefolgt, so hat er eine wichtige Etappe hinter sich gebracht. Das dreizehnte Kapitel behandelt – reichlich rudimentär, doch den Absichten des Buchs genügend – einige Nomenklaturen zur Vereinfachung unserer Ausdrucksweise. Kapitel 14 kommt endlich zu der für die Automatentheorie fundamentalen Einsicht in die Unlösbarkeit des allgemeinen Halteproblems, die zweite wichtige Etappe ist erreicht. Die restlichen Kapitel beleuchten dieses Ergebnis in einer Serie von Verallgemeinerungen. Kapitel 15 demonstriert einige praktische Konsequenzen des Halteproblems. Die Kapitel 16 (vorbereitend), 17 und 18 befassen sich mit den Möglichkeiten und Grenzen „mechanischer Kreativität".

Ein großer Teil der dem Leser abverlangten Mühe hat die Konstruktion von Automaten zum Gegenstand. Gewinn wird er also vor allem dann aus der Lektüre ziehen, wenn er sich befleißigt, die Aufgaben selbständig zu lösen, oder zumindest die mitgegebenen Lösungen zu verstehen (mitarbeitende Lektüre sollte ein anschließendes Erlernen gängiger Computer-Sprachen sehr erleichtern, wie immer auch das Interesse des Lesers an unserem Thema liegen mag). Um ihm eine gewisse Kontrolle seiner Leistung an die Hand zu geben, haben wir den Schwierigkeitsgrad der Aufgaben in einer Skala von 1 bis 5 bewertet. Diese Bewertung beruht auf einer Einschätzung des Wissens- und Übungsstands, den er vor der jeweiligen Aufgabe erworben haben sollte; in Anbetracht ihrer Subjektivität aber darf er sich keinesfalls demoralisieren lassen, wenn ihm eine Stufe schwieriger zu nehmen scheint als wir vorgegeben haben (die Lösung mancher Aufgaben kann mehrere Stunden, vielleicht Tage in Anspruch nehmen). Umgekehrt spricht natürlich nichts gegen ein Überspringen von Übungen, wenn der Leser die jeweils gestellten Probleme klar versteht und überzeugt ist, Lösungen konstruieren zu können.

Aufgaben, die unmittelbar anschließend im Text besprochen werden, sind mit einem T gekennzeichnet. Die mit einem Stern markierten scheinen uns besonders nützlich; meist wird an späterer Stelle auf sie Bezug genommen. Mit Hilfe der beigegebenen Software kann der Leser die Ergebnisse seiner Anstrengung objektivieren; dazu ist ein PC-kompatibler Kleincomputer jüngeren Jahrgangs erforderlich (siehe Appendix B; eine Diskette mit vergleichbarer

Software für Apple-Computer liegt dem Büchlein *Turing's World* von Barwise und Etchemendy bei). Diese Entlastung der Aufmerksamkeit ermöglicht umfangreicheres Experimentieren, in der Hauptsache genügt aber Bleistift und Papier (und Radiergummi!).

Unser Buch stützt sich auf Vorlesungen, die Wiener seit 1992 an der Kunstakademie Düsseldorf gehalten hat. Die ersten Versionen unserer Software wurden Mitte der achtziger Jahre geschrieben.

Berlin / Dawson City, im Februar 1998

Manuel Bonik, Robert Hödicke und Oswald Wiener

Inhaltsverzeichnis

1. Maschinen

Aufgabe 1.1 ⟨*5T*⟩ Der Leser versuche, „Maschine" zu definieren.

Wir haben dieses Buch geschrieben, um den Leser bei dieser schwierigen Aufgabe zu unterstützen.

1.1

Es wird nicht schaden, wenn wir zunächst die Wortgeschichte zu Rate ziehen.

„Maschine" leitet sich von dem lateinischen Ausdruck „machina" ab, altgriechisch μαχανά, μηχανή, was „Vorrichtung", „Gerüst" bedeutet, „List", auch „Werkzeug zum Bösen". Zugrunde liegt das altgriechische μῆχος, „Möglichkeit", „Mittel", „Behelf", „Erfindung", „Findigkeit", „Plan", „Kunstgriff", „Kniff"; übrigens hängt das deutsche Wort „Macht" damit zusammen.

Wir werden als gleichbedeutend mit „Maschine" auch „Automat" verwenden. Dieses Wort stammt vom altgriechischen αὐτόματον, zusammengezogen aus αὐτός, „selbst", und einer Wendung, die von der indogermanischen Wurzel *men-, „denken", abzuleiten ist – sie erscheint, beispielsweise, in dem homerischen Eigennamen Mentor, eigentlich „Denker" (der Vormund Telemachs hieß so, Odyssee 2,267); verwandt ist μάω, „suchen", „streben", davon μένος, „Kraft, insofern sie sich zu betätigen strebt"; auch das englische „mind" oder das alte deutsche „minne" im Sinn von „Gedenken".

αὐτόματος heißt also zunächst „nach eigenem Dünken handelnd", von Dingen gesagt, deren Tätigkeit keiner äußeren Steuerung bedarf; und daher, später, auch von willenlosen Dingen, Tieren, Kindern, bei denen keine „höhere" (Selbst-)Bestimmung eingreift. Eigenständig wiewohl willenlos verhalten sich zum Beispiel die von Hephaistos für die Götter gefertigten Dreifüße (Ilias 18,375f),

Goldene Räder befestigte jedem er unten am Boden,
Daß sie von selbst (αὐτόματοι) sich bewegten hinein in der Götter Versammlung,
Dann aber wieder zum Hause zurück, ein Wunder dem Anblick.

Freilich müssen wir den intuitiven Sprachgebrauch erheblich präzisieren, wenn wir wissen wollen, welche Arten von Aufgaben durch Einsatz von Maschinen gelöst werden können.

1.2

Um die erwünschte Präzision zu erreichen, beginnen wir mit recht konkreten Vorstellungen, die wir durch Ergänzungen, Idealisierung und Abstraktion allmählich zu einer schärferen Begrifflichkeit zurechtstutzen wollen. Wir denken also zunächst an ein Gebilde aus durch Achsen und Lager miteinander verbundenen Hebeln und Federn, das in endlich viele verschiedene Stellungen einrasten kann. Dieses Gebilde liegt in einer *Umgebung*, worunter wir ganz naiv alles außerhalb des Gebildes verstehen: eine Nachbarschaft, in der andere Gegenstände liegen, vielleicht weitere Gebilde derselben oder irgendeiner anderen Art – in der Dinge vorgehen, von denen einige auf unser Gebilde einwirken und andere nicht (oder vielleicht unmerklich). Das Gebilde verharrt, sich selbst überlassen, in seiner jeweils eingerasteten Stellung, kann indes durch äußere Einflüsse, zum Beispiel durch geeignete Stöße aus der Umgebung, in eine andere Stellung gebracht werden. Welche Stellungen von einer gegebenen aus unmittelbar, in einem *Zug*, das heißt ohne Durchlaufen anderer Stellungen, erreicht werden können, hängt von der jeweiligen Bauweise des betrachteten Gebildes ab. Das gleiche gilt von der Art, Richtung und Stärke der dazu nötigen Stöße. Man zieht nur diese Stellungen in Betracht, also die Ruhelagen vor und nach Einwirkung des jeweiligen Stoßes; von den Zwischenstellungen der Hebel während des Übergangs von einer Stellung zu einer anderen sieht man ab.

Wenn wir ein derartiges Gebilde *Maschine* nennen, so deuten wir damit an, daß uns allein das Verhalten dieses Gebildes interessiert, nämlich die Weise, in der die Stellungen einander folgen in Abhängigkeit vom jeweiligen Aufeinanderfolgen der Stöße. Alle sonstigen Eigenschaften – Material, konkrete Machart, und so weiter – ignorieren wir. Auch von den Eigenschaften der einzelnen Stöße sind nicht alle von Belang; es zählen nur jene, die verhaltenswirksam werden, die einen Übergang der Maschine von einer gegebenen Stellung in eine folgende verursachen. Jedenfalls scheiden für unsere Betrachtung alle Einflüsse aus, die das Material der Maschine oder ihren Zusammenhalt verändern, wie zum Beispiel ein allzu harter Stoß, der eine Achse aus ihrem Lager reißt oder einen Hebel zerbricht.

Wir wollen die möglichen Stellungen der Maschine ihre *Zustände* nennen. Ist die Maschine in einem gegebenen Zustand, so kann es ihre Bauweise mit sich bringen, daß gewisse Stöße einen bestimmten Folgezustand herstellen, Stöße anderer Art aber einen anderen, davon verschiedenen. Ist beispielsweise das Getriebe eines Automobils in der neutralen Stellung (im neutralen Zustand N des Getriebes), so bringt eine bestimmte Art von Stößen auf den Schalthebel den ersten Gang (den Zustand 1) zum Einrasten, wobei es, in einem gewissen Rahmen, auf die Einzelheiten der stoßenden Bewegung nicht ankommt. Eine anders geartete Bewegung schaltet den zweiten Gang (Zustand 2), und wieder gibt es eine Schar von Bewegungen, die im speziellen Hinblick auf diesen Effekt gleichwertig sind – und wir erkennen, daß keine dieser Bewegungen zur ersten Schar gehören kann, wenn wir das Verhalten der Maschine zum Maßstab nehmen. „Die Maschine selbst entscheidet", welche Art von Stoß erfolgt ist.

Vom Standpunkt der Theorie aus muß man allerdings verlangen, daß die jeweilige Reaktion der Maschine eindeutig ist. Sie soll, wenn sie in einem bestimmten Zustand ist, auf ein-und-denselben Stoß nicht das eine Mal durch Übergang in diesen, ein andermal durch Übergang in jenen Zustand reagieren.

Da aber eben „die Maschine selbst entscheidet, welche Art von Stoß erfolgt ist", kann dieses „ein-und-derselbe" nur als ein Rückzug auf das gute alte Postulat „gleiche Ursachen – gleiche Wirkungen" verstanden werden – wir können messen, aber das kommt auch nur auf den Einsatz anderer „selbst entscheidender" Maschinen heraus. Dieses Idealisieren zu *diskreten* – das heißt klar voneinander abgegrenzten – Zuständen und diskreten Stoßarten rechtfertigt sich übrigens einigermaßen durch unsere relativ erfolgreiche, halbbewußte Idealisierung der Erfahrung im Umgang mit den Gegenständen des Alltags (wenn wir die Tasse auf den Tisch stellen, so unterscheiden wir in erster Näherung nur den Fall, in dem sie solide stehen bleibt, von jenem anderen, in dem sie „katastrophal" über die Kante kippt).

Die Zeit teilen wir im Hinblick auf die Maschine zweckmäßigerweise in diskrete Abschnitte, Zeiteinheiten. Zu Beginn einer Zeiteinheit befindet sich die Maschine in einem ihrer möglichen Zustände, im *aktuellen* Zustand, wie wir den Zustand nennen, der den nächsten Stoß erwartet. Es erfolgt nun genau ein Stoß, und daraufhin der auf ihn zurückgehende Zustandsübergang. Es geschieht also ein Zug pro Zeiteinheit, und in diesem Zug wird der aktuelle Zustand der nächsten Zeiteinheit hergestellt. Wir wollen die Dinge so weit wie möglich vereinheitlichen und sicherstellen, daß in jeder Zeiteinheit auch wirklich ein Zug geschehe. Dazu vereinbaren wir: Bleibt in der Spanne einer Zeiteinheit ein wirksamer Stoß aus, so betrachten wir das als eine neue Stoßart; ein Stoß dieser Art „überführt den aktuellen Zustand der Maschine in sich selbst", und solcher Übergang gilt als ein normaler Zug. Diesen Gedanken verallgemeinern wir: wir stellen den Nicht-Stoß den übrigen Stoßarten völlig gleich, indem wir zulassen, daß er auch Übergänge zu – jeweils von der Bauweise bestimmten – anderen Zuständen bewirken kann (zum Beispiel durch Freiwerden einer Feder, die durch einen „echten" Stoß gehemmt worden wäre); umgekehrt sollen die übrigen Stoßarten je nach Bauweise der Maschine auch Übergänge gewisser Zustände in sich selbst zur Folge haben können.

Machen wir uns klar, welchen Grad der Abstraktion wir bisher erreicht haben. Der Grundbaustein unserer Maschine ist der Zustand. Mit dieser Feststellung setzen wir den Begriff des Zustands an die Stelle der entsprechenden materiellen Gegebenheiten der Maschine, und tun zunächst so, als ob ein Zustand ein Gegenstand wäre. Ein Zustand hält bestimmte Einwirkungen der Umgebung auseinander, indem er je nach Einwirkung in verschiedene Folgezustände übergeht. Alle anderen Einwirkungen faßt er zur Stoßart des Nicht-Stoßes zusammen, und zeigt dies ebenfalls durch einen bestimmten Übergang an. Daß er anläßlich gewisser, an sich vielleicht verschiedenartiger Stöße immer in den selben Folgezustand übergeht, erlaubt eben auch uns, diese Stöße zu einer Stoßart zu kategorisieren – andere Maschinen, ja auch andere Zustände derselben Maschine mögen die Einwirkungen anders zusammenfassen. Ein Zustand „definiert" genau so viele Stoßarten, wie er Möglichkeiten des Übergangs in verschiedene Folgezustände hat.

Am Beispiel des „Fünfzehner-Spiels" oder des heute vielleicht bekannteren „magischen Würfels" von Ernö Rubik wird der Charakter unserer bisherigen

Idealisierungen deutlich. Das bescheidenere Fünfzehner-Spiel besteht aus einem quadratischen Rahmen, in den fünfzehn quadratische Plättchen gegeneinander verschiebbar gefügt sind. Die Seitenlänge jedes der (mit "1" bis "15" beschrifteten) Plättchen ist etwa ein Viertel der inneren Seitenlänge des Rahmens, die Stelle des sechzehnten Plättchens nimmt eine quadratische Lücke ein. In diese Lücke kann man immer eines der benachbarten Plättchen schieben, was einem Platzwechsel von Lücke und Plättchen gleichkommt. Eine Stellung des Spiels kann durch eine Liste beschrieben werden; zum Beispiel ist durch die waagrecht vor senkrecht zu lesende Beschreibung (2 1 4 3 6 5 8 7 9 12 Lücke 15 10 14 13 11) die Stellung in Abbildung 1.1 eindeutig festgelegt.

2	1	4	3
6	5	8	7
9	12	░░	15
10	14	13	11

Abbildung 1.1

Ziel des Spiels ist es, aus einer vorgegebenen Anfangsstellung der Plättchen durch Verschieben, das heißt ohne ein Plättchen aus dem Rahmen herauszuheben, schrittweise eine beabsichtigte Endkonfiguration herzustellen.

Darauf wollen wir hier nicht näher eingehen, indessen liegen einige Analogien mit unserer Darlegung auf der Hand. Ein „Zustand" dieses Spiels ist eine Konfiguration der fünfzehn Plättchen und der Lücke innerhalb des Rahmens, die einer einzigen Bedingung genügen muß: es darf nur eine Lücke geben (die dann eben gleichfalls quadratisch ist). Ein „Zug" besteht darin, eines der (je nach Lage der Lücke im Rahmen zwei bis vier) unmittelbar an die Lücke grenzenden Plättchen vollständig zu verschieben. Ein Zustand unterscheidet demnach zwei bis vier verschiedene „Stoßarten", ein jeweiliger Stoß läßt einen der „möglichen" Folge-Zustände „einrasten".

Natürlich ist es immer möglich, ein Plättchen derart zu verschieben, daß zwei Lücken entstehen, und das kann durch keine wie immer auch raffinierte Einrichtung des materiellen Gebildes mit absoluter Zuverlässigkeit verhindert werden. Die „intendierte Interpretation" faßt unter diesen unzähligen Möglichkeiten nur die 10 461 394 944 000 „legalen" Fälle als diskrete Zustände ins Auge (16!/2, siehe Aufgabe 5.6 und Turing *1954*). Von einer illegalen Lage wird man sagen, sie gehöre nicht zum Spiel, gehöre etwa zu einem anderen Spiel, die Maschine sei kaputt, und dergleichen mehr. Unsere Überlegungen deuten darauf hin, daß „Maschine" die Betrachtungsweise charakterisiert, nicht das Ding an sich; doch darauf werden wir erst wieder im Nachwort kurz zurückkommen.

1.3

Man benennt nun die für den Beobachter unter Umständen verschiedenartigen Einwirkungen, zu deren Unterscheidung aber das sich anschließende Verhalten der Maschine keinen Hinweis gibt, mit dem selben *Zeichen*, und setzt abstrahierend diese Zeichen an die Stelle der Stoßarten. Gebrauch der Einzahl, „das Zeichen (für eine bestimmte Stoßart)", rechtfertigt sich eben aus der Tatsache, daß der Zustand auf alle Stöße, die in Bezug auf sein „Auflösungsvermögen" einander genügend ähnlich sind, durch den Übergang zu dem selben Folgezustand reagiert. Wir könnten sagen: Dieser Zustand konstituiert innerhalb jeder seiner Stoßarten eine Ähnlichkeit der Stöße untereinander. Ein bestimmtes Zeichen ist nichts anderes als eine der solcherart hergestellten Ähnlichkeiten, und wir setzen nunmehr einen übertragenen Sinn als den gängigen, indem wir von jedem der verschiedenen Stöße, auf die der Zustand gleich reagiert, als von dem selben Zeichen reden.

Konkret kann man sich die obwaltenden Umstände etwa folgendermaßen vorstellen. Der betrachteten Maschine wird ein Sensor (ein „Sinnesorgan") vorgeschaltet, der auf einem vorbestimmten Platz, dem *Feld* des Sensors, Gegenstände abtastet, die von der Umgebung hingestellt werden. Der Sensor reagiert, indem er für jeden vorgefundenen Gegenstand einen Stoß einer bestimmten Stoßart an die Maschine weitergibt und daraufhin den Gegenstand aus dem Feld entfernt. Der Sensor ist einfach eine andere Maschine, die mit den vorgelegten Gegenständen wie mit Stößen aus der Umgebung umgeht, das heißt er wechselt in Reaktion auf die Gegenstände in bestimmter Weise seinen Zustand, signalisiert diese bestimmte Weise in Gestalt der von ihm an die ursprüngliche Maschine abgegebenen Stöße, und fällt dann wieder in den Ausgangszustand der „Reizbereitschaft" zurück. In Beziehung auf die konkreten Verhältnisse ist mit dieser Vorstellung freilich nichts gewonnen, denn damit der Sensor zwei vorgelegte Gegenstände als gleich „erkenne", muß er die bisher beschriebenen Eigenschaften einer Maschine haben. Nichtsdestoweniger werden wir die von ihm als gleich aufgefaßten Gegenstände als *das selbe Zeichen* ansprechen. So haben wir zumindest eine gedankliche Vereinfachung gefunden, die nichts Wesentliches verliert.

Da die ursprüngliche Maschine in Verbindung mit dem Sensor auf die Zeichen genauso reagiert, wie ohne ihn auf die ursprünglichen Stoßarten, verzichtet man im allgemeinen auf genauere Analysen des Sensors und zählt ihn, als *Lesekopf*, zur peripheren materiellen Ausstattung der eigentlichen, das heißt im gegebenen Zusammenhang eigentlich interessierenden Maschine.

Natürlich ändert sich mit der Einführung des Lesekopfs auch die Vorstellung von der Energieübertragung zwischen Umgebung und Maschine: reagierte die Maschine bisher passiv auf die Stöße aus der Umgebung, so wird man sie sich nun mit einem Motor und mit von den Zeichen unabhängigen Energiequellen ausgestattet denken. Solche Ausrüstung gestattet es dem Lesekopf, die nunmehr völlig passiven Zeichen aktiv zu explorieren (und auf das Leerzeichen für den Nicht-Stoß zu reagieren). Da wir indessen allein am Verhalten der ursprünglichen Maschine interessiert sind, sehen wir auch von diesen neuen peripheren Maschinen ab und lassen überhaupt energetische Erwägungen beiseite. Um unsere konkrete Vorstellung zu vervollständigen, weisen wir noch darauf hin, daß der geschilderte Umbau der Maschine in einem Umbau der Umgebung sein Gegenstück finden muß. Wir müssen die Umgebung mit einem dem Sensor quasi reziproken Effektor (einer „Hand") ausstatten. Diese Maschine reagiert auf die ursprünglich von der Umgebung ausgehenden Stöße ihren Arten gemäß mit der Auswahl von Gegenständen für den Sensor, die sie sodann in dessen Feld stellt. Was diese Gegenstände angeht, so können wir voraussetzen, daß ein ausreichender Vorrat sich in nächster Nähe des Effektors befindet.

Besser noch vereinbaren wir, daß der Effektor die Gegenstände „herstellt"; da wir schon vom „Abtasten" der Gegenstände durch den Sensor gesprochen haben, mag es zum Beispiel genügen, daß der Effektor Furchen von bestimmter Gestalt an einer bestimmten Stelle in den Sand gräbt, welche Stelle wir zum Feld des Sensors erklären.

(Ein vergleichbarer Übergang von „Gegenständen" zu „Furchen" scheint in der Tat in der Geschichte der Schrift stattgefunden zu haben, als man nämlich in Mesopotamien begann, die „Rechensteine" aus Ton (die in der Buchhaltung Nutztiere und andere Wirtschaftsgüter vertraten) durch Einritzen ihrer Umrisse in Tontäfelchen zu ersetzen (Schmandt-Besserat *1978*). Im übrigen denke man etwa an ein halbautomatisches Getriebe, dessen Gänge durch Eintasten von Nummern in ein bestimmtes Feld einer Konsole gewählt werden können.)

1.4

Die Anzahl der Stoßarten, mithin der Zeichen, für eine gegebene Maschine ist endlich, da die Maschine mit ihrer endlichen Zahl von Zuständen bei regulärem Betrieb nur auf endlich viele Weisen reagieren kann. Wieviele Zeichen mindestens sind für eine bestimmte Maschine unbedingt erforderlich? Bis jetzt haben wir so viele Zeichen gebraucht, wie die Maschine insgesamt Stoßarten unterscheiden kann. Wir haben ferner offengelassen, in welchem Verhältnis die verschiedenen Stoßarten zueinander stehen. Da es die einzelnen Zustände sind, die je für sich und unabhängig voneinander die Stoßarten unterscheiden, kann man sich ohne weiteres Maschinen denken, deren Zustände je auf qualitativ verschiedene Gruppen von Stoßarten reagieren: der eine Zustand vielleicht auf akustische Einwirkungen, der andere auf chemische. Die verschiedenen Stoßarten beziehungsweise Zeichen bilden einzig deswegen eine begrifflich zusammengehörige Menge, ein *Alphabet*, weil es eben diese Maschine gibt.

Einerseits unterscheidet diese Maschine die Elemente dieser Menge, indem sie unter geeigneten Umständen (Eingerastetsein der entsprechenden Zustände) auf sie verschiedentlich reagiert, andererseits reagiert sie nur auf diese Stoßarten und, je nach Zustand, auf Nicht-Stöße, zu denen sie alle übrigen Einwirkungen und Nicht-Einwirkungen der Umgebung zusammenfaßt. Mit anderen Worten: diese Maschine ist ein Aspekt, den alle diese Stoßarten gemeinsam haben. Daß sie als ein einheitlicher Aspekt angesprochen werden kann, geht darauf zurück, daß ihre Zustände durch Übergangsmöglichkeiten miteinander verbunden sind, und daß sonstige Möglichkeiten von Veränderungen der Maschine außer Betracht bleiben. Das Verhältnis der ursprünglichen Stoßarten zueinander könnte übrigens auch noch komplizierter sein. Zum Beispiel könnte der eine Zustand der Maschine einheitlich auf eine Gruppe von Stößen reagieren, indem er auf jeden von ihnen in ein-und-denselben anderen Zustand übergeht, während ein anderer Zustand derselben Maschine noch Unterschiede zwischen diesen Stößen findet, diese Stoßart in zwei oder mehrere Stoßarten zerlegt, indem er auf einige dieser Stöße in diesen, auf andere in jenen Zustand übergeht. Es wäre also vorteilhaft, wenn man die Verhältnisse übersichtlich darstellen könnte; und in der Tat läßt sich jede Maschine der bisher beschriebenen Art so einrichten, daß sie ihr ursprüngliches Verhalten den ursprünglichen Stoßarten gegenüber auch auf einem Alphabet reproduziert, das nicht mehr Zeichen enthält als sie Zustände hat.

Die Korrektheit dieser Behauptung wollen wir hier nicht streng beweisen. Wir geben nur folgenden Hinweis: Trivialerweise könnte die Umgebung als Bestandteil ihres Effektors eine Kopie der ursprünglichen Maschine verwenden. Der diesem Bestandteil nachgeschaltete Teil des Effektors tastet, noch innerhalb der Zeiteinheit des aktuellen Zugs, den in diesem Zug jeweils hergestellten Folgezustand der Kopie ab, fertigt ein diesem entsprechendes Zeichen an und stellt es in das Feld des Sensors der Original-Maschine. Die Verbindung des Sensors mit den Zuständen der Maschine wird dahingehend modifiziert, daß der Sensor „weiß", welcher Zustand gerade aktuell ist. Der Sensor tastet nun das Zeichen ab und gibt je nach aktuellem Zustand einen entsprechenden Stoß an die Maschine weiter. Der Effektor samt der Kopie der Maschine gehört zur Umgebung, über die wir uns, wie gesagt, keine besonderen Gedanken machen; die gedankliche Grenze zwischen Umgebung und Maschine verläuft zwischen Effektor und Sensor, an der Schnittstelle erscheinen die Zeichen.

Wiederum: konkret bringt uns dieser Trick nicht sehr viel weiter, aber wir haben eine zusätzliche Vereinfachung gewonnen, insofern wir die Anzahl der Zeichen auf ein genügendes Minimum reduzierten (im übrigen hindert uns nichts daran, Maschinen zuzulassen, die mehr Zustände als Zeichen haben, wenn das in irgendeiner Lage nötig oder auch nur zweckmäßig sein sollte). Darüber hinaus beginnen wir einzusehen, daß Zustände und Zeichen unter gewissen Umständen als die selbe Art von Gegenständen betrachtet werden können: die Zeichen kann man als (für die Maschine wirksame) Zustände der Umgebung auffassen.

1.5

Eine von der Umgebung dargebotene Folge von Zeichen aus dem Alphabet der Maschine, eine *Zeichenkette*, heißt *Eingabe* (Input). Oft zeichnet man einen Zustand der Maschine als den *Anfangszustand*, und einen anderen oder mehrere andere Zustände als *Endzustände* (auch: terminale Zustände) aus. Wir nehmen an, daß die Umgebung die Maschine jederzeit in den Anfangszustand versetzen kann (zum Beispiel nimmt sie für jeden Versuch eine neue Kopie der Maschine, die sich im Anfangszustand befindet). Im einfachsten Fall betrachtet man das Erreichen eines der Endzustände, das heißt das Münden einer durch eine Eingabe gesteuerten Zustandsfolge in einen Endzustand, als eine *Ausgabe* (Output) der Maschine. Der Sinn dieser Betrachtungsweise ist, daß alle Eingabe-Zeichenketten, die den selben Endzustand zur Folge haben, als im Hinblick auf die gegebene Maschine äquivalent angesehen werden können: die Maschine zerlegt gewissermaßen die Menge aller für sie möglichen Zeichenketten in so viele verschiedene Klassen, als sie Endzustände hat.

Solche Maschinen heißen *Akzeptoren*. Eigentlich ist diese Betrachtungsweise keine andere als jene, die wir bereits für die Zusammenfassung von Stößen zu Stoßarten, und dann für die Zusammenfassung gewisser Stoßarten zu einzelnen Zeichen eingeführt haben. Freilich müssen wir den Umstand im Auge behalten, daß die Maschine so lange „nicht entschieden hat", welcher Klasse eine Zeichenkette angehört, solange sie nicht in einem ihrer Endzustände angelangt ist.

Man kann andererseits auch die Folge der Zustände der Maschine als Ausgabe interpretieren. Das wird man beispielsweise tun, wenn man im Vergleich mit den Zeichenfolgen der Eingaben nähere Aufschlüsse über das spezifische Verhalten einer noch unbekannten Maschine, über ihre Möglichkeiten der Zustandsübergänge erhalten will. Maschinen mit einer derartigen Ausgabe nennt man *Moore-Automaten*.

In einem weiteren Schritt richtet man die Maschine so ein, daß sie auf jedes Eingabe-Zeichen mit einem bestimmten, von diesem Zeichen und zugleich vom aktuellen Zustand abhängigen Ausgabe-Zeichen reagiert. Man stattet sie also mit einem eigenen Effektor aus: die Maschine empfängt (*liest*) Zeichen aus der Umgebung und *schreibt* Zeichen in sie zurück. Ein Zug, das Geschehen während einer Zeiteinheit, besteht jetzt aus drei Unterabschnitten: Lesen und Entfernen des Eingabe-Zeichens, Schreiben des Ausgabe-Zeichens in das Feld (dieses Ausgabe-Zeichen wird dann seinerseits vom Effektor der Umgebung entfernt), Übergang in den Folgezustand. Mit dieser Einrichtung kann ein Zustand verschiedene Ausgabe-Zeichen schreiben, und diese Zeichen stehen nicht notwendigerweise mit den Folgezuständen in Verbindung. Zur Illustration: Liest etwa der Zustand 3 einer Maschine das Zeichen "A", so schreibt er das Zeichen "P" und geht in den Zustand 5 über; liest Zustand 3 das Zeichen "B", so schreibt er "Q" und geht in den Zustand 5 über; liest Zustand 3 aber das Zeichen "C", so schreibt er etwa "S" (oder "P" oder sonst ein Zeichen seines Alphabets) und geht in den Zustand 4 über. Solche Maschinen heißen *Mealy-Automaten*. Wie das eben gegebene Beispiel ahnen läßt, könnte es für Mealy-Automaten durchaus sinnvoll sein, mehr Zeichen als Zustände zu verwenden. Man kann zeigen, daß es zu jedem Mealy-Automaten einen Moore-Automaten gibt, der das Selbe leistet, und umgekehrt. Im allgemeinen wird ein Moore-Automat wesentlich mehr Zustände haben als der äquivalente Mealy-Automat – um unsere Darstellung möglichst knapp und einheitlich zu halten, werden wir daher über Moore-Automaten nichts weiter sagen und ausschließlich mit Mealy-Automaten und ihren Erweiterungen arbeiten.

1.6

Die Ausgabe-Zeichen dieser Maschinen bilden ein je nach Maschine spezifisch bestimmtes Ausgabe-Alphabet. Ohne Beschränkung der Allgemeinheit können wir indes Eingabe- und Ausgabe-Alphabet einer jeden Maschine als gleich voraussetzen. Da das Ausgabe-Zeichen für jeden Zug einer Maschine von der Kombination (Aktueller Zustand, Aktuell gelesenes Eingabe-Zeichen) eindeutig bestimmt ist, liegt jeder *Lauf* – die Folge aller Züge vom Beginn der Operation bis zum Erreichen eines Endzustands oder bis zum Zurückversetzen der Maschine in den Anfangszustand durch die Umgebung – eindeutig fest. Eine Kombination (Zustand, Eingabe-Zeichen) heiße ein *Argument* der Maschine. Jetzt können wir sagen: Auf ein bestimmtes Argument reagiert die betreffende Maschine eindeutig mit der Ausgabe eines bestimmten *Werts*, nämlich mit der Kombination (Ausgabe-Zeichen, Folgezustand).

Schließlich setzen wir noch voraus, daß alle für Maschinen in Betracht kommenden Alphabete ein Zeichen gemeinsam haben. Dieses Zeichen nennen wir das *Leerzeichen* (man denke etwa an das Spatium, geschrieben durch Betätigung der Leertaste in der Tastatur eines Computers oder einer Schreibmaschine).

Man kann das Leerzeichen mit dem Nicht-Stoß assoziieren, wenn man will; hat man indes das bisher Gesagte verstanden, so wird dergleichen überflüssig, da wir die Umgebung nicht weiter analysieren.

Hiermit ist in groben Zügen der Begriff des *Finiten Automaten* (auch: Endlicher Automat) beschrieben. Merkmale des Finiten Automaten sind:

- eine endliche Menge von Zuständen, einer als Anfangszustand, einer oder mehrere als Endzustände ausgezeichnet;
- ein endliches Alphabet;
- diskrete Arbeitsweise: Stetigkeiten im Übergang von Zustand zu Zustand oder von Zeichen zu Zeichen bleiben außer Betracht;
- sequentielle Arbeitsweise: die Zustände werden hintereinander eingenommen, die Eingabe wird demnach Zeichen für Zeichen gelesen, die Ausgabe Zeichen für Zeichen geschrieben;
- deterministische Arbeitsweise: jede Reaktion der Maschine, die Ausgabe eines Zeichens ebenso wie der Übergang zu einem Folgezustand, ist durch das aktuelle Argument (Zustand, Eingabe-Zeichen) eindeutig bestimmt.

2. Turing-Maschinen

Wir haben die Schnittstelle der Maschine zur Umgebung standardisiert: Einwirkungen auf die Maschine erfolgen nur mehr über Zeichen, die in das Feld der Maschine geschrieben werden. Immerhin interagiert die Umgebung mit der Maschine noch Zug für Zug, und das heißt unter anderem, daß frühere Eingabe-Zeichen oder die von der Maschine zurückgegebenen Ausgabe-Zeichen zu einem späteren Zeitpunkt für die Maschine nicht mehr verfügbar sind. Mit einer gleich zu beschreibenden weiteren Maßnahme werden wir nun die Interaktion so einrichten, daß die Umgebung vor Start der Maschine die ganze Eingabe-Zeichenkette fertig bereitstellt, und daß die Maschine diese Eingabe dann ohne weitere zwischenzeitliche Aktionen der Umgebung abarbeitet, wobei sie auf die eigene Ausgabe zurückgreifen kann.

2.1

Zu diesem Zweck denken wir uns die für die Maschine wirksame Schnittstelle zur Umgebung als ein *Band*, das in endlich viele gleichartige, nebeneinander liegende Felder eingeteilt ist (in Kapitel 16 werden wir zeigen, daß solche „Eindimensionalität" jeder Form von diskreter Sequentialität genügt). Jedes Feld des Bands trägt genau ein Zeichen. Wenn alle Felder eines Bands das Leerzeichen tragen, sprechen wir vom *leeren Band*; der minimale Fall eines Bands ist ein einziges mit dem Leerzeichen beschriftetes Bandfeld.

Die Maschine ist mit Vorrichtungen zum Lesen, Löschen und Schreiben von Zeichen auf dem aktuellen Feld, sowie, und das ist neu, zum Wechseln der Bandfelder ausgerüstet. Diese „Sensomotorik" fassen wir zu einem einzigen „Lese-Schreib-Fortbewegungs-Organ" zusammen, für das wir die schon eingeführte Bezeichnung *Lesekopf* beibehalten wollen. Was das Wechseln der Bandfelder angeht, so wird die Leistungsfähigkeit der Automaten im Prinzip nicht beeinträchtigt, wenn vom aktuellen Feld aus in einem Zug nur eines der beiden unmittelbar benachbarten Felder erreicht werden kann (wie die Maschine beliebig weit entfernte Felder aufsucht, besprechen wir in Kapitel 3). Wir setzen also der begrifflichen Vereinfachung zuliebe fest, daß der Automat vom aktuellen Feld aus entweder zum linken oder zum rechten Nachbarfeld übergehen kann, und daß eine der beiden Möglichkeiten realisiert werden muß. Mit dieser Vereinbarung nehmen wir in Kauf, daß das aktuelle Feld frühestens nach einem Zwischenzug auf einem der beiden benachbarten Felder weiter bearbeitet werden kann – in der Praxis zeigt sich das selten als Nachteil. Welches der beiden Nachbarfelder die Maschine im aktuellen Zug aufsuchen wird, soll, wie bisher schon die Wahl des zu schreibenden Zeichens und des Folgezustands, eindeutig vom aktuellen Argument, das heißt letztlich von der Bauweise der Maschine abhängen.

Da es für das Arbeitsprinzip der Maschine keinen Unterschied macht, ob sich die Maschine am Band entlang, oder ob sich das Band an der Maschine vorbei bewegt, vereinbaren wir, daß die Maschine am Band entlang wandert (eigentlich nur, weil diese Vorstellung eine in der Umgangssprache etwas bequemere Ausdrucksweise zuläßt).

Ein Zug eines derartigen Automaten läuft, sobald er den aktuellen Zustand eingenommen hat, folgendermaßen ab:

- Die Maschine liest das Eingabe-Zeichen, das auf dem gerade unter ihrem Lesekopf befindlichen Bandfeld steht. Damit ist das aktuelle Argument (Zustand, Eingabe-Zeichen) etabliert;
- sie löscht das Eingabe-Zeichen und schreibt an seiner Stelle das vom aktuellen Argument determinierte Ausgabe-Zeichen;
- sie sucht sodann eines der beiden benachbarten Bandfelder auf. Ob sie dabei nach links geht oder nach rechts, ist ebenfalls vom aktuellen Argument eindeutig bestimmt;
- schließlich geht sie in den vom Argument determinierten nächsten Zustand über, worauf der nächste Zug beginnen kann.

Die Interaktion der Umgebung mit einer solchen Maschine ist auf einige Maßnahmen vor Beginn eines jeden Laufs beschränkt. Die Umgebung schreibt eine von ihr bestimmte endliche Inschrift (eine aus den Zeichen des betreffenden Maschinenalphabets bestehende Eingabe-Zeichenkette) auf das sonst leere Band. Sie bringt – eine Vorrichtung dazu muß vorhanden sein – die Maschine in einen ihr genehmen Anfangszustand, setzt den Lesekopf auf ein ihr genehmes Bandfeld, und betätigt einen Startknopf an der Maschine. Damit „übergibt sie die Steuerung an die Maschine", deren Tätigkeit von hier ab nur mehr von der Bandinschrift und von den Gesetzlichkeiten der Zustandsübergänge abhängt.

Kommt im Verlauf ihrer Arbeit die Maschine in einen ihrer Endzustände, so signalisiert sie das der Umgebung in geeigneter Weise; wir setzen fest, daß die Maschine in einer solchen Lage (1) einfach stehenbleibt, und (2) dieses *Halten* zur Bequemlichkeit der Umgebung als ein reguläres kennzeichnet – etwa durch das Aufleuchten eines bestimmten Signallämpchens. Mit dem Halten wird gewissermaßen die Steuerung an die Umgebung zurückgegeben.

Da das Band in jedem Zug der Maschine endlich ist, das heißt aus einer endlichen Anzahl von Feldern besteht, muß Vorsorge für den Fall getroffen werden, daß die Maschine über das linke oder über das rechte Ende des Bands hinaus laufen „will". Man setzt fest, daß in einem solchen Fall die Umgebung ein weiteres, mit dem Leerzeichen beschriftetes Feld anfügt. Diese Bestimmung macht allerdings das Band zu einem potentiell unendlichen. Da in der Praxis vor allem jene Maschinen interessieren, die von alleine halten (*Selbst-Stop*), darf man sich aber denken, daß die Umgebung im Zweifelsfall selbst tätig wird und „davonlaufende" Maschinen einfach anhält (*Fremd-Stop*).

Hiermit wären nun auch, wiederum in groben Zügen, die Eigenschaften der *Turing-Maschine* (hinfort abgekürzt: *TM*, Mehrzahl *TMn*) mitgeteilt. TMn wur-

den zuerst von dem Briten Alan Mathison Turing (1912–1954) beschrieben
(Turing *1936, 1937*).

2.2

Die TM, wie wir sie hier zunächst umgangssprachlich vorgeführt haben, ist die
mächtigste Art von Maschine. Wir müssen, wenn wir die Verbindung zur Alltagserfahrung suchen, im Auge behalten, daß wir in der Maschine eine logische
Struktur von Vorgängen beschreiben, die sich real auswirkt, wenn die Zeichen
mit physikalischen Wirkungen (eben „Stößen") assoziiert sind. Daß wir die TM
als die mächtigste Art von Maschinen bezeichnen, heißt zunächst nichts weiter,
als daß wir von Gebilden, die etwas können, was eine TM (assoziiert mit den
entsprechenden „Stößen") nicht kann, nicht mehr als von Maschinen sprechen
werden. Diese Auffassung ist keineswegs willkürlich, sondern steht in Einklang
mit dem Gebrauch des Worts „Maschine" in der Umgangssprache. Ob damit die
Alltagserfahrung vollständig erfaßt ist, soll in dieser elementaren Einführung
nicht philosophisch erörtert werden. Ihre Absicht ist es vielmehr, eine Grundlage
für derartige Erörterungen zu etablieren.

Hier heben wir bloß einige Punkte hervor, die in der Beschreibung unserer
Gebilde stillschweigend vorausgesetzt waren.

Zunächst bleiben alle Zufälle außer Betracht, die ein anderes Verhalten der
Maschine zur Folge hätten als es die Diskretheit von Zuständen und Zeichen und
die Determiniertheit der Zustandsübergänge zulassen. Zwar läßt die Theorie
nichtdeterministische TMn zu: jedem Argument einer derartigen Maschine kann
eine endliche Menge von Werten zugeordnet sein, und die Wahl eines dieser
Werte beim Aktuellwerden des Arguments ist beliebig. Diese Beliebigkeit ist
jedoch kein Zufall der gemeinten Art; man kann zeigen, daß sich jede in diesem
beschränkten Sinn mit Zufällen arbeitende Maschine durch eine im oben ausge-
führten Sinn deterministische Maschine gleicher Leistung ersetzen läßt (siehe
etwa Hopcroft/Ullman *1994* 175).

Des weiteren schließt man bei Maschinen zeitlose oder nicht räumlich be-
dingte Vorgänge, überhaupt aktuale Unendlichkeiten jeder Art aus (Genaueres
bei Gandy *1980*). *Aktual unendlich* nennt man „eine Größe, welche nicht nur
fähig ist, alle Grenzen zu überschreiten, sondern dieselben bereits überschritten
hat", wie es Poincaré nicht ohne Ironie formuliert (*1973* 129); eine unendliche
Menge heißt so, wenn man sie als eine „geschlossene Ganzheit betrachtet, die vor
oder unabhängig von jeglichem menschlichen Erzeugungs- oder Konstruktionsprozeß existiert" (Kleene *1971* 48) – während, fügen wir hinzu, kein von Menschen abhängiger Konstruktionsprozeß die Kollektion der Elemente einer unendlichen Menge als inspizierbares Ganzes präsentieren kann, da er die Elemente nur eins nach dem andern hervorbringt und damit nie zu Ende kommt. (Eine
allgemein verständliche Einführung in die Probleme des Unendlichen gibt Rózsa
Péter *1976*.)

Wenn wir also von „potentieller Unendlichkeit" gesprochen haben, so haben
wir die Verhältnisse bloß insofern idealisiert, als wir voraussetzen, daß eine
gegebene Bewegung, ein Zustandsübergang zum Beispiel oder das Anfügen

eines neuen Leerfelds an das Band, immer noch ein Mal wiederholt werden kann, sofern sich das im Hinblick auf die Arbeit eines Automaten als nötig erweist.

Wir gehen davon aus, daß wir (oder unsere Nachfahren) die Maschine ihre Arbeit (auf der Erde oder in den Weltraum hinein) so lange fortsetzen lassen können, bis sie von alleine hält, oder bis wir diese Arbeit – nach gewonnenen Einsichten oder aus Langeweile – abzubrechen wünschen. Der Gedanke an die tatsächliche Begrenztheit unserer Hilfsmittel (unsere Lebenszeit, Aufbrauchen von Vorräten, Verschleiß der Maschine) spielt in unseren Überlegungen keine Rolle. Indessen braucht uns die Problematik derart starker Annahmen nicht zu bekümmern, denn es geht uns um den Nachweis, *daß fundamentale, wohldefinierte und sinnvolle Forderungen an die allgemeine Leistungsfähigkeit der Maschinen auch dann nicht erfüllt werden können, wenn man die zeitlich, räumlich und energetisch unbeschränkte Durchführbarkeit der dargestellten Prinzipien voraussetzt.* Im Hinblick auf die postulierte Fülle machen wir uns im übrigen auch nicht die Mühe, die (immer als endlich gedachte) Dauer der Zeiteinheiten für die Züge festzulegen, und von untergeordneter Bedeutung bleibt auch die mehr oder weniger ökonomische Verwirklichung der prinzipiell gegebenen Fähigkeiten der Maschine.

Was rechtfertigt unsere Feststellung, daß keine Erweiterung des Leistungsbereichs derart verstandener Maschinen möglich ist, und wieso kann die TM mehr als ein Finiter Automat? Als Erweiterung käme eigentlich nur in Frage, die Maschine mit endlich vielen verschiedenen Bändern und ebensovielen Leseköpfen auszustatten (siehe die Erörterung in Kleene *1971* 376–381). In Abschnitt 16.3 werden wir aber zeigen, daß die endliche Vermehrung von Bandstationen keinerlei prinzipielle Überlegenheit mit sich bringt. Auch die parallel arbeitende Maschine kann geeignete Aufgaben bestenfalls schneller (in weniger Zügen) erledigen. Wir werden im Gegenteil einsehen, daß die Arbeitsbedingungen ohne Leistungsverlust sogar noch ein wenig eingeschränkt werden können: es genügt, daß das Band nur nach einer Richtung hin potentiell unendlich gedacht wird.

Die Überlegenheit der TM über die Finiten Automaten aber beruht auf der Tatsache, daß die TM auf ihrem Band nach beiden Richtungen hin laufen, und jedes der vorgefundenen Zeichen verändern kann. Diese Einrichtung ermöglicht es ihr, die von ihr selbst geschriebenen Zeichen zu einem späteren Zeitpunkt als „Notizen" für spätere „Entscheidungen" heranzuziehen, während der Finite Automat diesbezüglich auf Vorgänge in der Umgebung angewiesen ist, auf die er keinen garantierten Einfluß hat – eben auf die aktuellen Eingaben. Das „Gedächtnis" eines Finiten Automaten ist beschränkt wegen der endlichen Anzahl seiner Zustände; das „Gedächtnis" einer TM ist potentiell unendlich, weil zu der Möglichkeit der Speicherung von „Information" in Zustandsfolgen (wie beim Finiten Automaten) eben noch die Möglichkeit der Speicherung auf dem Band kommt.

Daher kann jeder Finite Automat als TM dargestellt werden, aber das Umgekehrte trifft nicht zu. Ein Finiter Automat ist eine TM, die die von ihr selbst geschriebenen Zeichen später nicht mehr als Verhaltensgrundlage verwenden kann. Ist zum Beispiel eine TM derart gebaut, daß sie sich auf ihrem Band immer nur in der selben Richtung fortbewegen kann, so kann sie auch nicht mehr als ein entsprechender Finiter Automat: das Band ist hier eigentlich überflüssig, da diese TM während eines Laufs jedes Bandfeld nur einmal zu „sehen" bekommt. Im übrigen ist eine TM ohne Band eben ein Finiter Automat. Im Hinblick auf diese Umstände werden wir auf die Lehre von den Finiten Automaten nicht gesondert eingehen; der interessierte·Leser sei auf die beigegebene Literaturliste verwiesen.

2.3

Wir wollen nun eine *Konvention* zur Beschreibung von TMn einführen, die alles bisher Besprochene in knapper Form auszudrücken erlaubt, und mit dieser Konvention zu arbeiten beginnen. Ein Argument haben wir als Beschreibung einer Kombination von Bedingungen eingeführt, auf die eine Maschine spezifisch reagiert. Wir stellen die Argumente einer TM als *geordnete Paare* (Zustand, Eingabe-Zeichen) dar, und die verschiedenen Werte, das heißt die Beschreibungen der verschiedenen Reaktionen der TM, als *geordnete Tripel* (Ausgabe-Zeichen, Richtung der Lesekopf-Bewegung, Folgezustand). Dabei faßt der Begriff „Paar", wie umgangssprachlich üblich, zwei Komponenten zu einer übergeordneten Einheit zusammen, ein „Tripel" drei, ein „Quadrupel" vier, ein „Quintupel" fünf, et cetera (zur Bezeichnung des allgemeinen Begriffs solcher linearen Geordnetheiten hat sich das schöne Wort „Tupel" (noch schöner „*n*-Tupel") eingebürgert; oft wird auch „Liste" gebraucht, bisweilen „Vektor").

Dabei meint „geordnet", daß die Komponenten (auch: Elemente) einer solchen Zusammenstellung stets in einer festen Reihenfolge auftreten. Das geordnete Paar (2 3) zum Beispiel interpretieren wir als (Zustand 2, Eingabe-Zeichen 3), und das geordnete Paar (3 2) gilt als das davon verschiedene (Zustand 3, Eingabe-Zeichen 2). Der Unterschied zwischen einem geordneten Tupel und einer Menge (im Sinne der Mengenlehre) besteht also in zweierlei: in einer Menge ist ein bestimmtes Element nur einmal enthalten, und es kommt auf die Reihenfolge der Elemente nicht an (vergleiche Kapitel 13).

Wir haben das vorderhand für die Theorie Wesentliche an einer gegebenen TM erfaßt, wenn wir diese TM als eine Menge von geordneten Quintupeln (Ausgangs-Zustand des jeweiligen Zugs, in diesem Zug gelesenes Eingabe-Zeichen, in diesem Zug zu schreibendes Ausgabe-Zeichen, Richtung der Lesekopf-Bewegung in diesem Zug, Folgezustand dieses Zugs) beschreiben. Die ersten beiden Komponenten jedes dieser Quintupeln (das Wort „geordnet" werden wir bequemlichkeitshalber häufig weglassen) sind das jeweilige Argument, die letzten drei der diesem Argument zugeordnete Wert. Die Menge von Quintupeln zur Beschreibung einer TM muß natürlich alle Zuordnungen von Argumenten zu Werten für diese Maschine enthalten, wenn die intendierte Beschreibung vollständig sein soll. Auf Grund unserer Forderung der Eindeutigkeit jeglicher Reaktion der Maschine ist klar, daß in einer Menge solcher Quintupeln jedes Argument nur ein einziges Mal vorkommen darf, aber ebenso klar ist, daß ein bestimmter Wert öfters, das heißt in verschiedenen Quintupeln, also für verschiedene Argumente auftreten kann.

Als Beispiel und zur Einübung wählen wir eine konkret bestimmte Maschine. Wir nennen sie "M.TM" und setzen diesen Namen vor die Beschreibung. M.TM hat 10 Zustände, die wir mit den Zahlzeichen 1 bis 10 benennen; die Wahl von Zahlzeichen als Zustandsnamen ist nicht zwingend, aber oft vorteilhaft, und wir werden meist diesen Weg gehen. Das Alphabet von M.TM umfaßt bloß die zwei Zeichen "−" und "I". Auch in der Wahl der Alphabet-Zeichen sind wir an sich frei, indessen wollen wir das Zeichen "−" immer als das Leerzeichen betrachten. Zur Bezeichnung der beiden Bewegungsrichtungen des Lesekopfs wählen wir, wie weiterhin stets, "R" für „gehe zum benachbarten Feld rechts", und "L" für „gehe zum benachbarten Feld links".

Die Beschreibung von M.TM lautet:

```
M.TM  (1 I − R 2)  (2 I I R 2)  (2 − − R 3)  (3 I − R 4)
      (4 I I R 4)  (4 − − R 5)  (5 − I L 6)  (6 − − L 7)
      (7 I I L 7)  (7 − I R 3)  (5 I I R 5)  (6 I I L 6)
      (3 − − L 8)  (8 I I L 8)  (8 − − L 9)  (9 I I L 9)
      (9 − I R 1)  (1 − − L 10)  (10 I I L 10)  (10 − − R 0)
```

Abbildung 2.1

Beispielsweise ist das vierte Quintupel dieser Beschreibung so zu interpretieren: „Wenn M.TM in ihrem Zustand 3 das Zeichen "I" liest, so schreibt sie das Zeichen "−", sucht sodann das benachbarte Feld rechts auf, und geht schließlich in ihren Zustand 4 über".

Der aufmerksame Leser wird bemerkt haben, daß im letzten Quintupel ein Folgezustand 0 auftaucht. Dieser Zustand ist kein Zustand von M.TM, sondern soll − wie im Folgenden stets − die Anweisung zum Halten symbolisieren. Das letzte Quintupel versteht sich also als „Wenn M.TM in ihrem Zustand 10 ist und zugleich das Zeichen "−" zu lesen bekommt, so soll sie das Zeichen "−" schreiben, dann auf das Feld rechts übergehen, und schließlich soll die Maschine anhalten". In diesem Fall „gibt die Maschine die Steuerung an die Umgebung zurück", der Zustand mit dem Namen 0 ist also ein bestimmter (nicht näher zu bedenkender) Zustand der Umgebung; dieser Name tritt in unseren Tabellen demgemäß nie in Argumenten, sondern stets nur in den Werten der terminalen Quintupel auf.

Die obige Beschreibung (als ungeordnete Menge von Quintupeln) läßt rein sachlich nichts zu wünschen übrig. Diese Beschreibungskonvention haben wir der beigelegten Software zugrundegelegt, weil sie elegante Programmierung ohne großen Aufwand ermöglicht (der Benutzer kann fast jedes der auf dem Markt befindlichen Textverarbeitungs-Programme zur Eingabe seiner Maschinentabellen verwenden). Für Menschen besser lesbar ist aber zweifellos die folgende Umordnung der selben Quintupel:

```
M.TM
  (1 − − L 10)   (1 I − R  2)
  (2 − − R  3)   (2 I I R  2)
  (3 − − L  8)   (3 I − R  4)
  (4 − − R  5)   (4 I I R  4)
  (5 − I L  6)   (5 I I R  5)
  (6 − − L  7)   (6 I I L  6)
```

```
(7 – | R 3)    (7 | | L  7)
(8 – – L 9)    (8 | | L  8)
(9 – | R 1)    (9 | | L  9)
(10 – – R 0)   (10 | | L 10)
```

Abbildung 2.2

Durch die Umstellung ändert sich nichts Wesentliches, ihr Vorteil ist indessen offensichtlich: für jeden Zustand von M.TM gibt es eine Zeile, und für jedes Eingabe-Zeichen eine Spalte. Man wird diese Schreibweise ihrer Übersichtlichkeit wegen bei Verwendung unserer Software bevorzugen. Für unsere theoretischen Betrachtungen wollen wir aber eine weitere kleine Vereinfachung der Zeilen- und Spalten-Anordnung vereinbaren; wir schreiben die Zustandnamen in eine Spalte links und die Alphabet-Zeichen in eine Kopfzeile; ein bestimmtes Argument (Zustandsname, Gelesenes Zeichen) legt den Schnittpunkt von Zustandszeile und Zeichenspalte fest, an dem sich der zugehörige Wert (Zu schreibendes Zeichen, Bewegungsrichtung, Folgezustand) findet.

```
M.TM
            –            |
 1    –  L 10      –  R  2
 2    –  R  3      |  R  2
 3    –  L  8      –  R  4
 4    –  R  5      |  R  4
 5    |  L  6      |  R  5
 6    –  L  7      |  L  6
 7    |  R  3      |  L  7
 8    –  L  9      |  L  8
 9    |  R  1      |  L  9
10    –  R  0      |  L 10
```

TM-Tabelle 2.1

Man mache sich im Hinblick auf das in Kapitel 1 Gesagte klar, daß eine Zustandszeile einer Tabelle den betreffenden Zustand erschöpfend beschreibt; wir verbinden von jetzt an mit dem Wort „Zustand" keine darüber hinausgehenden Vorstellungen. Ebenso beschreibt eine Zeichenspalte ein für die betreffende Maschine in Frage kommendes Zeichen erschöpfend; wir verbinden hinfort mit dem Wort „Zeichen" keine weitergehenden Vorstellungen.

Die Verknüpfungen der Zustände untereinander und die möglichen Beziehungen der Zeichen zueinander sind in den Zuordnungen der Werte zu ihren Argumenten beschrieben.

Zwei Tabellen sind Beschreibungen der selben TM, wenn sich die eine durch systematische Umbenennung der Zustände und systematisches Umschreiben der Zeichen (in Argumenten und Werten), sowie durch etwa notwendig werdende Umordnung der Zustandszeilen und Zeichenspalten lückenlos in die andere verwandeln läßt; in allen anderen Fällen handelt es sich um Beschreibungen verschiedener TMn. Geht die Tabelle der einen Maschine, darüber hinaus, durch systematische Vertauschung von "L" und "R" in die andere über, so sollen die beiden beschriebenen TMn *spiegelgleich* heißen.

2.4

Will man eine TM laufen lassen, so muß man zunächst die in Abschnitt 2.1 beschriebenen Vorbereitungen treffen: das Band und die Maschine *initialisieren*. Man schreibt eine Inschrift auf das Band, wählt einen Zustand der TM als Anfangszustand, setzt den Lesekopf auf ein bestimmtes Bandfeld und startet die TM. Man kann durch Umordnung der Zustandszeilen immer erreichen, daß der gewünschte Zustand der erste in der Tabelle ist; da die Zustandsnamen (wie auch die Gestalt der Zeichen) willkürlich gewählt sind, kann man durch systematische Umbenennung der Zustände den Anfangszustand auch immer zum Zustand 1 machen. Wir haben die Tabelle von M . TM von vornherein darauf eingerichtet und werden das auch bei allen anderen Tabellen tun.

Wir wollen jetzt in unserer Vorstellung M.TM auf der Bandinschrift "| |–| | |" laufen lassen, und so beginnen, daß im ersten Zug der erste Zustand das erste Bandfeld links zu lesen bekommt (vereinfachte Ausdrucksweise: „das erste Feld" bedeutet hinfort – wenn nicht ausdrücklich anders qualifiziert – das erste Bandfeld links, das nicht mit dem Leerzeichen beschriftet ist; ist das Band leer, so setzen wir die TM „auf das leere Band" an, das heißt wir beginnen mit einem Band, das aus einem einzigen, mit dem Leerzeichen beschrifteten Feld besteht).

```
|  |  –  |  |  |
1
```

Abbildung 2.3

Abbildung 2.3 zeigt eine *Bandzeile*, in der die Bandinschrift erscheint, darunter eine *Maschinenzeile*, in der der aktuelle Zustand notiert ist; ein derartiges Zeilenpaar heiße *Momentaufnahme*. Die Anordnung des Zustandsnamens im Verhältnis zur Bandzeile zeigt auf jenes Zeichen der Inschrift, das dieser Zustand zu lesen bekommt. Die Abbildung ist also wie folgt zu interpretieren: M.TM ist in Zustand 1 und der Lesekopf steht auf dem ersten Feld, welches Feld das Zeichen "|" trägt. Damit steht das erste Argument fest: (1 |). Man suche in TM-Tabelle 2.1 die Zeile für den Zustand 1 und die Spalte für das Zeichen "|" auf. Im Schnittpunkt von Zeile und Spalte findet man den zugehörigen Wert, hier das Tripel (– R 2). Man setzt das zu schreibende Zeichen (hier "–") unter die Zustandsnummer in Abbildung 2.3 und kopiert den Rest der Bandinschrift. In dieser neuen Bandzeile rückt man, wie es das mittlere Zeichen "R" des Tripels vorschreibt, ein Feld nach rechts und notiert unter dem dort vorgefundenen Zeichen den Folgezustand (hier: 2).

```
|  |  –  |  |  |
1
–  |  –  |  |  |
   2
```

Abbildung 2.4

Die in diesem ersten Zug von M.TM hergestellte Lage ist im Grunde die gleiche
wie zu Beginn: Die Maschine befindet sich in einem bestimmten Zustand und der
Lesekopf liest ein bestimmtes Zeichen. Das neue Argument lautet (2 |). Wir
suchen also in der Tabelle die Zeile des Zustands 2 und die Spalte des Zeichens
"|" auf und finden den neuen Wert (| R 2). Wieder setzen wir das zu schreibende
Zeichen unter die Zustandsnummer in der letzten Maschinenzeile und kopieren
das restliche Band; wir gehen zum nächsten Feld rechts über und notieren
darunter den Folgezustand 2.

```
|  |  –  |  |  |
1
–  |  –  |  |  |
   2
–  |  –  |  |  |
      2
```

Abbildung 2.5

Das neue Argument ist (2 –): die Maschine befindet sich im selben Zustand wie
nach dem ersten Zug, liest aber diesmal das Zeichen "–"; die Bandzeile ist die
selbe geblieben. Der zugehörige Wert ist (– R 3).

Wir setzen in dieser Weise fort, indem wir dem Resultat jedes Zugs aus
Maschinenzeile und Bandzeile das Argument für den folgenden entnehmen.
Nach dem 5. Zug ergibt sich die in der nächsten Abbildung dargestellte Situation.

```
|  |  –  |  |  |
1
–  |  –  |  |  |
   2
–  |  –  |  |  |
      2
–  |  –  |  |  |
         3
–  |  –  –  |  |
            4
–  |  –  –  |  |
               4
```

Abbildung 2.6

Da auf dem Argument (4 |) unsere Maschine weiter nach rechts gehen „will" –
der zugehörige Wert ist (| R 4) – sind wir unseren Regeln gemäß veranlaßt, rechts
ein neues Bandfeld anzufügen, welches mit dem Leerzeichen beschriftet ist:

```
|  |  –  |  |  |
1
–  |  –  |  |  |
   2
```

```
- | - | | | '
    2
- | - | | |
      3
- | - - | |
        4
- | - - | |
          4
- | - - | | -
          4
```

Abbildung 2.7

Nach dem 8. Zug stellt sich die Lage so dar:

```
| | - | | |
1
  - | - | | |
    2
  - | - | | |
    2
  - | - | | |
      3
  - | - - | |
        4
  - | - - | |
          4
  - | - - | | -
          4
  - | - - | | - -
            5
  - | - - | | - |
          6
```

Abbildung 2.8

Zustand 5 hat auf ein weiteres rechts angeliefertes Leerfeld das Zeichen "|" geschrieben, und der mittleren Komponente des Wertes (| L 6) gemäß hat ein Rücklauf der Maschine nach links eingesetzt.

Wenn der Leser nun – was wir dringend empfehlen – die begonnene Arbeit weiterführt, wird er finden, daß M . TM die Steuerung schließlich an den Zustand 0 übergibt, also hält. Seine Notizen sollten der Abbildung 2.9 gleichen.

```
| | - | | |
1
  - | - | | |
    2
  - | - | | |
    2
```

```
– |  – | | |
          3
– | – – | |
            4
– | – – | |
            4
– | – – | | –
              4
– | – – | | – –
                5
– | – – | | – |
              6
– | – – | | – |
            7
– | – – | | – |
          7
– | – – | | – |
        7
– | – | | | – |
          3
– | – | – | – |
            4
– | – | – | – |
            4
– | – | – | – |
              5
– | – | – | – | –
                5
– | – | – | – | |
              6
– | – | – | – | |
            6
– | – | – | – | |
          7
– | – | | | – | |
          3
– | – | | – – | |
            4
– | – | | – – | |
              5
– | – | | – – | |
                5
– | – | | – – | | –
                  5
– | – | | – – | | |
              6
```

```
 – | – | | – – – | | |
                 6
 – | – | | – – | | |
             6
 – | – | | – – | | |
           7
 – | – | | | – | | |
           3
 – | – | | | – | | |
         8
 – | – | | | – | | |
       8
 – | – | | | – | | |
     8
 – | – | | | – | | |
   9
 – | – | | | – | | |
 9
 | | – | | | – | | |
   1
 | – – | | | – | | |
     2
 | – – | | | – | | |
       3
 | – – – | | – | | |
         4
 | – – – | | – | | |
         4
 | – – – | | – | | |
         4
 | – – – | | – | | |
           5
 | – – – | | – | | |
             5
 | – – – | | – | | |
               5
 | – – – | | – | | | –
                 5
 | – – – | | – | | | |
             6
 | – – – | | – | | | |
             6
 | – – – | | – | | | |
             6
 | – – – | | – | | | |
         6
```

```
|  –  .  –  –  |  |  –  |  |  |  |
                     7
|  –  –  –  |  |  –  |  |  |  |
               7
|  –  –  –  |  |  –  |  |  |  |
            7
|  –  –  |  |  |  –  |  |  |  |
               3
|  –  –  |  –  |  –  |  |  |  |
                  4
|  –  –  |  –  |  –  |  |  |  |
                     4
|  –  –  |  –  |  –  |  |  |  |
                        5
|  –  –  |  –  |  –  |  |  |  |
                           5
|  –  –  |  –  |  –  |  |  |  |
                              5
|  –  –  |  –  |  –  |  |  |  |
                                 5
|  –  –  |  –  |  –  |  |  |  |  –
                                    5
|  –  –  |  –  |  –  |  |  |  |  |
                                 6
|  –  –  |  –  |  –  |  |  |  |  |
                              6
|  –  –  |  –  |  –  |  |  |  |  |
                           6
|  –  –  |  –  |  –  |  |  |  |  |
                        6
|  –  –  |  –  |  –  |  |  |  |  |
                     6
|  –  –  |  –  |  –  |  |  |  |  |
                  7
|  –  –  |  –  |  –  |  |  |  |  |
               7
|  –  –  |  |  |  –  |  |  |  |  |
               3
|  –  –  |  |  –  –  |  |  |  |  |
                  4
|  –  –  |  |  –  –  |  |  |  |  |
                     5
|  –  –  |  |  –  –  |  |  |  |  |
                        5
|  –  –  |  |  –  –  |  |  |  |  |
                           5
```

```
I  -  -  I  I '-  -  I  I  I  I  I  I
                                 5

I  -  -  I  I  -  -  I  I  I  I  I  I  -
                                    5

I  -  -  I  I  -  -  I  I  I  I  I  I  I
                              6

I  -  -  I  I  -  -  I  I  I  I  I  I
                           6

I  -  -  I  I  -  -  I  I  I  I  I  I
                        6

I  -  -  I  I  -  -  I  I  I  I  I  I
                     6

I  -  -  I  I  -  -  I  I  I  I  I  I
                  6

I  -  -  I  I  I  -  I  I  I  I  I  I
               7

I  -  -  I  I  I  -  I  I  I  I  I  I
                  3

I  -  -  I  I  I  -  I  I  I  I  I  I
               8

I  -  -  I  I  I  -  I  I  I  I  I  I
            8

I  -  -  I  I  I  -  I  I  I  I  I  I
         8

I  -  -  I  I  I  -  I  I  I  I  I  I
      8

I  I  -  I  I  I  -  I  I  I  I  I  I
   9

I  I  -  I  I  I  -  I  I  I  I  I  I
      1

I  I  -  I  I  I  -  I  I  I  I  I  I
   10

-  I  I  -  I  I  I  -  I  I  I  I  I  I
10

-  I  I  -  I  I  I  -  I  I  I  I  I  I
0
```

Abbildung 2.9

Die vollständige Dokumentation eines Laufs einer TM heißt *Spur*. In die Kopfzeile jeder Spur schreiben wir (stellvertretend für die TM-Tabelle, die wir zweckmäßigerweise auf ein gesondertes Blatt notiert haben) den Namen der betreffenden TM. Darunter folgt eine Liste von auf einander folgenden Momentaufnah-

men. In der beigegebenen Software – deren Benutzung der Leser aber auf später
verschieben sollte – wird unter der letzten Zeile der Spur noch notiert, ob die
Aufzeichnung durch reguläres Anhalten (Selbst-Stop) abgebrochen wurde oder
durch Fremd-Stop (irreguläres Anhalten, zum Beispiel durch Eingriff des Benutzers, der hier die Umgebung vertritt). Ferner erscheint die Anzahl der durchgeführten Züge und die Nummer des Bandfelds, auf dem der Lesekopf nach dem
letzten Zug hält.

Die manuelle Herstellung einer Spur ist eine mühselige, vorerst sinnlos
erscheinende Arbeit, die große Genauigkeit erfordert und viel Papier ver-
braucht. Es scheint uns jedoch wichtig, daß sich der Leser einen Eindruck vom
"Mechanischen" einer formal bestimmten Tätigkeit verschafft, und dabei ein
Gefühl für die Arbeit dieser Automaten erwirbt. Um wenigstens den Papier-
verbrauch etwas herabzusetzen, führen wir eine kompaktere Schreibweise ein.
In der Maschinenzeile schreiben wir auf einander folgende einstellige Zustandsnummern nebeneinander, solange sich die Maschine in ein-und-dersel-
ben Richtung bewegt. Die Bewegungsrichtung des Lesekopfs notieren wir am
Anfang der Maschinenzeile durch "L" oder "R". Für mehrstellige Zustandsnummern bleiben wir beim alten Verfahren und markieren diese Maschinen-
zeilen durch "*", um anzudeuten, daß die Ziffern dieser Zeilen als ein einziges
Zahlzeichen zu lesen sind; die Bewegungsrichtung kann hier, wie bisher, mühelos der Spur entnommen werden. Fügen wir ein neues Leerfeld links (rechts)
an, so schreiben wir "<" (">") an den Beginn der Bandzeile. Bei kleinen
Maschinen ist diese Darstellung nicht nur meist wesentlich kürzer, sondern
auch übersichtlicher.

Abbildung 2.9 verkürzt sich damit zu:

```
M.TM
          |  |  -  |  |  |
*         1
>         -  |  -  |  |  |  -  -
R            2  2  3  4  4  4  5
          -  |  -  -  |  |  -  |
L                  7  7  7  6
>         -  |  -  |  |  |  -  |  -
R                  3  4  4  5  5
          -  |  -  |  -  |  -  |  |
L                  7  7  6  6
>         -  |  -  |  |  |  -  |  |  -
R                  3  4  5  5  5
          -  |  -  |  |  -  -  |  |  |
L                  7  6  6  6
          -  |  -  |  |  |  -  |  |  |
R                        3
          -  |  -  |  |  |  -  |  |  |
L         9  9  8  8  8  8
>         |  |  -  |  |  |  -  |  |  |  -
R            1  2  3  4  4  4  5  5  5  5
```

```
     | - - - | | - | | | |
L           7 7 7 6 6 6 6
>    | - - | | | - | | | | -
R           3 4 4 5 5 5 5 5
     | - - | - | - | | | | |
L           7 7 6 6 6 6 6
>    | - - | | | - | | | | | -
R           3 4 5 5 5 5 5 5
     | - - | | - - | | | | | |
L           7 6 6 6 6 6 6
     | - - | | | - | | | | | |
R                 3
     | - - | | | - | | | | | |
L        9 8 8 8 8
     | | - | | | - | | | | | |
R          1
     | | - | | | - | | | | | |
*            10
     | | - | | | - | | | | | |
*          10
     - | | - | | | - | | | | | |
*        10
     - | | - | | | - | | | | | |
*          0
Selbst-Stop
```

Spur 2.1

Die erste Momentaufnahme schreibt unsere Software stets gesondert an, um dem Benutzer vor dem Lauf die Kontrolle der gesamten Eingabe zu ermöglichen.

2.5

Außer dem regulären Anhalten und dem Anhalten durch die Umgebung müssen wir eine weitere Möglichkeit berücksichtigen:

– Die Maschine soll in einen Folgezustand übergehen, der in ihrer Tabelle nicht beschrieben ist (einzige Ausnahme: der reguläre Übergang in den Zustand 0).
   Allgemeiner: ein aktuell auftretendes Argument hat keinen in der TM-Tabelle ausgewiesenen Wert.

Um dem Anfänger eine möglichst einfache Übersicht zu bewahren, verlangen wir fürs erste, daß die Maschine das Auftreten eines derartigen Falls der Umgebung in geeigneter Weise, etwa durch Aufleuchten eines speziellen Lämpchens, mitteilt, und danach sofort stehenbleibt. Unsere Software reagiert mit der Ausgabe einer entsprechenden Meldung und Anhalten der Maschine.

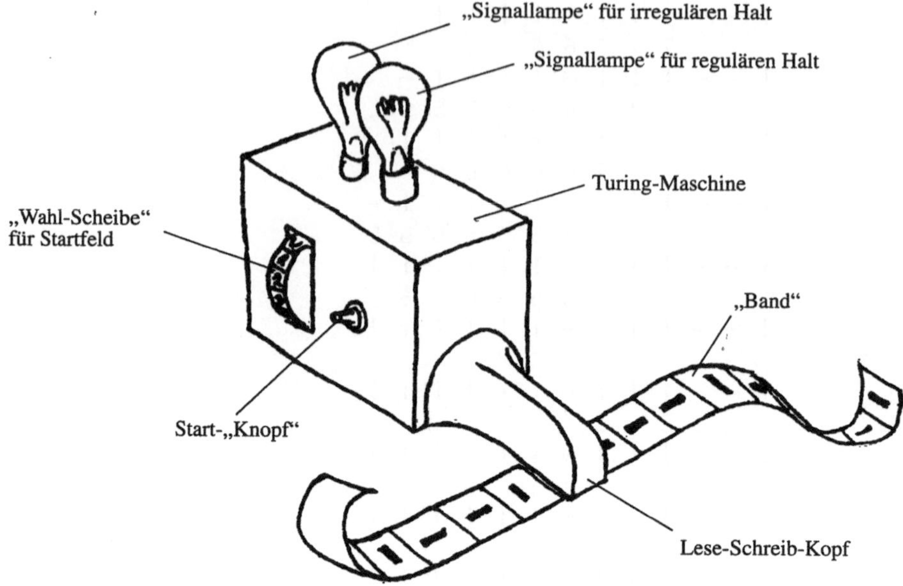

Abbildung 2.10

Aufgabe 2.1 ⟨2*⟩ Man lasse M.TM zunächst auf möglichst einfachen Bandinschriften laufen, zum Beispiel auf dem leeren Band, auf den Inschriften "I ", "I I ", "I − I" und so weiter; man lasse es sich nicht verdrießen, danach auch die Inschrift "I I I−I I I I" (Ansatz der Maschine in Zustand 1 auf dem ersten Feld) bis zum (hoffentlich!) eintretenden Selbst-Stop zu bearbeiten.

Aufgabe 2.2 ⟨2*T⟩ Nach diesen formal bestimmten Arbeiten versuche man sich an einer Sinnfrage: Was „tut" M.TM? − Wir geben eine Antwort im folgenden Kapitel, das der eifrige Leser aber erst aufsuchen sollte, wenn er selbst eine gefunden hat.

Unsere Notations-Konvention ist natürlich nicht die einzig mögliche, manche wichtige Autoren haben eine andere festgelegt. Der amerikanische Theoretiker Martin Davis etwa beschreibt die Maschinen durch Mengen von Quadrupeln (Davis *1982* 5f). Die Argumente bleiben die selben, die Werte aber sind nicht Tripel, sondern Paare (Ausgabe-Zeichen, Folgezustand). Das ist möglich, weil die Signale zum Wechsel des Bandfelds ("L" und "R") als Ausgabe-Zeichen betrachtet werden können (gewissermaßen als Anweisungen für die Umgebung, den Lesekopf zu bewegen). In Davis' Konvention gibt es also zwei Arten von Quadrupeln; in der einen erscheint als Ausgabe-Zeichen ein Zeichen des Alphabets, in der anderen das Zeichen für die Bewegung des Lesekopfs. Ist ein Quadrupel der ersten Art aktuell, so schreibt die Maschine das im Wert vorgeschriebene Alphabet-Zeichen auf das aktuelle Bandfeld und verharrt auf diesem Feld. Bei geeigneter Einrichtung der Tabelle bewirkt dann der als Quadrupel der zweiten Art beschriebene Folgezustand die Bewegung des Lesekopfs in die vorgesehene Richtung. Diese Konvention vermehrt natürlich im allgemeinen die

Anzahl der erforderlichen Zustände, vereinfacht andererseits aber die Vorstellung vom Ausgabe-Verhalten der Maschine, und gestaltet in gewissen Fällen die Arbeit der Maschine sehr ökonomisch (kämen diese Fälle in der Praxis häufig vor, so könnten wir unsere Konvention durch Einführen der Richtungsbezeichnung "M" – „Mitte" – neben "L" und "R" erweitern, siehe Kleene *1971* 356f).

Wenn wir die allgemeine Form unserer Quintupeln angeben als $(q_i\, s_i\, s_j\, d_j\, q_j)$, wobei q_i und q_j Variable für Zustandsnamen ("Platzhalter" für einzusetzende konkrete Zustandsbezeichnungen) sind, s_i und s_j Variable für Alphabet-Zeichen, und d_j eine Variable für die Richtungsbezeichnungen ist, so stellen sich also die beiden Arten der Quadrupeln von Davis einerseits als $(q_i\, s_i\, s_j\, q_j)$, andererseits als $(q_i\, s_i\, d_j\, q_j)$ dar.

Aufgabe 2.3 ⟨3⟩ Man zeige sich, daß TM-Tabelle 2.1 eindeutig in die Konvention von Davis übersetzt werden kann (Hinweis: im allgemeinen wird ein Quintupel in zwei Quadrupel übersetzt werden müssen, wobei das zweite den Folgezustand des ersten beschreibt); man mache sich klar, daß auch das umgekehrte gilt, nämlich daß jede in der Konvention von Davis notierte Maschine als eine Menge unserer Quintupeln beschrieben werden kann.

Die in Davis' Konvention notierten Maschinen halten regulär, wenn eine sich während eines Laufs ergebende Kombination $(q_i\, s_i)$ in keinem Quadrupel der Tabelle als Argument vorkommt – dies entspricht dem Übergang in den Zustand 0 in unserer Konvention.

Aufgabe 2.4 ⟨2⟩ Sind die in den TM-Tabellen 2.2 und 2.3 beschriebenen Maschinen spiegelgleich?

```
4BIBER1.TM
            —           |

1    | R 2     — R 3
2    | L 1     | R 1
3    | L 0     | R 4
4    | L 4     — L 2
```

TM-Tabelle 2.2

```
4BIBER2.TM
            —           |

1    | R 2     | L 2
2    | L 1     — L 3
3    | R 0     | L 4
4    | R 4     — R 1
```

TM-Tabelle 2.3

3. Form und Sinn

Bei seinen Bemühungen um die Aufgabe 2.1 sollte sich dem Leser gezeigt haben, daß unsere Gebrauchsanweisung für den Umgang mit TM-Tabellen ein *effektives Verfahren* beschreibt. Effektiv ist ein Verfahren, das für jeden Fall, der in einem zuvor abgegrenzten Bereich von eindeutigen Unterscheidungen auftreten kann, eine eindeutige und ausführbare Handlungsanweisung bereit hält. Ein anderes, heute viel gebrauchtes Wort dafür ist *Algorithmus*. Wir gehen in Kapitel 11 näher auf diese Begriffe ein.

Zur korrekten Durchführung unseres Verfahrens muß man nicht wissen, welcher Zweck erreicht werden soll, Beantwortung der Frage aus Aufgabe 2.2 ist zur einwandfreien Ausführung eines Laufs nicht erforderlich. Andererseits gibt es solche Antworten, und eine mögliche lautet: M.TM multipliziert. Zu dieser Einsicht ist freilich eine bestimmte *Interpretation* der Bandinschriften nötig. Wenn wir M.TM auf zwei durch das Leerzeichen getrennte "I"-Blöcke derart ansetzen, daß der Zustand 1 das erste Feld liest, so hält sie, nachdem sie jenseits eines weiteren Leerzeichens einen dritten "I"-Block rechts neben die Eingabe geschrieben hat. Wir interpretieren die "I"-Blöcke als *Unär-Darstellungen* von *natürlichen Zahlen* (das sind die Zahlen 0, 1, 2, 3, …); zum Beispiel steht der Block "I I I I I I I" für die Zahl 7. Die ersten beiden Blöcke, die Eingabe, betrachten wir als die Faktoren, den dritten, neu hinzugekommenen, als das Produkt (mit einer kleinen Denkanstrengung können wir diese Interpretation auch auf die Zahl 0 ausdehnen, siehe Kapitel 5). Man beachte:

Interpretationen einer TM sind Sache der Umgebung.

Welche Überlegungen waren nötig, unsere seit den ersten Schuljahren intuitiv gewordene Vorstellung „Multiplikation" als Tabelle einer TM zu formulieren? Wir gehen von der Tatsache aus, daß man Multiplikation als wiederholte Addition betrachten kann. Mit Unär-Darstellungen ist die symbolische Addition äußerst einfach: Wir addieren zwei Zahlen, indem wir die entsprechenden Unär-Blöcke (im Beispiel: "I"-Blöcke) ohne Trennzeichen (im Beispiel dient das Leerzeichen zugleich als Trennzeichen) hintereinanderschreiben. Das wiederholte Addieren der selben Zahl geht auf ein wiederholtes Nebeneinander-Kopieren des sie darstellenden Unär-Blocks hinaus. Der erste Faktor einer Multiplikation gibt an, wie oft wir den zweiten Faktor kopieren müssen (oder auch umgekehrt).

Wir zerlegen also das Problem Multiplikation in drei Teilprobleme:

– Kopieren eines einzelnen Zeichens;
– „Buchhaltung" im zweiten Faktor: die TM muß „wissen", wann sie eine einmalige Kopie des zweiten Faktors vollständig durchgeführt hat;

– „Buchhaltung" im ersten Faktor: die TM muß „wissen", wann sie mit den Wiederholungen des Kopierens fertig ist.

3.1

Das Kopieren eines Zeichens stellt uns vor keine allzu schwierige Aufgabe.

TM-Tabelle 3.1 beschreibt eine primitive Kopiermaschine. Die Umgebung setzt eines der drei Zeichen "I", "A" oder "B" auf ein Band mit einem einzigen Feld, und die Maschine soll dieses Zeichen auf ein vom ursprünglichen Feld durch ein Leerzeichen getrenntes Bandfeld rechts kopieren. Das Alphabet von K.TM besteht also aus den Zeichen "–" (vereinbarungsgemäß, siehe Abschnitte 1.6 und 2.3), "I", "A" und "B".

```
K.TM
              –             I           A           B
   1     –  R  8      I  R  2     A  R  4     B  R  6
   2     –  R  3
   3     I  L  8
   4     –  R  5
   5     A  L  8
   6     –  R  7
   7     B  L  8
   8     –  L  0
```

TM-Tabelle 3.1

Zustand 1 von K.TM liest das Anfangsfeld und „ruft" sodann entweder Zustand 8 (wenn er ein "–" gelesen hat, das heißt wenn die Umgebung nichts eingegeben hat), oder Zustand 2 (nach Lesen von "I"), Zustand 4 ("A") oder Zustand 6 ("B").

Die Zustände 2, 4 und 6 sollen etwas tun, was in der Interpretation als ein Gleiches erscheint: sie sollen ein Leerzeichen als Trennzeichen neben das gelesene Zeichen schreiben. Zunächst wird ein Leerzeichen – auf Anforderung durch Zustand 1 – von der Umgebung geliefert, sodann wird dieses von einem der Zustände 2, 4 oder 6 mit einem Leerzeichen „überschrieben" (das Überschreiben macht in der Interpretation das Leerzeichen auf diesem Bandfeld zu einem Trennzeichen; für die Maschine selbst bleibt ein "–" natürlich stets ein "–"). Zu diesem Setzen des Trennzeichens verwenden wir indessen drei verschiedene Zustände, weil die Maschine nicht „vergessen" darf, welches Zeichen sie im ersten Zug gelesen hat. Daß sie tatsächlich nicht „vergißt", zeigt sich daran, daß jeder dieser Zustände einen speziellen Folgezustand hat (Zustand 2 ruft Zustand 3, et cetera).

Diese Folgezustände 3, 5, 7 nun schreiben das im ersten Zug gelesene Zeichen auf das rechts benachbarte (wieder von der Umgebung angelieferte) Leerfeld. Damit ist die Aufgabe von K.TM im wesentlichen schon erledigt, wir verlangen aber ordnungshalber (und weil wir es für das Folgende brauchen werden), daß die Maschine zum Ausgangsfeld zurückkehrt.

Alle drei Zustände rufen daher den Zustand 8. Das trennende Leerzeichen muß übersprungen werden, aber weil die Maschine jetzt „vergessen" darf, welches Zeichen sie ursprünglich gelesen hatte, reicht ein Zustand für die Rückkehr aus. Zustand 8 bringt den Lesekopf auf das erste Feld und K.TM gibt die Steuerung ab. Wird Zustand 8 von Zustand 1 gerufen, so kann K.TM sofort umkehren und halten.

Der Leser lasse nun K.TM auf dem einen oder anderen Zeichen laufen und bedenke dabei die beschriebenen Zusammenhänge; er formuliere die Rolle, die er selbst als Umgebung von K.TM im Hinblick auf die Interpretation ausübt, und besonders die Rollen, die in der Interpretation den einzelnen Zuständen zukommen – solche Überlegungen seien auch für alle weiteren Beispiele und Aufgaben angelegentlichst empfohlen. Speziell sei darauf hingewiesen, daß sich in der beschriebenen Gesetzlichkeit der Zustandsübergänge eine Form von „Gedächtnis" zeigt, die vom Band-„Gedächtnis" verschieden ist, ein „Kurzzeit-Gedächtnis", wenn man will. Die Tatsache, daß K.TM im ersten Zug ein bestimmtes Zeichen und kein anderes gelesen hat, wird durch die verschiedenen Zustandsfolgen $2 \rightarrow 3, 4 \rightarrow 5, 6 \rightarrow 7$ bis zu dem Moment hin bewahrt, in welchem das betreffende Zeichen wieder auf das Band geschrieben wird. Der Aufwand an Quintupeln, den diese Verschiedenheit mit sich bringt, ist unvermeidlich – der Leser überzeuge sich davon durch Versuche, eine kleinere Maschine zu beschreiben, die das selbe leistet wie K.TM (eine TM gleicher Leistung mit weniger Zuständen aber mehr Zeichen ist möglich, siehe Kapitel 10). Nach dem kopierenden Schreiben des ursprünglich gelesenen Zeichens aber kann die Maschine diese „Information" vergessen, gewissermaßen weil sie dem „Langzeit-Gedächtnis", dem Band, übergeben wurde (im allgemeinen Fall: weil sie im Hinblick auf die intendierte Interpretation ihre Funktion erfüllt hat), und die Rückkehr zum Ausgangspunkt auf dem Band kann für alle diese Informationen einheitlich über die selbe Zustandsfolge (hier nur der Zustand 8) erfolgen.

Wie müßten wir K.TM einrichten, damit der Kopiervorgang – immer vom ursprünglichen Zeichen ausgehend – wiederholt wird? Nennen wir die mehrfachkopierende Maschine MK.TM:

MK.TM

	–	|	A	B
1	– R 8	| R 2	A R 4	B R 6
2	– R 3			
3	| L 8	| R 3		
4	– R 5			
5	A L 8		A R 5	
6	– R 7			
7	B L 8			B R 7
8	– L 1	| L 8	A L 8	B L 8

TM-Tabelle 3.2

Im Vergleich mit K.TM sind sechs neue Werte dazugekommen, ein siebenter, der Wert von (8 –), ist verändert worden. Diese letztere Änderung bewirkt, daß

MK.TM nach jeder Rückkehr auf das erste Bandfeld wieder in Zustand 1 ist, und folglich, daß ein neues Kopieren des ursprünglichen Zeichens beginnt.

Diese abermalige Kopie wird unmittelbar rechts neben die im vorhergehenden Zyklus ausgegebene geschrieben. Ermöglicht wird das durch die Modifikationen der Zustände 3, 5 und 7: hat die Maschine in vorhergegangenen Zyklen das Eingabe-Zeichen schon einmal oder mehrere Male kopiert, so läuft sie nun über diese von ihr selbst gesetzten Zeichen nach rechts weiter, bis sie das nächste leere Feld findet; dabei ist auf Grund unserer Problemstellung gewiß, daß jeder der Zustände 3, 5 und 7 nur ein Zeichen der Art findet, die er selbst auf das Band schreiben kann – und früher oder später das Leerzeichen.

Zustand 8 hingegen muß mit jeder Art von kopierten Zeichen rechnen, da er ganz allgemein für den Rücklauf zuständig ist; er „sucht" das Leerzeichen, und „erkennt" an dessen Auftreten, daß ein weiterer Kopiervorgang einzuleiten ist.

Beim Durchmustern dieser TM-Tabelle wird sofort klar, daß die beschriebene Maschine nie halten wird: es fehlt ja ein Wert, der den Zustand 0 enthielte. MK.TM wird also bis zu einem Fremd-Stop das in ihr Startfeld geschriebene Zeichen immer wieder nach rechts hin kopieren; startet MK.TM aber auf dem leeren Feld, so pendelt sie zwischen ihm und dem rechts benachbarten hin und her. Im höchst einfachen Fall dieser MK.TM kann die Umgebung diese Situationen leicht erkennen und die Maschine nach Belieben anhalten. Wie viele Kopier-Zyklen die Umgebung zulassen will, hängt von den Umständen ihrer Interpretation ab: sie muß eine *Abbruchbedingung* haben. Die Abbruchbedingung kann effektiv sein oder „zufällig" wirksam werden (zum Beispiel als Überdruß). Ist sie effektiv, so kann sie zum Bestandteil der TM gemacht werden, und dieser Fall ist in unseren Überlegungen in den folgenden Abschnitten 3.2 und 3.3 enthalten.

Aufgabe 3.1 ⟨2*⟩ Man vereinfache TM-Tabelle 3.2 derart, daß die neue Maschine das Eingabe-Zeichen nur einmal liest und das gelesene Zeichen ohne Rücklauf rechts vom Trennzeichen bis zum Fremd-Stop weiterschreibt.

Aufgabe 3.2 ⟨3*⟩ Man beschreibe eine Kopier-Maschine mit dem Alphabet von K.TM, die das zu kopierende Zeichen ("I", "A" oder "B") neben einen gleichfalls vorgegebenen, beliebig langen Block aus ebendiesen Zeichen setzt. Der Block sei links durch ein Leerzeichen vom zu kopierenden Zeichen, und rechts durch ein Leerzeichen von der Kopie getrennt. Findet unsere Maschine ein Leerzeichen auf dem Startfeld, so soll sie sofort rechts daneben stehen bleiben, sonst halte sie rechts neben der von ihr angefertigten Kopie. Ist beispielsweise die erste Momentaufnahme

```
B–BAAI IBA
1
```

so soll die letzte

```
B–BAAI IBA–B–
              0
```

sein. Ein weiteres Beispiel:

    |–AB |BB |BABAAB |
    1

wird

    |–AB |BB |BABAAB |–|–
                      0

Die TM „trägt" also das jeweils vorgegebene Zeichen über den Block nach rechts.

Diese beiden Aufgaben, die ersten in diesem Buch, die den Entwurf einer TM verlangen, sind nicht schwierig, wenn der Leser die TM-Tabellen 3.1 und 3.2 klar verstanden hat; wir empfehlen ihm, den Abschnitt 3.1 noch einmal gründlich durchzulesen, bevor er an Lösungsversuche geht.

3.2

Unsere Lösung des zweiten Teilproblems der Multiplikation beschreiben wir anhand eines Ausschnitts aus der Spur der Berechnung $3 \cdot 4$ durch M.TM (man nehme TM-Tabelle 2.1 zu Hilfe):

```
M.TM
      (...)
  >    |–|–| | | |–| | | | | |–
  R          3445555555
  >    |–|–| |–|–| | | | | | |
  L          776666666
  >    |–|–| | | |–| | | | | |–
  R          3455555555
       |–|–| | |––| | | | | | |
  L          766666666
       |–|–| | | |–| | | | | | |
  R          3
       |–|–| | | |–| | | | | | |
  L        88888
      (...)
```

Abbildung 3.1

Unsere Interpretation lautet folgendermaßen:

– Steht die Maschine in Zustand 3 auf einem Zeichen des zweiten Faktors, also auf " | ", so löscht sie das Zeichen, um im Rücklauf nach dem Kopieren dieses Zeichens „erkennen" zu können, daß dieses Zeichen „gezählt" worden ist. Das von Zustand 3 gesetzte "–" ist also als eine temporäre Markierung eines bestimmten Felds zu interpretieren; es kommt darauf an, die TM so zu gestalten, daß sie genau diese Markierung wieder finden kann, obwohl sie durch ein Zeichen repräsentiert ist, das auch anderweitig vorkommt. Das wird aber gewiß möglich sein, denn das "–", welches temporär den zweiten Faktor in zwei " I "-Blöcke zerlegt, wird immer das zweite "–" sein, das die Maschine vorfindet, wenn sie nach dem Kopieren eines Zeichens nach links zurückläuft.

Zustand 3 ruft sodann

– Zustand 4, dessen Aufgabe im Sinne der Interpretation es ist, die restlichen, rechts von der temporär gesetzten Marke stehenden Zeichen des zweiten Faktors zu "überspringen". Die Anzahl dieser Zeichen variiert mit der ursprünglichen Eingabe und mit dem Stand der Berechnung, doch muß jedenfalls unmittelbar rechts nach dem zweiten Faktor ein "–" stehen (da die Eingabe hier abbricht, wird dieses Leerzeichen beim allerersten Kopierlauf von der Umgebung geliefert). Die noch nicht kopierten Zeichen des zweiten Faktors sind im jeweiligen Kopierlauf von untergeordneter Bedeutung, ihre Existenz kann aber nicht ignoriert werden. Insofern beruht die Notwendigkeit dieses Überspringens, das heißt die Notwendigkeit, einen Zustand einzubauen, der dies bewerkstelligt, einfach auf der Tatsache, daß wir ein lineares Band vereinbart haben und nur Schritte zum jeweils unmittelbar benachbarten Feld zulassen, und überhaupt auf der ganzen nun einmal gesetzten Konvention.

Zustand 4 "merkt" durch sein schließliches Ankommen bei einem "–", daß der zweite Faktor übersprungen ist, und ruft seinerseits nun

– Zustand 5. Die Aufgabe dieses Zustands ist es, alle bereits geschriebenen Zeichen des in Herstellung befindlichen Produkts, das Resultat aller vorherigen Kopierläufe, zu überspringen (genauso, wie Zustand 4 den Rest des zweiten Faktors überspringt), um auf das nächste leere Feld rechts ein " I " zu schreiben. Im Denken des Entwerfers ist das ein Kopieren des zuvor von Zustand 3 markierten Zeichens.

– Zustand 6 macht sodann (nach dem Rezept von Zustand 4) den Rechts-Lauf von Zustand 5 rückgängig,

– Zustand 7 den von Zustand 4. Am linken Ende des bisher noch nicht kopierten Teils des zweiten Faktors stößt Zustand 7 nun auf die von Zustand 3 gesetzte Marke "–", auf das Anzeichen (im Denken des Entwerfers) dafür, daß hier ein " I " "gezählt" worden war. Dieses Zeichen wird alsbald „wiederhergestellt", worauf ein neuer Kopierzyklus beginnt, denn Zustand 7 ruft wieder Zustand 3.

– Zustand 3 ist diesmal jedoch auf das unmittelbar benachbarte Feld rechts angesetzt. Trägt dieses Feld wieder ein " I ", so wiederholt sich der Zyklus.

Steht dort aber ein "–", dann ist der zweite Faktor einmal vollständig kopiert worden. Der Entwerfer faßt das Antreffen dieses Zeichens als Abbruchbedingung für den Kopierzyklus. Er läßt Zustand 3 in diesem Fall

– Zustand 8 rufen, und dieser Zustand macht nun die Rechts-Schritte rückgängig, wie sie in jedem Zyklus im Übergang von Zustand 7 zu Zustand 3 erfolgt waren.

Aufgabe 3.3 ⟨2*⟩ Der Leser mache sich klar, daß in den beschriebenen Zyklus *zwei* Abbruchbedingungen eingebaut sind: eine für das Kopieren eines einzelnen "I", die andere für das vollständige Kopieren des zweiten Faktors. Beide müssen auf jeden Fall eintreten, wenn M.TM auf zwei "I"-Blöcken wie in der Interpretation vorgeschrieben gestartet wird.

3.3

Was die Buchhaltung im ersten Faktor angeht, so bedient sich der Entwurf – im Beispiel, aber nicht notwendigerweise – derselben Technik.

–   Zustand 1 markiert ein "I" des ersten Faktors, indem er es temporär durch "–" ersetzt.

–   Zustand 2 überspringt den Rest des ersten Faktors nach rechts und ruft auf dem ersten gefundenen "–" den Zustand 3, worauf der eben beschriebene Zyklus einsetzt.

–   Zustand 9 entspricht völlig dem Zustand 7. Er kommt zum Einsatz jedesmal, wenn der zweite Faktor einmal vollständig kopiert worden war.

–   Ist aber schließlich Zustand 1 auf dem "–" angelangt, auf jenem Leerzeichen, das in der Absicht des Entwerfers die Trennung zwischen erstem und zweitem Faktor markiert, so ist das die Abbruchbedingung für den Lauf von M.TM insgesamt.

–   Zustand 10 liefert nur mehr ein Nachspiel. Er entspricht Zustand 8 (seinerseits ein Nachspiel des Kopier-Zyklus), mit dem Unterschied, daß M.TM nun nicht mehr in einen im Plan der Maschine selbst enthaltenen weiter „übergeordneten" Zyklus zurückkehrt. Zustand 10 bringt die Maschine bloß zum Anfangsfeld zurück und hält M.TM auf diesem regulär an. Damit wird der Umgebung signalisiert, daß die Berechnung abgeschlossen ist und daß nunmehr ein Ergebnis auf dem Band steht, das die Umgebung gegebenenfalls interpretieren und weiterverwenden kann.

In einem Schaubild könnte man die Zyklen von M.TM etwa so darstellen:

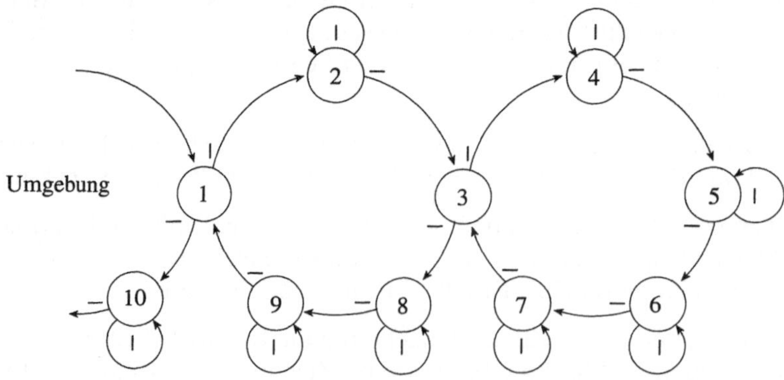

Abbildung 3.2

Die Zustände von Ṁ.TM sind hier als Kreise symbolisiert, in denen die Zustandsnamen stehen; die Pfeile symbolisieren die möglichen Zustandsübergänge, an
den Ursprung der Pfeile haben wir das Alphabet-Zeichen gesetzt, welches zusammen mit dem Namen des Zustands das Argument für den jeweiligen Übergang bildet.

Man sieht: Es handelt sich um *Schleifen*, interpretationsgemäß auf vier "Ebenen". Auf der „untersten" liegen die Schleifen des Zurückkehrens der verschiedenen Zustände in sich selbst. Die "nächsthöhere" Ebene ist für Ṁ.TM durch den
Zyklus des Kopierens eines einzelnen Zeichens aus dem zweiten Faktor konstituiert. Diese Schleife ist durch Zustand 3 mit der einer „noch höheren" Ebene
verbunden, mit dem Zyklus, der den ersten Faktor abarbeitet.

Die Schleife auf dieser Ebene schließlich ist durch Zustand 1 (bei der Rückkehr über den Appendix Zustand 10) mit der „höchsten" Ebene verbunden.

Die höchste Ebene für jede TM ist die Umgebung; das heißt aber nichts
anderes, als daß wir in einem gegebenen Untersuchungsrahmen die Lage der TM
in der Umgebung nicht weiter in Erwägung ziehen: in einem anderen Rahmen
könnte die betrachtete TM Bestandteil einer größeren Maschine sein, die Steuerung also an eine übergeordnete Schleife der umfassenden Maschine zurückgeben. Die Zustandsbezeichnung "0" ist als Variable anzusehen, für die der konkrete Name eines Zustands der übergeordneten Maschine einzusetzen wäre.

Aufgabe 3.4 ⟨1⟩ Was geschieht, wenn Ṁ.TM auf dem ersten Zeichen der Kette
"| | | |−| | | | | |−| |−|−−| |−−−−−−−| | | | |" gestartet wird?

Man überzeuge sich davon, daß Ṁ.TM auf jeder beliebigen Kette über dem
Alphabet {−,|} terminiert.

Aufgabe 3.5 ⟨2⟩ Was macht die in der folgenden Tabelle beschriebene TM,
wenn sie in ihrem Zustand 1 auf dem ersten Zeichen eines "|"-Blocks gestartet
wird?

```
DD.TM
             −              |

     1    − L 10      | R   2
     2    − R  7      − R   3
     3    − R  4      | R   3
     4    | L  5      | R   4
     5    − L  6      | L   5
     6    | R  1      | L   6
     7    | R  8      | R   7
     8    | L  8      − L   9
     9    − L 10      | L   9
    10    − R  0      | L  10
```

TM-Tabelle 3.3

Aufgabe 3.6 ⟨2*⟩ Der Leser entwerfe die Beschreibung einer KOPIER2−.TM; sie
kopiert einen beliebig (endlich) langen "|"-Block. Eingabe von KOPIER2−.TM

ist dieser Block, Ausgabe der Block und rechts daneben, durch *zwei* Leerzeichen
getrennt, die Kopie. KOPIER2–.TM hält auf dem Ausgangsfeld, auch wenn der
Block leer ist.

Aufgabe 3.7 ⟨1⟩ Der Leser verändere M.TM (TM-Tabelle 2.1) so, daß als Ausgabe
nur das Produkt erscheint. Die beiden Faktoren sind also gelöscht, die Maschine
soll auf dem ersten Zeichen des Produkts halten.

Aufgabe 3.8 ⟨2*⟩ Man schreibe die Tabelle einer UNADD.TM, die zwei durch ein
Leerzeichen getrennte "I"-Blöcke addiert,

(a) so, daß die Ausgabe nur aus der Summe besteht,
(b) so, daß die Eingabe erhalten bleibt.

In beiden Fällen soll die TM auf dem ersten "I" der Summe halten (der Einfachheit halber setzen wir voraus, daß keiner der beiden Blöcke leer ist).

Aufgabe 3.9 ⟨2*⟩ Der Leser entwerfe eine TM, die jeden endlichen "I"-Block
verdoppelt –

(a) derart, daß nur das Ergebnis auf dem Band stehen bleibt,
(b) so, daß die Eingabe neben dem Ergebnis erhalten bleibt.

In beiden Fällen soll die TM auf dem ersten "I" halten.

Aufgabe 3.10 ⟨2*⟩ Es soll die Tabelle einer MODULO2.TM angegeben werden, die
von jedem ihr auf dem sonst leeren Band vorgelegten endlichen "I"-Block
entscheidet, ob er aus einer geraden Anzahl von "I" besteht oder nicht. Ist die
Anzahl ungerade, so soll die Maschine rechts neben den Block, von ihm durch ein
Leerzeichen getrennt, ein "I" schreiben, andernfalls ein weiteres Leerzeichen.
   Die Anzahl 0 der "I" im leeren Block gilt als gerade. Startet MODULO2.TM
auf dem leeren Band, so behandelt sie das Leerzeichen auf dem Startfeld als das
Trennzeichen hinter dem leeren "I"-Block (der sich sozusagen zwischen diesem
Zeichen und dem Zeichen auf dem Feld davor befindet). Sonst startet die TM auf
dem ersten Feld des Blocks. Sie hält stets auf dem Resultatfeld.

3.4

Man mache sich noch einmal bewußt, daß auf dem Band einer TM nichts weiter
als Lesen, Schreiben und Aufsuchen eines Nachbarfelds geschieht. Alle Leistungsfähigkeit einer TM ist in die spezifische Gesetzlichkeit ihrer Zustandsübergänge (in die Zuordnung ihrer Werte zu ihren Argumenten) gepackt.
   In den vorgeführten einfachen Möglichkeiten der Gestaltung einer Tabelle
ist alles gegeben, was zur "strukturellen" Beschreibung einer Maschine (zum
Unterschied von der Beschreibung ihres globalen Verhaltens) nötig und hinreichend ist. Das Entwerfen einer bestimmten TM heißt *Programmieren*. Unsere
Konvention legt eine *Programmiersprache* fest, deren Elemente das Spatium,
die jeweiligen Alphabet-Zeichen, die Zustandsnamen und die beiden Zeichen

"L" und "R" sind (in der Quintupel-Version kommen noch die beiden Klammern hinzu). Sie charakterisiert unter allen möglichen endlichen Zusammenstellungen dieser Zeichen eine Klasse von „wohlgeformten" (syntaktisch korrekten) „Ausdrücken" (Zeichenketten) – nämlich die geordneten Tripel in Tabellenform (beziehungsweise die Mengen der geordneten Quintupel) – und erklärt damit alle anderen als unzulässig. Es gibt Programmiersprachen, die es gestatten, mit ganzen Maschinen (*Subroutinen*) so umzugehen, wie unsere TM-Sprache mit Zuständen, und die Zugriff auf jedes Bandfeld (auf jede *Adresse*) in einem einzigen Zug erlauben. Keine Programmiersprache jedoch ist prinzipiell stärker als unsere TM-Konvention, in dem Sinn, daß sie Berechnungen erlaubte, die von TMn nicht durchgeführt werden können.

4. Akzeptieren und Generieren; Triviale Maschinen; Moduln

4.1

Wir legen uns auf die folgende Redeweise fest:

- Eine Zeichenkette ist *zusammenhängend*, ihre Zeichen stehen auf benachbarten Bandfeldern. Eine *Teilkette* einer Zeichenkette *k* ist ein zusammenhängender Abschnitt von *k*. Jede Zeichenkette ist eine Teilkette ihrer selbst. Jede Teilkette einer Inschrift (Zeichenkette), die das erste Zeichen der Inschrift enthält, heißt ein *Anfangsstück* der Inschrift.
- Als *Eingabe* einer TM *T* soll genau jene Inschrift gelten, die sich vor dem Start von *T* auf dem Band vorfindet. Die Umgebung kann jedes Feld der Eingabe zum Startfeld von *T* bestimmen.
- Eine TM, die hält, *akzeptiert* jene Teilkette der Eingabe, die sie in ihrem Lauf gelesen hat, und sie *generiert* jene Teilkette der terminalen Bandinschrift, die sie geschrieben hat. *Das reguläre Halten der in Zustand 1 gestarteten Maschine ist für das Akzeptieren und Generieren wesentlich.*

Anhand der Spur eines terminierenden Laufs kann die Umgebung stets effektiv entscheiden, welche Zeichenkette akzeptiert und welche generiert wurde. Zum Beispiel akzeptiert die folgende TM, gestartet jeweils auf dem am weitesten rechts stehenden Bandfeld, die Ketten "|", "|–", "|––" und so weiter, und nur sie.

```
47.TM
        —          |
1    |  L 1    |  R 0
```

TM-Tabelle 4.1

Ist, als weiteres Beispiel, die erste Momentaufnahme eines Laufs von M.TM

```
| |–| | |–|–|
1
```

so ist die terminale Momentaufnahme

```
–| |–| | |–| | | | | | | |
0
```

Anhand der Spur stellt man fest, daß M.TM alle Zeichen der Eingabe gelesen hat; da die Maschine hält, akzeptiert sie also die Eingabe. Angesetzt auf das erste "|"

der Inschrift "$-$I$-$I$--$", akzeptiert M.TM diese ganze Eingabe. Die Eingabe "I$-$I$---$" akzeptiert sie auf keinem Startfeld, sie akzeptiert nur Teilketten davon.

Der einfachste Fall von Akzeptieren liegt vor, wenn T alle Zeichen einer Eingabe liest, und auf der unveränderten Inschrift hält („Akzeptoren", siehe Abschnitt 1.5). Unter dem Gesichtspunkt des Akzeptierens wird die jeweils generierte Kette nicht näher in Betracht gezogen, irrelevant bleibt auch, ob T Eingabe-Zeichen verändert hat oder nicht.

Aufgabe 4.1 ⟨2∗⟩

(a) Man programmiere eine TM über dem Alphabet {$-$, 0, 1}, die die Zeichenkette "01011", und nur sie, akzeptiert. Wir setzen voraus, daß die Eingaben für diese TM ausschließlich aus Nullen und Einsen bestehen.
(b) Man gebe eine Maschine an, die alle Anfangsstücke der angegebenen Kette, und nur diese, akzeptiert.

Liest eine TM T genau die Teilkette a einer Eingabe und generiert sie in diesem Lauf die Inschrift g, so sagen wir, T generiere g auf a. Zum Beispiel generiert 47.TM (TM-Tabelle 4.1) auf jeder Eingabe, die sie akzeptiert, einen gleich langen "I"-Block.

Wie weit man unter dem Gesichtspunkt des Generierens den Bezug auf die akzeptierte Kette bewahren will, wird vom Charakter der jeweiligen Untersuchung abhängen. Der einfachste Fall von Generieren liegt vor, wenn eine Zeichenkette auf dem leeren Band generiert wird. Es kann natürlich sein, daß die unveränderte Eingabe als Teilkette der generierten Kette erscheint, ja sogar, daß (wie bei Akzeptoren) die generierte Kette mit der akzeptierten Kette identisch ist.

Interpretieren wir eine TM unter dem Gesichtspunkt des Akzeptierens, so werden wir zunächst (wie schon in Kapitel 1 angedeutet) die Tatsache des SelbstStops (das Abgeben der Steuerung) als die „Ausgabe" der Maschine betrachten, und in weiterer Folge die akzeptierte Zeichenkette. Betrachten wir indes irgendein anderes Merkmal der terminalen Bandinschrift als das Resultat eines Laufs, so liegen die Dinge im allgemeinen etwas komplizierter.

Im obigen Beispiel hat M.TM auf der Kette "I I$-$I I I$-$I$-$I" die Kette "$-$I I$-$I I I$-$I I I I I I I I" generiert. In unserem Begriff von „Generieren" ist noch nicht das erfaßt, was man hier unter „Ausgabe" verstehen möchte. Wenn wir eine TM im Hinblick auf eine bestimmte Leistung konstruieren, haben wir auch eine bestimmte Klasse von Zeichenketten im Auge, die wir als die „eigentlichen" Ausgaben intendieren, und wir achten darauf, daß diese Ketten effektiv von einem eventuellen Rest der terminalen Bandzeile zu unterscheiden sind. Wir haben „das Produkt" als die „eigentliche" Ausgabe von M.TM intendiert, und auf Grund unserer Interpretation von M.TM können wir in der Tat die so verstandene Ausgabe stets aus dem Vergleich der terminalen Bandzeile mit der Eingabe effektiv gewinnen. Es können aber verschiedene Interpretationen einer TM gleichermaßen korrekt sein, daher können auch, je nach Gesichtspunkt, verschiedene Teilketten einer generierten Kette als „die intendierte Ausgabe" gelten. Zum Beispiel könnte man M.TM zu der Prüfung verwenden, ob, beginnend mit dem Startfeld, nach rechts zwei nicht-leere " I "-Blöcke nebeneinander auf dem Band stehen – als Ausgabe würde man dann das Schreiben oder Nicht-Schreiben eines in der Eingabe nicht enthaltenen " I " betrachten.

Solange wir eine korrekte (alle möglichen Verhaltensvarianten berücksichtigende) Interpretation einer gegebenen Maschine nicht haben, bleibt uns nicht anderes übrig, als entweder die Tatsache ihres Haltens allein (und in weiterer Folge die akzeptierten Zeichenketten), oder aber ihre generierten Zeichenketten insgesamt als die jeweiligen Ausgaben hinzunehmen.

In unserem Wunsch nach größtmöglicher Allgemeinheit eines effektiven Verfahrens zur Bestimmung von "Resultaten" können wir also unseren Begriff des Generierens nicht weiter einengen. Im übrigen wird nichts dagegen zu sagen sein, wenn wir im speziellen Fall, im Hinblick auf eine Interpretation der jeweiligen Maschine, von bestimmten Teilketten einer generierten Kette als Ausgabe reden – vorausgesetzt ist dabei stets, daß die so verstandene Ausgabe effektiv aufzufinden ist (zum Beispiel, daß wir die TM so umbauen können, daß sie neben ihrer der gegebenen Interpretation nach unveränderten alten Leistung das intendierte Resultat auch noch durch spezielle Marken kennzeichnet).

Aufgabe 4.2

(a) ⟨1⟩ Man programmiere eine TM, welche auf dem leeren Band, mit dem Startfeld beginnend, nach links die Zeichenkette "– I – I – I" schreibt und auf dem ersten (linken) " I " hält.

(b) ⟨1 T⟩ Die gleiche Zeichenkette soll, mit dem Startfeld beginnend, nach rechts geschrieben werden, und die TM soll auf dem Startfeld halten.

4.2

Aufgabe 4.3 ⟨1 T⟩ Man programmiere eine TM, die, angesetzt auf eine beliebige Zeichenkette über dem Alphabet {–, A, B, C} (das heißt auf einer beliebig aus diesen Zeichen zusammengesetzten Kette), beginnend mit dem Startfeld und nach rechts laufend die Kette "AABBCC" schreibt und auf dem Feld rechts neben dieser Kette hält.

Aufgabe 4.3 kann mit folgender Maschine gelöst werden:

```
PAABBCC.TM
            -           A           B           C
   1    A R 2       A R 2       A R 2       A R 2
   2    A R 3       A R 3       A R 3       A R 3
   3    B R 4       B R 4       B R 4       B R 4
   4    B R 5       B R 5       B R 5       B R 5
   5    C R 6       C R 6       C R 6       C R 6
   6    C R 0       C R 0       C R 0       C R 0
```

TM-Tabelle 4.2

TMn, die nur in einer Bandrichtung laufen können und in jedem ihrer Läufe jeden ihrer Zustände genau einmal einnehmen, nennen wir *triviale* Maschinen.

Triviale Maschinen kann man durch bloßes Durchmustern ihrer Tabelle als solche erkennen. TM-Tabelle 4.2 beschreibt einen derartigen Fall. Triviale Maschinen sind primitive Finite Automaten. Sie eignen sich sehr gut zum Akzeptieren einer einzelnen Zeichenkette (Aufgabe 4.1) oder zum Generieren einer solchen. Ihr Entwurf ist problemlos, sobald die zu akzeptierende beziehungsweise zu generierende Kette feststeht.

4.3

Gestützt auf die Überlegungen von Kapitel 3 sehen wir, daß schon ein einziges Quintupel eine volltüchtige Maschine beschreiben kann. Zum Beispiel beschreibt das Quintupel (1 – I R 1) eine TM, die auf dem leeren Band unausgesetzt das Zeichen "I" schreibt und nach rechts weitergeht. Das Quintupel (1 – I R 0) beschreibt eine Maschine, die auf das aktuelle Feld, wenn es leer ist, "I" schreibt, und dann stehen bleibt (wenn die beiden Maschinen ein von "–" verschiedenes Zeichen vorfinden, werden sie mit der in Abschnitt 2.5 vereinbarten Maßnahme reagieren). Man kann sich eine TM also als aus Komponenten-Maschinen zusammengesetzt denken. Eine in einer Interpretation vorgenommene gedankliche Zerlegung einer TM bezeichnen wir als eine Zerlegung in *Moduln*. Ein Modul ist eine für die Interpretation sinnvolle Komponente der vollständigen Maschine, gegeben im Minimalfall durch ein einziges Quintupel, normalerweise aber durch eine Menge von Quintupeln, die eine Gruppierung miteinander durch Übergangsmöglichkeiten verbundener Zustände beschreibt. Wir führen das Wort "Modul" ein, um hinfort bequemer über Interpretationen reden zu können – für die jeweilige Maschine selbst existieren diese sinnvollen Einheiten natürlich nicht: sie führt einfach die den einzelnen Quintupeln entsprechenden, an sich sinnlosen Zustands-, Zeichen- und Richtungs-Übergänge aus (Parnas *1972*).

Aufgabe 4.2 (b) kann mit einer Kombination aus zwei trivialen TMn gelöst werden. Die erste (P–I–I–I.TM, TM-Tabelle 4.3) hat sechs Zustände und schreibt die verlangte Zeichenkette; die zweite (6L.TM, TM-Tabelle 4.4) geht einfach sechs Felder nach links, ohne sonst etwas zu verändern.

```
P-I-I-I.TM

            -           I

1     -  R  2     -  R  2
2     I  R  3     I  R  3
3     -  R  4     -  R  4
4     I  R  5     I  R  5
5     -  R  6     -  R  6
6     I  R  0     I  R  0
```

TM-Tabelle 4.3

```
6L.TM᷒
             -                |
   1     -  L  2      |  L  2
   2     -  L  3      |  L  3
   3     -  L  4      |  L  4
   4     -  L  5      |  L  5
   5     -  L  6      |  L  6
   6     -  L  0      |  L  0
```

TM-Tabelle 4.4

Funktionell koppeln kann man die beiden Maschinen durch eine einfache Umbenennung der Zustände der zweiten und Vereinigung beider in einer einzigen Tabelle.

Wir nennen die Zustände 1 bis 6 von 6L.TM nun Zustand 7 bis 12 und lassen Zustand 6 von P-I-I-I.TM nicht die Umgebung, sondern Zustand 7, das heißt den ersten Zustand von 6L.TM rufen (analog sind wir bereits in unserer Lösung von Aufgabe 3.8(b) vorgegangen). Das Ergebnis dieser Koppelung ist die Maschine P-I-I-I6L.TM:

```
P-I-I-I6L.TM
             -                |           Kommentar
   1     -  R   2     -  R   2    Modul P-I-I-I
   2     |  R   3     |  R   3
   3     -  R   4     -  R   4
   4     |  R   5     |  R   5
   5     -  R   6     -  R   6
   6     |  R   7     |  R   7
   7     -  L   8     |  L   8    Modul 6L
   8     -  L   9     |  L   9
   9     -  L  10     |  L  10
  10     -  L  11     |  L  11
  11     -  L  12     |  L  12
  12     -  L   0     |  L   0
```

TM-Tabelle 4.5

P-I-I-I6L.TM kann eben als aus zwei Moduln bestehend betrachtet werden.

Natürlich liegen hier die Verhältnisse besonders einfach. Im allgemeinen wird man von einem Modul verlangen, daß er – vor dem Koppeln – auf einer geeigneten Eingabe *terminiert*, daß er also seine eigene Abbruchbedingung eingebaut hat. Von einer *strukturierten* Zerlegung in Moduln spricht man, wenn stets der Anfangszustand des Moduls gerufen wird und wenn die Rückgabe der Steuerung aus dem Modul stets an den rufenden Zustand erfolgt (Wirth *1993*). In höheren Programmiersprachen kann ein bestimmter Modul von verschiedenen umgebenden Moduln gerufen werden, und bei strukturiertem Programmieren gibt er die Steuerung immer an jenen Modul zurück, der ihn jeweils gerufen hat. Da die allgemeine Theorie nicht viel nach der Ökonomie von Entwürfen fragt, bescheidet sich dem gegenüber das Programmieren von TMn oft damit, jedem der rufenden Moduln seine eigene Kopie des gerufenen mitzugeben; es erfordert aber nur einen gewissen praktischen Ehrgeiz, auch mit TMn in der Art der höheren Programmiersprachen zu arbeiten.

Aufgabe 4.4 $\langle 2 \rangle$ Gegen den Wortlaut der Aufgabe 4.2(b) gehalten kann die in TM-Tabelle 4.5 beschriebene Maschine zuviel, denn sie schreibt die Kette "– I – I – I " auf jede Bandinschrift aus dem Alphabet {–, I }, nicht nur auf das leere Band; sie ist auch in anderer Hinsicht unökonomisch, denn sie enthält überflüssige Quintupel, ja sogar überflüssige Zustände, und sie braucht überflüssig viele Züge. Wie sieht die Tabelle einer Maschine aus, die wirklich nur das in der Aufgabe Verlangte und dies auf möglichst ökonomische Weise tut?

Aufgabe 4.5 $\langle 1* \rangle$ Man entwerfe eine P6I.TM, die auf dem leeren Band nach rechts einen Block von sechs "I" generiert, zu dem ersten "I" zurückkehrt und auf ihm hält.

Man macht sich leicht klar, daß man bei solchen PnI.TMn für das Anschreiben eines beliebigen Blocks aus n "I" immer mit n Zuständen auskommt.

Für $n > 1$ benötigt die entsprechende PnI.TM $2 \cdot (n-1)$ Züge. Obwohl derartige, im weiteren öfters verwendete TMn dem Wortlaut unserer Erklärung nach keine trivialen Maschinen sind ($n-2$ Zustände werden in jedem Lauf zweimal gerufen), sollen sie der Kürze des Ausdrucks zuliebe auch noch als triviale TMn gelten.

4.4

Eine exakte, endliche Beschreibung eines Problems, das durch eine zu programmierende TM gelöst werden soll, heißt *Spezifikation*. Existiert eine TM im Sinne einer Spezifikation, so soll diese Spezifikation *erfüllbar* heißen.

Für die Erfüllung ist wesentlich, daß die TM in jedem von der Spezifikation vorgesehenen Fall mit Selbst-Stop hält (bei den Aufgaben verlangen wir bisweilen, daß eine TM in gewissen Fällen nicht halten soll – dies geschieht einzig im Hinblick auf Untersuchung der mit dem Nicht-Halten verbundenen Probleme, Kapitel 14 und folgende).

Wenn sich der Leser um die bisher gestellten Aufgaben bemüht hat, vor allem wenn er nicht sogleich mit der ersten die jeweilige Spezifikation erfüllenden Lösung zufrieden war, wird er schon ahnen, daß jede erfüllbare Spezifikation eine große Anzahl verschiedener Lösungen zuläßt. Wir stellen fest:

Jede erfüllbare Spezifikation kann durch unendlich viele verschiedene Maschinen erfüllt werden.

Diese wichtige Behauptung beweisen wir durch eine banale Überlegung. In der Beschreibung jeder TM, die überhaupt auf irgendeiner Zeichenkette hält, findet sich mindestens ein Wert mit dem Folgezustand 0. Man kann also mit jeder solchen TM einen Modul koppeln, der nichts weiter bewirkt als eine Anzahl zusätzlicher (überflüssiger) Doppelschritte zwischen dem Bandfeld, auf dem die TM zu stehen kommt, und einem benachbarten Feld. Dieser Modul, mit dem selben Alphabet und einer geraden Anzahl von Zuständen, verändert weder die von der ursprünglichen TM generierte Inschrift noch den etwaigen Rest des Bands – durch Abstimmung der Bewegungsrichtungen des Moduls auf die Bewegungsrichtung des terminalen Quintupels der ursprünglichen TM vermeidet man gegebenenfalls auch das Anfügen eines Leerfelds durch die Umgebung (hat man mehrere terminale Quintupel der ursprünglichen TM mit verschiedener Bewegungsrichtung, so muß man eben zwei solche Moduln anfügen):

URSPRÜNGLICHE.TM (mit n Zuständen und m Zeichen)

	$-$	s_2	s_3	$\ldots$	s_m
1	$s_a\,d_a\,q_a$	$s_b\,d_b\,q_b$	$\ldots$		
2	$s_f\,d_f\,q_f$	$\ldots$			
3	$\ldots$				
$\ldots$					
q_i	$\ldots$		$s_j\,d_j\,0$	$\ldots$	
$\ldots$					
q_n	$\ldots$				

Abbildung 4.1

MODUL1.TM, beispielsweise, führt einen einzigen Doppelschritt aus:

MODUL1.TM

	$-$	s_2	s_3	$\ldots$	s_m
1	$-$ R 2	s_2 R 2	s_3 R 2	$\ldots$	s_m R 2
2	$-$ L 0	s_2 L 0	s_3 L 0	$\ldots$	s_m L 0

Abbildung 4.2

Die verlangte Kopplung von URSPRÜNGLICHE.TM mit MODUL1.TM sieht einfach so aus:

NEUE.TM (mit $n + 2$ Zuständen und m Zeichen)

	$-$	s_2	s_3	$\ldots$	s_m
1	$s_a\,d_a\,q_a$	$s_b\,d_b\,q_b$	$\ldots$		
2	$s_f\,d_f\,q_f$	$\ldots$			
3	$\ldots$				
$\ldots$					
q_i	$\ldots$		$s_j\,d_j\,q_{n+1}$	$\ldots$	
$\ldots$					
q_n	$\ldots$				
q_{n+1}	$-$ R q_{n+2}	s_2 R q_{n+2}	s_3 R q_{n+2}	$\ldots$	s_m R q_{n+2}
q_{n+2}	$-$ L 0	s_2 L 0	s_3 L 0	$\ldots$	s_m L 0

Abbildung 4.3

Die Kopplung einer beliebigen TM mit der geeignet modifizierten MODUL1.TM stellt definitionsgemäß (Abschnitt 2.3) eine neue Maschine her. Da wir die

Doppelschritte von MODUL1.TM durch Erweiterungen zu MODUL*x*.TMn beliebig vermehren können, ist die Behauptung, jede erfüllbare Spezifikation könne durch unendlich viele TMn erfüllt werden, bewiesen. Der Leser mag freilich angesichts der Substanz dieses Beweises enttäuscht sein und der bewiesenen Behauptung wenig Wert beimessen; wir werden aber sehen (Abschnitt 17.5), daß das Behauptete auch in einem viel stärkeren Sinn gilt. Inzwischen weisen wir, beispielsweise, darauf hin, daß auch M.TM (TM-Tabelle 2.1) die Aufgabe 4.2(a) löst, wenn man sie im Zustand 5 auf dem leeren Band startet (korrekter: wenn man ihre Zustandsnamen systematisch derart umnumeriert, daß Zustand 5 zu Zustand 1 wird).

Aufgabe 4.6 ⟨3⟩ Der Leser mache sich nunmehr unter Zuhilfenahme des Anhangs und der bisherigen TM-Tabellen mit der beigegebenen Software vertraut. Die Software soll bloß die streckenweise oft langweilige Arbeit der Überprüfung von TM-Entwürfen erleichtern; es empfiehlt sich weiterhin, in den ersten Phasen jeder Programmierung mit Papier, Bleistift und Radiergummi zu arbeiten.

5. Darstellungen natürlicher Zahlen

Das Kind fängt [...] plötzlich an, seine neun Kegel zu zählen, indem es, sie einzeln ergreifend und nacheinander zusammenstellend, bei jedem sagt *eins! eins! eins! eins! hierauf eins! noch eins! noch eins! noch eins! noch eins!* Die Funktion des Addierens ist also da ohne Benennung des Ergebnisses dieser Operation. Das Ergebnis, die Summe, sieht das Kind in den zusammengestellten Kegeln vor sich.

(Preyer *1912* 314)

Die in Kapitel 3 eingeführte Unär-Darstellung ist die primitivste explizite Darstellung der natürlichen Zahlen. Diese Feststellung zielt nicht auf den Umstand, daß die Unär-Darstellung mit nur zwei Zeichen auskommt – „eigentliches" Zeichen und Trennzeichen –, sondern auf die Verwendung des „eigentlichen" Zeichens, der Darstellung der Einheit, zur Darstellung aller anderen Zahlen durch Bildung von Anhäufungen. Die Zahlen werden hier nicht – wie in *Stellenwertsystemen* (siehe Abschnitt 5.2), nämlich durch Verweis auf Zähl- und „Entzähl"-Mechanismen – bezeichnet, sondern in jenen Eigenschaften, auf die es für das Rechnen ankommt, anschaulich und direkt manipulierbar vorgelegt. Diese Evidenz empfiehlt die Unär-Darstellung als Instrument zur Grundlegung der Zahlentheorie; die fundamentale Operation der üblichen (nach dem Italiener Giuseppe Peano, 1858–1932, benannten) Axiome, die Nachfolger-Operation, ist in nicht weiter zu steigernder Anschaulichkeit demonstriert. Die Unär-Darstellung genügt im Prinzip auch, geeignet erweitert zur Darstellung der *ganzen Zahlen* (..., –2, –1, 0, 1, 2, ...), allen Zweigen der Mathematik, die auf der Zahlentheorie beruhen (zum Beispiel gibt es „in der Analysis nur noch ganze Zahlen oder endliche oder unendliche Systeme ganzer Zahlen, die untereinander durch ein Netz von Gleichheits- oder Ungleichheitsverhältnissen verbunden sind", Poincaré *1906* 14; siehe dazu auch Abschnitt 16.2 (c) und (d)).

Primitiv ist die Unär-Darstellung auch in geschichtlicher und genetischer Beziehung, doch steht sie gewiß nicht ganz am Anfang der Zahlauffassung. Kinder und Naturmenschen bilden unbewußt „Gestalten" mit implizit numerischen Aspekten: „Einen von neun Kegeln konnte man nicht fortnehmen, ohne daß es [im Alter von 10 Monaten] bemerkt wurde, und mit 1 $\frac{1}{2}$ Jahren wußte dieses Kind sogleich, ob eines von seinen zehn hölzernen Tieren fehlte oder nicht" (Preyer *1912* 213; über den Umgang mit Zahlhaftem bei den Naturvölkern siehe Wertheimer *1912*, Levy-Brühl *1921* 155–195; über die Genese des Zählens Piaget/Szeminska *1994*; über die ersten historischen Zahlsysteme Damerow/ Lefèvre *1981*). Verse, melodische oder rhythmische Perioden als Zählbehelfe sind dem gegenüber sehr fortgeschrittene Entwicklungen, insofern sie ein Zuordnen voraussetzen, welches die Ablösung des Quantitativen von den Qualitäten einleitet und im Prinzip bereits Rechnen ermöglicht.

Anzahl-Bezeichnungen, die der unären Darstellungsweise wirklich angemessen sind, wären nur auf die von Preyer beobachtete Weise zu haben (siehe das obige Zitat). Eine unäre Mnemotechnik käme auf ein „mechanisches Einprägen" – Konstruktion trivialer TMn und deren willkürliche Benennung – heraus. Auch dem älteren Kleinkind gibt das Einprägen einer Folge von Zahlwörtern zunächst bestenfalls eine unäre Orientierung, in der beispielsweise „zehn" nichts weiter ist als das, was sofort nach „neun" kommt. Die Folge der Zahlwörter bleibt relativ kurz, weil das Kind noch keine Regel zu ihrer Bildung hat: die regelmäßigen, anschaulichen Schritte der Nachfolger-Operation bei den Zahlen steuern noch keinen Bezeichnungsmechanismus. Ein größeres Gedächtnis würde weiter reichen, und doch in seiner Endlichkeit immer auf Grenzen stoßen. In seiner Erzählung „Das unerbittliche Gedächtnis" entwirft Jorge Luis Borges einen jungen Mann, der sich „ein eigenes Zahlensystem" ausdenkt (Borges *1992* 95–104). Dieser Ireneo Funes hatte „nach wenigen Tagen 24000 überschritten" – „Statt siebentausenddreizehn (zum Beispiel) sagte er *Maximo Pérez*, anstatt siebentausendvierzehn *Die Eisenbahn*. Andere Zahlen waren *Luis Melián Lafinur, Olimar, Schwefel, die Zügel, der Wal, das Gas, der Kessel, Napoleon, Agustín de Vedia*. Statt fünfhundert sagte er *neun*. Jedes Wort hatte ein eigenes Sinnbild, eine Art Merkzeichen; die letzteren waren sehr kompliziert ..." (101). Ob diese Bezeichnungen vielleicht Bezug auf strukturelle Individualitäten der Zahlen nehmen, bleibt im Dunkeln. Zum Rechnen aber (*Schwefel* mal *Olimar*) hätte auch Ireneo zunächst auf die kompletten Wortreihen (von seinem Wort für 1 bis „Schwefel" ...) zurückgreifen müssen; erst die Ergebnisse hätte er sich wieder in ihren Beziehungen zu der Eingabe einprägen können, um die gleiche Rechnung beim nächsten Mal zu vermeiden – wie wir unser Einmaleins erlernen.

In unseren uralten Zahlworten erscheinen bereits Gliederungen jenseits des unären „eins und eins". „Das idg. Zahlwort *oḱtōu ist eine Dualform und bedeutet wohl eigtl. ‚die beiden Viererspitzen', nämlich der Hände ohne die Daumen" (Duden 11); eine alte Vierer-„Zählung" – ohne daß man an den Einfluß von Stellenwertsystemen denken dürfte – ist auch in der Etymologie von „neun" als „neue Zahl", nämlich als Beginn der dritten Viererreihe, vorausgesetzt (Duden 467). Die Verwendung überall zur Verfügung stehender Vergleichsmengen wie die der Finger und Zehen versteht sich ja von selbst, aber es bleibt merkwürdig, daß die historischen Zwischenformen, etwa die römische Zahlen-Darstellung, höhere Anforderungen an die Rechenkunst stellen als die Unär-Darstellung auf der einen Seite und die Stellenwert-Darstellungen auf der andern (das heißt: man tut gut daran, die römische Darstellung einer Zahl in eine unäre oder in eine Stellenwert-Darstellung zu übersetzen). Wir befassen uns hier nur mit den „reinen" Formen.

5.1

In Kapitel 3 haben wir " I " als eine Darstellung der Einheit und "−" als Trennzeichen zwischen verschiedenen " I "-Blöcken, eben den Unär-Darstellungen natürlicher Zahlen (kurz auch: „Unärzahlen"), eingeführt. Das Trennzeichen dient der Zahl-Darstellung nur mittelbar: für Menschen wie für Maschinen muß feststehen, wo die Darstellung einer Zahl beginnt und wo sie endet. Zu solcher Markierung gibt es die verschiedensten Verfahren (siehe dazu auch Kapitel 9). In der herkömmlichen Praxis verwendet man meist eben den Zwischenraum, ein Zeichen, dessen Existenz und Funktion wegen seiner Häufigkeit und Unauffälligkeit selten bewußt wird (die herkömmliche Darstellung im Dezimalsystem benötigt elf Zeichen, der Morse-Kode drei, und so weiter).

Es gibt verschiedene Weisen, "I" zum Aufbau von Unär-Darstellungen zu verwenden. Der Klassiker Stephen Kleene etwa stellt die natürliche Zahl n durch einen Block von $n + 1$ Strichen dar (*1971* 359); beispielsweise schreibt er "I I I" für 2.

Aufgabe 5.1

(a) ⟨2⟩ Man gebe die Tabelle einer TM an, die zwei beliebige Zahlen in Kleenes Darstellung addiert. Die Eingabe bleibt erhalten, Stop auf dem Startfeld.

Beispiel:

I I I I–I I I I I I I I
1

wird

I I I I–I I I I I I I I I–I I I I I I I I I I I   (3 + 7 = 10)
0

(b) ⟨3⟩ Man entwerfe eine Multiplikations-TM analog M.TM für diese Darstellungsweise.

Während in unserer Darstellung die Null durch einen leeren "I"-Block repräsentiert wird (die beiden diesen Block begrenzenden "–" stehen unmittelbar nebeneinander), wird in Kleenes Konvention jede Zahl durch einen nicht-leeren "I"-Block dargestellt, die Null eben durch "I". Während in unserer Konvention vonnöten ist, daß die TM die genaue Position eines Blocks auf dem Band „kennt", erlaubt es Kleenes Konvention, solche Blöcke durch eine beliebige, von Null verschiedene Anzahl von Leerzeichen zu trennen, was sich für manche Anwendungen als praktisch erweist. Unsere Darstellung scheint uns die natürlichere, jedenfalls sind die mit ihr arbeitenden Maschinen oft einfacher. Der Leser ist jedoch eingeladen, sich die praktischen Konsequenzen der Kleeneschen Konvention für die folgenden Beispiele zu überlegen.

Für die Übungsaufgaben dieses Abschnitts gilt:

– Wir benutzen die in Kapitel 3 eingeführte Unär-Darstellung;
– die Eingabe bleibt erhalten;
– die das jeweilige Ergebnis repräsentierenden Blöcke stehen rechts von der Eingabe, durch ein Leerzeichen von ihr getrennt;
– Start auf dem ersten "I", Stop je nach Spezifikation.

Aufgabe 5.2 ⟨3∗⟩ Man programmiere eine TM, die zwei unäre Ketten miteinander vergleicht. Sind die Ketten gleich lang, so halte die TM auf dem Trennzeichen dazwischen, sonst auf dem ersten Zeichen der längeren Kette. Eine der Ketten oder auch beide können leer sein.

Aufgabe 5.3 ⟨2*⟩ Unter Verwendung einer Lösung von Aufgabe 5.2 entwerfe man eine Subtraktions-TM für Unärzahlen. Die erste Kette wird als Minuend, die zweite als Subtrahend interpretiert. Start und Stop auf dem ersten Zeichen des Minuenden, die Differenz erscheint als "I"-Block rechts vom Subtrahenden. Ist der Minuend kleiner als der Subtrahend, so soll sich die Maschine wie bei der Differenz 0 verhalten.

Eine Multiplikation von Unärzahlen haben wir ausführlich diskutiert. Die Division von Unärzahlen kann durch wiederholtes Subtrahieren des Divisors vom Dividenden realisiert werden – die Folge der Subtraktionen bricht ab, sobald die Differenz kleiner ist als der Divisor. Diese Differenz ist der *Rest* der Division. Ein *Bruch* ist das geordnete Paar (Dividend, Divisor); Brüche aus ganzen Zahlen heißen *rationale Zahlen* (von lateinisch „ratio", „Verhältnis").

Aufgabe 5.4 ⟨3⟩ Der Leser programmiere eine Divisions-TM für Unärzahlen nach dem Ausgabe-Schema: Dividend–Divisor–Quotient–Rest. Beispielsweise wird

I I I I I I I–I I
1

zu

I I I I I I I–I I–I I I–I   (7 / 2 = 3, Rest 1)
0

Start auf dem ersten Feld des Dividenden, Stop auf dem Startfeld (auch wenn der Divisor Null ist).

Multiplizieren einer Zahl mit sich selbst nennt man *Potenzieren*. Die Zahl heißt dabei die *Basis*; die Anzahl, in der die Basis als Faktor auftritt, heißt *Exponent* oder *Potenz*. Für das *m*-malige Setzen einer Zahl *n* als Faktor schreiben wir n^m (gesprochen „enn hoch emm" oder „enn zur emm-ten Potenz").

Per Definition gilt $n^0 = 1$ für jedes *n*; natürlich ist $n^1 = n$ (für n^2 sagt man auch „enn-Quadrat"). Ferner gilt $n^{-1} = \frac{1}{n}$ und allgemein $n^{-m} = \frac{1}{n^m}$.

Aufgabe 5.5 ⟨3*⟩ Man programmiere eine POTENZ . TM für Unärzahlen mit positiven ganzzahligen Exponenten. Eingabe: Exponent–Basis (diese „unnatürliche" Reihenfolge schlagen wir vor, weil sie beim Anschreiben des Ergebnisses nach rechts einfachere TMn ermöglicht), Ausgabe: Exponent–Basis–Potenzwert. Zum Beispiel wird

I I I–I I
1

zu

I I I–I I–I I I I I I I I   ($2^3 = 8$)
0

Als *Fakultät* einer natürlichen Zahl n (geschrieben: $n!$, gesprochen „enn Fakultät") bezeichnet man das Produkt $1 \cdot 2 \cdot 3 \cdot \ldots \cdot n$. Per Definition gilt $0! = 1$.

Aufgabe 5.6 ⟨3⟩ Man programmiere eine TM zur Berechnung der Fakultät auf Unärzahlen.

Beispiel:

```
I I I I
1
```

wird

```
I I I I–I I I I I I I I I I I I I I I I I I I I I I I I      (4! = 24)
0
```

Der Ausdruck $n!$ kann zum Beispiel als die Anzahl der *Permutationen* von n Elementen interpretiert werden, das heißt als die Anzahl der verschiedenen n-Tupel, in denen jedes der n Elemente genau einmal auftritt. Für die drei Elemente A, B und C etwa gibt es die $3! = 6$ verschiedenen Permutationen (A B C), (A C B), (B A C), (B C A), (C A B) und (C B A).

Eine natürliche Zahl k *teilt* eine natürliche Zahl n (oder: *ist ein Teiler* von n), wenn die Division n/k ohne Rest aufgeht. Es gilt: jede Zahl teilt 0 und sich selbst; 1 teilt jede Zahl; eine natürliche Zahl $n > 1$, die nur durch 1 und n teilbar ist, heißt *Primzahl*, kurz *prim*. Der *größte gemeinsame Teiler* zweier natürlicher Zahlen n und m ist die größte natürliche Zahl, die sowohl n als auch m teilt (ist der größte gemeinsame Teiler 1, so heißen n und m *relativ prim*).

Aufgabe 5.7 ⟨3⟩ Der sogenannte *euklidische Algorithmus* (Euklid von Alexandria, um 300 vor unserer Zeitrechnung) zum Auffinden des größten gemeinsamen Teilers zweier natürlicher Zahlen m und n ($m \geq n > 0$) läuft folgendermaßen ab:

(1) Ermittle den Rest r der Division m/n;
(2) setze n an die Stelle von m und r an die Stelle von n; gehe nach (1);
(3) Abbruchbedingung: $r = 0$; der letzte Divisor ist der größte gemeinsame Teiler von m und n.

Der Leser programmiere eine GGT . TM, die auf Unärzahlen den größten gemeinsamen Teiler ermittelt. Start auf dem ersten "I", Stop auf dem Feld hinter dem ggT.

5.2

Mit unserer Skizze eines Unärsystems haben wir (wenn es denn notwendig gewesen sein sollte) demonstriert, daß es verschiedene Systeme der Zahlen-Darstellung gibt. Wir werden ein gegebenes System als im Prinzip dem Unärsystem gleichwertig betrachten, wenn

(1) ein effektives Verfahren existiert, jede Unär-Zeichenkette eindeutig in eine
Zeichenkette des betrachteten Systems zu übersetzen, und umgekehrt (*ein-
eindeutige Zuordnung*); und wenn

(2) für jede Operation mit Unärzahlen auch im betrachteten System eine Operation existiert, derart, daß die Übersetzung der Ausgabe der Unär-Operation
dieselbe Zeichenkette ergibt wie die entsprechende Operation im betrachteten System, wenn diese auf der Übersetzung der Eingabe vorgenommen
wird, und umgekehrt.

Beispiel: Im Unärsystem ist die Ausgabe einer Multiplikation (mit Hilfe etwa von
M. TM) von "I I I" mit "I I I I" die Kette "I I I I I I I I I I I I"; die (gleich näher zu
besprechende) Übersetzung dieser Zeichenkette in das Dezimalsystem ergibt
"12".

Die Übersetzung von "I I I" und "I I I I" in das Dezimalsystem ergibt "3"
beziehungsweise "4"; die Ausgabe der Multiplikation im Dezimalsystem (etwa
mit Hilfe des Einmaleins) ist "12".

Die Umkehrung ist ebenso möglich.

Offensichtlich sind zwei dem Unärsystem gleichwertige Systeme auch einander gleichwertig.

Unsere Aufmerksamkeit ist völlig auf Zeichenketten und auf Operationen mit
ihnen gerichtet. Wir vermeiden die heikle Frage, *was* „durch die Zeichen dargestellt" wird, und wo und in welcher Weise das Dargestellte existiert. Jedenfalls
können wir festhalten, daß eine Zahl mit ihrer Darstellung nicht identisch ist, denn
sonst müßten auch alle ihre Darstellungen miteinander identisch sein. Ferner:
Einer Zahl werden Eigenschaften zugeschrieben, die der Darstellung als Zeichenkette nicht zukommen, und umgekehrt. Zum Beispiel hat „die mit "12" gemeinte
Zahl" unter anderen die Eigenschaft, das Produkt der mit "4" gemeinten Zahl mit
der mit "3" gemeinten zu sein. Diese Eigenschaft kommt der Zeichenkette "12"
(oder auch "I I I I I I I I I I I I") nicht zu – die einzige für uns relevante Eigenschaft
einer Zeichenkette ist es, Gegenstand der Manipulationen einer Maschine zu sein.
Die in der üblichen Redeweise der Zahl zugeschriebenen Eigenschaften erscheinen in den Operationen, zum Beispiel in jenen, die aus den Zeichenketten "3" und
"4" die Zeichenkette "12" erzeugen oder eben aus den Zeichenketten "I I I" und
"I I I I" die Zeichenkette "I I I I I I I I I I I I", oder auch in solchen, die aus der
Zeichenkette "12" die Zeichenkette "I I I I I I I I I I I I" erzeugen und umgekehrt.
Andererseits haben die Zeichen als physische Gebilde (für uns irrelevante) Eigen-
schaften, die den Zahlen nicht zukommen.

Wir begnügen uns mit der offenkundigen Tatsache, daß unsere Maschinen
(und die Menschen) auf Darstellungen, Zeichen, als die Substrate ihrer Operationen angewiesen sind. Aber auch wenn man „die Zahlen selbst" als eine Fiktion
betrachtet, die aus der Existenz unendlich vieler gleichwertiger „Darstellungs"-
Systeme „das allen Gemeinsame" (der Operationen) als separaten Gegenstand
postuliert, so handelt es sich um eine nützliche Fiktion, insofern sie die Redeweise vereinfacht. Dieser Fiktion entsprechend weisen wir mit unseren Ziffern-
Kombinationen auf „die Zahlen selbst": 12 „bezeichnete jene Zahl, die im
Dezimalsystem durch die Zeichenkette "12" dargestellt wird". Andere Stellen-

wertsysteme kennzeichnen wir im folgenden durch Subskripte an den Zahlzeichen – 12_5 „bezeichnet jene Zahl, die im Fünfer-System durch die Zeichenkette "12" dargestellt wird".

Für die Praxis hat die Unär-Darstellung den bereits angedeuteten Nachteil, daß sie keine systematischen Benennungen zuläßt, daß also für Menschen schon relativ kleine Unärzahlen nur schwer zu erinnern oder zu vergleichen sind. Stellenwertsysteme sind kein endgültiger Ausweg, das Problem wird nur verschoben. Immerhin wird ein für unsere unmittelbaren Bedürfnisse ausreichender „mesokosmischer" Zahlenbereich übersehbar. Der verhältnismäßig kleine Preis, den jeder Einzelne dafür zu entrichten hat, besteht im Erlernen eines Zähl-Mechanismus und Erlernen der Anwendung dieser Maschine als Komponente der etwas komplizierter gewordenen Rechenoperationen.

5.3

Wir wenden uns nun der Frage zu, wie die verlangten effektiven Verfahren zur Übersetzung der Unärzahlen in Stellenwertzahlen und umgekehrt beschaffen sind.

Die Erfindung von Stellenwertsystemen ging wohl von dem Hilfsmittel aus, größere Unärzahlen durch Zerlegung in gleichgroße Untergruppen übersichtlicher zu machen. Wie angedeutet, finden sich Spuren eines Vierer-Schemas als Standard in den indogermanischen Zahlwörtern (und bei vielen Naturvölkern, Levy-Brühl *1921* 182f). Heute organisiert man Strich-Notationen häufig im Fünfer-Schema – in Bierwirtschaften und beim Auszählen von Voten praktischer als das Ausstreichen und Neuschreiben von Ziffern und übersichtlicher als einförmige Reihen von Strichmarken. Entscheidend ist der nächste Schritt: Man faßt das Schema als Einheit höheren Grads und bündelt diese Einheiten ihrerseits zu Schemata – am einfachsten nach der gleichen Anzahl, zu der die Schemata ersten Grads die Elemente zusammenfassen (daß da Umwege möglich sind, zeigt das Beispiel alter Münz- und Maßsysteme). Dieses Verfahren kann nach Bedarf immer weiter fortgesetzt werden:

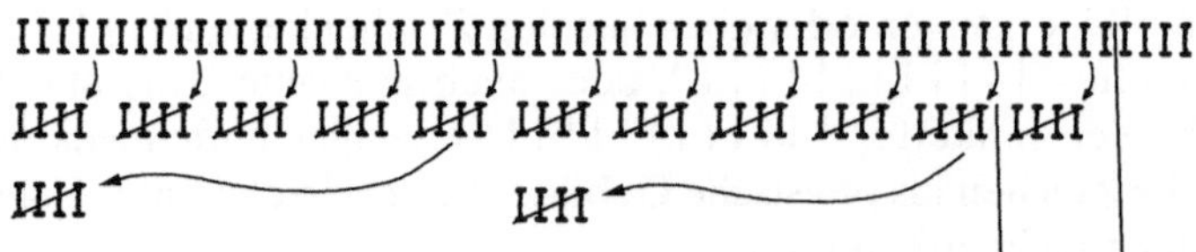

Abbildung 5.1

– in vereinfachter Schreibung:

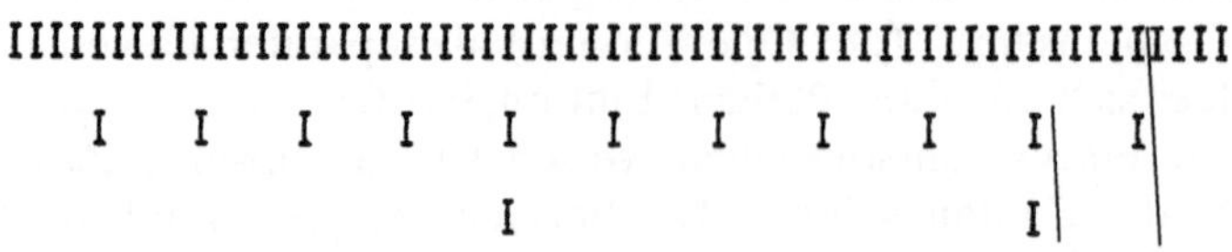

Abbildung 5.2

Es ist natürlich darauf zu achten, daß die Reste auf jeder Stufe (die Einheiten der vorhergehenden Stufe, die kein vollständiges Schema ergeben) im Endergebnis in geeigneter Weise zum Ausdruck kommen. Diesem Zweck ist vollkommen entsprochen, wenn man die Reste aller Grade in der Reihenfolge der Grade nebeneinanderschreibt, wobei sich die Anzahl der Einheiten des höchsten Grads als Rest des (nicht benötigten) Grads darüber auffassen läßt: "I I–I–I I I I", interpretiert als „Zwei Schemata (Einheiten) zweiten Grads, eins des ersten, vier des nullten Grads (der ursprünglichen Elemente)". Ob man nach rechts oder nach links schreibt, ist an sich gleichgültig, natürlich sollte das einmal gewählte Verfahren verbindlich bleiben.

Bei der Betrachtung von Abbildung 5.2 ergeben sich einige einfache, doch praktisch wichtige Einsichten.

(1) Eine Einheit des ersten Grads steht hier für $5 = 5^1$ Einheiten des nullten, eine Einheit des zweiten Grads für 5 Einheiten des ersten, also für $5 \cdot 5 = 5^2$ des nullten Grads, und so weiter. Da die Einheit des nullten Grads – das ursprüngliche Element der Darstellung – nach Definition der Potenz (Aufgabe 5.5) verstanden werden kann als $1 \cdot 5^0$, läßt sich unsere Zeichenkette "I I–I–I I I I" vervollständigen zur Beschreibung der Operation

("I I" mal ("I I I I I" hoch "I I")) plus ("I" mal ("I I I I I" hoch "I")) plus ("I I I I" mal ("I I I I I" hoch " ")),

wobei „mal", „hoch" und „plus" für die geeignete Anwendung von M.TM, POTENZ.TM und UNADD.TM stehen. Das Resultat ist eben die Unär-Darstellung der Zahl, mit der wir unser Beispiel begonnen haben und die wir im Dezimalsystem "59" schreiben, das ist die dezimale Darstellung des Ergebnisses von $5 \cdot 10^1 + 9 \cdot 10^0$.

Wir können also die Darstellung in unserem (Fünfer-)System durch fortlaufende Division der gegebenen Zahl 59 durch 5 erhalten, wobei wir den jeweiligen Quotienten als Dividenden der folgenden Division einsetzen. Das Übersetzungsverfahren bricht ab, wenn der neue Dividend 0 geworden ist. Das Ergebnis stellen wir dar, indem wir die jeweiligen Reste – von unten nach oben gelesen – in Gestalt der für sie zur Verfügung stehenden Zeichen nebeneinanderschreiben. Bei Verwendung des gewohnten Dezimalsystems ergibt sich:

$$59/5 = 11, \quad \text{Rest} \ 4$$
$$11/5 = 2, \quad \text{Rest} \ 1$$
$$2/5 = 0, \quad \text{Rest} \ 2$$
$$0 \qquad\qquad \text{Abbruchbedingung,}$$

also: $59 = 214_5$, das heißt: $59 = 2 \cdot 5^2 + 1 \cdot 5^1 + 4 \cdot 5^0$.

Der zur Übersetzung in ein bestimmtes Stellenwertsystem verwendete Divisor heißt *Basis* (seltener auch *Radix*, „Wurzel") des Systems; im Beispiel ist die Basis die Zahl 5, im Dezimalsystem eben 10.

(2) Der Rest (einer Division im Bereich der natürlichen Zahlen) ist notwendig kleiner als der Divisor: der Rest einer Division durch 5 kann nur 0, 1, 2, 3 oder 4

sein. Da bei Division von n durch 1 der Rest immer 0 und der Quotient stets n ist, scheidet 1 als Basis eines Stellenwertsystems aus (das eben vorgeführte Verfahren terminiert nicht). Als Basis kommt jede natürliche Zahl > 1 in Frage. Daher enthält jedes Stellenwertsystem ein Zeichen für 0 und ein Zeichen für 1, was Subskripte für 0 und 1 erübrigt.

Die historischen „Wahlen" einer bestimmten Basis unter den praktikablen (die Anzahl der möglichen Reste muß für die menschliche Kapazität relativ mühelos beherrschbar sein) waren von natürlichen und entwicklungsbedingten Umständen bestimmt. Eine Rolle hat sicherlich auch die Zerlegbarkeit in Primfaktoren gespielt, da eine zusammengesetzte Zahl als Basis das Bruchrechnen selektiv erleichtert. Gerade letztere Erwägung hat wohl der Bildung hybrider Systeme (das alte Pfund/Shilling/Pence-System et cetera) Vorschub geleistet, auch der Verwendung der Basis 60 $(= 2 \cdot 2 \cdot 3 \cdot 5)$ in Mesopotamien.

In dem Stellenwertsystem, das sie begründet, schreibt sich jede Basis als "10", zu lesen als $1 \cdot Basis^1 + 0 \cdot Basis^0$. Zur Niederschrift der Zeichenketten genügt es, individuelle Zeichen für jene Zahlen einzuführen, die als Rest auftreten können, im Beispiel etwa die arabischen Ziffern "0" bis "4" (im Duodezimalsystem mit der Basis 12 müssen für 10 und 11 neue Ziffern geschaffen werden, üblicherweise nimmt man Buchstaben wie A und B).

Es liegt auf der Hand, daß die Gestalt der Zeichen sachlich nichts Wesentliches beiträgt. Insgesamt aber ist für die Praxis viel gewonnen: sobald wir uns das Verfahren angeeignet haben, müssen wir uns nur noch wenige Zeichen merken, aus denen sich ein eindeutiger Name für jede natürliche Zahl effektiv konstruieren läßt – für diese Zuordnung wenigstens ist ein „unerbittliches Gedächtnis" nicht nötig.

(3) Das Verfahren gilt allgemein für Übersetzungen aus einem Stellenwertsystem in ein anderes. Man rechnet im Quell-System (jenes System, aus dem übersetzt werden soll) und übersetzt erst die Reste in das Ziel-System. Bei der Übersetzung der Fünfer-Darstellung "214" ins Dezimalsystem müssen wir also im Fünfer-System rechnen, und dabei berücksichtigen, daß 10 (die Basis des Zielsystems) $= 20_5 = 2_5 \cdot 10_5^1 + 0 \cdot 10_5^0 = 2 \cdot 5^1 + 0 \cdot 5^0 = 2 \cdot 5 + 0 \cdot 1$:

$$214_5 / 20_5 = 10_5, \text{ Rest } 14_5$$
$$10_5 / 20_5 = 0, \text{ Rest } 10_5$$

Da $14_5 = 9$ (nämlich $1 \cdot 5^1 + 4 \cdot 5^0$) und $10_5 = 5$, schreibt sich das Ergebnis 59.

(4) Für die eindeutige Übersetzbarkeit von Stellenwert-Darstellungen sind zwei Umstände unabdingbar: es müssen die beiden Basen feststehen, und die Reihenfolge der Stellen muß in jedem Fall korrekt und lückenlos sein. In der üblichen Schreibweise sind die Basis und ihre Potenzen bloß „mitgedacht": letztere sind bezeichnet eben durch die Stellen (auch: „Positionen"), an denen die Ziffern der Zeichenkette erscheinen. Dieses Mitdenken der Potenzen ist als die Existenz einer Maschine zu interpretieren, die in die Rechen-Maschinen für die Stellenwert-Darstellung eingebaut ist.

Die erste Bedingung versteht sich von selbst. Nichtsdestoweniger mache man sich klar, daß durch eine Untersuchung der Zeichenketten allein die Basis nicht korrekt erschlossen werden kann – jede Darstellung im Fünfer-System könnte auch eine im Dezimalsystem sein.

Die zweite Bedingung aber hat die Einführung eines eigenen Zeichens für 0 erzwungen, damit jene Stellen in einer Stellenwert-Darstellung markiert werden können, an denen die Division durch die Basis aufgeht. Dieses Zeichen fügt sich auch anderen Erfordernissen – zum Beispiel gestattet es das Anschreiben des Resultats der Operation $n - n$: ein Zeichen für „nicht eines", οὐδέν, ein "o" wie unser "0", wurde gelegentlich schon im 2. Jahrhundert vor unserer Zeitrechnung in Griechenland verwendet. Als Zeichen für „keines an dieser Stelle" im Sinne der Stellenwert-Rechnung erscheint es aber zuerst in Indien (Arybhata, um 500 unserer Zeitrechnung). Es kam, vermittelt durch die Araber (Al Chwarismi, frühes 9. Jahrhundert), über Leonardo von Pisa (genannt Fibonacci, um 1200) nach Europa; als Zahl wurde die Null aber erst sehr viel später allgemein anerkannt. Das arabische Wort „as-sifr" für das indische „sunya", „Leere", hat sich in „Zero" einerseits, andererseits in „chiffre" und „Ziffer" niedergeschlagen („Null" ist das lateinische „nullus", „kein"). Auch die Richtung unserer Zahlen-Schreibweise stammt von den Arabern (arabisch schreibt man von rechts nach links); dieser historische Zufall war jedenfalls praktisch, denn so fallen uns bei unserer Leseweise die wichtigsten Stellen der Darstellung zuerst in die Augen.

Wir fassen zusammen: Zur Konstruktion eines Stellenwertsystems wählt man eine natürliche Zahl $b > 1$ als Basis, und benennt alle b Zahlen von 0 (inklusive) bis b (exklusive) mit beliebig gewählten, aber verschiedenen Zeichen. Die Stellenwert-Darstellung zur Basis b einer im System a dargestellten Zahl gewinnt man durch sukzessive Division der a-Zahl im a-System durch das in a dargestellte b und Anschreiben der Folge der jeweiligen Reste in Gestalt ihrer b-Zeichen. Der Übersetzungsvorgang bricht ab, wenn der Quotient null wird.

Aufgabe 5.8 ⟨3⟩

(a) Man übersetze 20122_3 in das Fünfer-System.
(b) Man übersetze 20122_5 in das Dreier-System.
(c) Man mache die Probe, indem man alle beteiligten Zahl-Darstellungen in das Dezimalsystem übersetzt.
(d) Man mache die Probe, indem man die Resultate für (a) und (b) zurückübersetzt.

Die Übersetzung einer a-Zahl in eine b-Zahl ist umkehrbar eindeutig, das heißt: jeder a-Zahl entspricht genau eine b-Zahl. Die natürliche Reihenfolge der a-Zahlen entspricht der natürlichen Reihenfolge der b-Zahlen; diese Reihenfolge ist die der Unärzahlen. Da sich diese Behauptungen informell leicht aus dem Übersetzungsverfahren ableiten lassen, verzichten wir auf den formalen Beweis.

6. Binärzahlen und binäre Zeichenketten

6.1

Als besonders wichtig hat sich das auf der Basis 2 beruhende Stellenwertsystem erwiesen. Gottfried Wilhelm Leibniz (1646–1716) hat sich mit der „arithmètique binaire" als Erster eingehend befaßt (Hochstetter/Greve/Gumin *1966*). Leibniz nennt das System gelegentlich auch „dyadisch"; heute findet man nicht selten die Bezeichnung „Dualsystem" – da aber „dual" in der Mathematik eine wichtige Bedeutung hat, die sich nicht auf Stellenwertsysteme bezieht, bleiben wir bei dem von Leibniz bevorzugten Ausdruck. Wie wohl allgemein bekannt, arbeiten die heutigen Computer mit dem Binärsystem, oder jedenfalls mit binären Zeichenketten (siehe Abschnitt 6.4 und Kapitel 9). Die Reihenfolge der Stellen kann durch Aneinanderreihung von Schaltelementen, die beiden möglichen Reste 0 und 1 können leicht durch „an / aus", „positive Ladung / negative Ladung", „hohe Spannung / niedrige Spannung" und dergleichen physisch dargestellt werden. Ferner ist das Rechnen mit Binärzahlen äußerst einfach, wie wir gleich sehen werden.

Die Übersetzung der Binär-Darstellung einer Zahl in die Darstellung in einem anderen System ergibt sich analog zu dem über das Dezimalsystem Gesagten.

Beispiel:

(a) Dezimal → binär:

$$
\begin{aligned}
59/2 &= 29, \quad \text{Rest } 1 \\
29/2 &= 14, \quad \text{Rest } 1 \\
14/2 &= 7, \quad \text{Rest } 0 \\
7/2 &= 3, \quad \text{Rest } 1 \\
3/2 &= 1, \quad \text{Rest } 1 \\
1/2 &= 0, \quad \text{Rest } 1 \\
0 & \qquad \text{Abbruchbedingung}
\end{aligned}
$$

– dezimal "59" entspricht also "111011" binär.

(b) Binär → dezimal. Da wir im Dezimal-System zu Hause sind, rechnen wir einfach

$$
\begin{aligned}
111011_2 &= 1 \cdot 2^5 + 1 \cdot 2^4 + 1 \cdot 2^3 + 0 \cdot 2^2 + 1 \cdot 2^1 + 1 \cdot 2^0 \\
&= 32 + 16 + 8 + 0 + 2 + 1 = 59
\end{aligned}
$$

oder, was dasselbe ist,

$$
= (((((1 \cdot 2) + 1) \cdot 2 + 1) \cdot 2 + 0) \cdot 2 + 1) \cdot 2 + 1
$$

Am Ende dieses Abschnitts werden wir die Probe im Binärsystem durchführen.

Die Binärzahlen entstehen durch wiederholte Binär-Addition von 1 (durch binäres *Zählen*, siehe Abschnitt 6.2):

$$
\begin{array}{rl}
     & 0 \\
  + & 1 \\
  \hline
     & 1 \\
  + & 1 \quad\# \\
  \hline
     & 10_2 \\
  + & 1 \\
  \hline
     & 11_2 \\
  + & 1 \quad\# \\
  \hline
     & 100_2 \\
  + & 1 \\
  \hline
     & 101_2
\end{array}
$$

und so weiter; gesprochen „null und eins ist eins; eins und eins ist eins-null"; „eins-null und eins ist eins-eins"; „eins-eins und eins ist eins-null-null" et cetera. An den mit "#" bezeichneten Stellen ist der Ziffernvorrat erschöpft, es wird eine Zweierübertragung erforderlich. Man stellt leicht fest, daß das Anhängen von "0" an eine Binärzahl eine Verdoppelung ausdrückt – analog zur Verzehnfachung im Dezimalsystem (Verfünffachung im Fünfer-System und so weiter).

Aufgabe 6.1 ⟨1*⟩ Man stelle sich mit Hilfe wiederholter Binär-Addition von 1 eine Liste der ersten zwanzig Binärzahlen zusammen, und vergewissere sich durch Probe (Übersetzung in das Dezimalsystem) von der Korrektheit der gewonnenen Darstellung.

Aufgabe 6.2 ⟨1*⟩ Man führe die folgenden Binär-Additionen aus:

(a)
$$
\begin{array}{rl}
     & 11011 \\
  + & 1110 \\
  \hline
\end{array}
$$

(b)
$$
\begin{array}{rl}
     & 11011 \\
  + & 11101 \\
  + & 1101 \\
  + & 11000 \\
  \hline
\end{array}
$$

Man vergewissere sich der Richtigkeit der Ergebnisse durch Übersetzung ins Dezimalsystem.

Das Binärsystem ist für Menschen nicht sehr viel praktischer als das unäre, da die Zahlen-Darstellungen immer noch relativ lang ausfallen und wegen der Eintönigkeit des "1" und "0" schlecht zu merken sind. Der relative Vorteil des Dezimalsystems besteht in einem – für die Eigenart des menschlichen Gedächtnisses – günstigeren Verhältnis: Anzahl der Ziffern / Länge der Darstellung. Andererseits wird, beherrscht man einmal die binäre Addition, die Multiplikation besonders einfach, denn die Teiloperationen vor der Addition können nur Multiplikationen mit 0 oder mit 1 sein:

$$
\begin{array}{l}
\underline{1101 \cdot 1011} \\
1101 \\
0 \\
1101 \\
\underline{1101} \\
10001111
\end{array}
$$

Aufgabe 6.3 ⟨1*⟩ Man führe die Binär-Multiplikation

$$111011 \cdot 101101$$

aus und sichere das Ergebnis durch Probe.

Aufgabe 6.4 ⟨2⟩ Man subtrahiere binär

$$
\begin{array}{r}
10100 \\
- 1011 \\
\hline
\end{array}
$$

Ähnlich einfach wie die Multiplikation ist die Division, da beim Fortschreiten über die abfallenden Potenzen (analog zum Verfahren im Dezimalsystem) der Divisor nur entweder 1-mal oder 0-mal im jeweiligen Abschnitt des Dividenden enthalten sein kann. Die Division reduziert sich auf eine Folge einmaliger Subtraktionen. An einem Beispiel vorgeführt:

$$
\begin{array}{llr}
101010110 \;/\; 1101 & & \\
-\quad 1101 & & (0) \\
\hline
10101 & & \\
-\quad 1101 & & 1 \\
\hline
1000 & & \\
10000 & & \\
-\quad 1101 & & 1 \\
\hline
11 & & \\
111 & & \\
-\quad 1101 & & 0 \\
\hline
1111 & & \\
-\quad 1101 & & 1 \\
\hline
10 & & \\
100 & & \\
-\quad 1101 & & 0 \\
\hline
\text{Rest} \quad 100 & &
\end{array}
$$

also $101010110_2 \;/\; 1101_2 = 11010_2$, Rest 100_2.

Aufgabe 6.5 $\langle 2 \rangle$ Man errechne binär 110110 / 1010 und mache die Probe.

Wir können nun an die binäre Probe der am Anfang des Abschnitts gelieferten Übersetzung nach dem in Abschnitt 5.3 beschriebenen Verfahren gehen. Dabei beachten wir, daß $10 = 1010_2$, wie wir aus Aufgabe 6.1 bereits wissen, oder wie man aus

$$10/2 \; = \; 5, \; \text{Rest} \; 0$$
$$5/2 \; = \; 2, \; \text{Rest} \; 1$$
$$2/2 \; = \; 2, \; \text{Rest} \; 0$$
$$1/2 \; = \; 0, \; \text{Rest} \; 1$$

ersieht, beziehungsweise aus $1 \cdot 2^3 + 0 \cdot 2^2 + 1 \cdot 2^1 + 0 \cdot 2^0 = 8 + 2 = 10$. Es ist nun

$$111011_2 / 1010_2 \; = \; 101_2, \; \text{Rest} \; 1001_2$$
$$101_2 / 1010_2 \; = \; \;\; 0 \; , \; \text{Rest} \;\;\; 101_2$$

Da $1001_2 = 9$ und $101_2 = 5$, bestätigt auch diese Probe unsere obige Rechnung.

Ein (*echter*) *Binärbruch* (< 1) ist eine rationale Zahl (siehe Abschnitt 5.1, Division), die in der Form $n_1 \cdot 2^{-1} + n_2 \cdot 2^{-2} + \ldots + n_p \cdot 2^{-p}$ dargestellt ist. Dabei ist $2^{-n} = \frac{1}{2^n}$, p eine natürliche Zahl, die n_i sind jeweils entweder 0 oder 1. Zum Beispiel ist 0.00101_2 ein im binären Stellenwertsystem dargestellter echter Binärbruch, nämlich die Zahl 0.15625 ($= 1/8 + 1/32$). Man gelangt zu Binärbrüchen, wenn man andere Abbruchbedingungen für die Division einführt, als bisher verwendet, nämlich wenn man einen eventuellen Rest > 0 nach dem von der Schule her vertrauten Verfahren weiter dividiert; wir wollen für die Anweisung zu dieser Operation das Zeichen ":" (statt "/") schreiben. Der „Binärpunkt" (im Dezimalsystem: Dezimalpunkt) ist in Stellenwert-Darstellungen (ähnlich wie "0") vonnöten, weil die korrekte Zuweisung der Zweierpotenzen zu den Stellen gewährleistet sein muß – ohne Binärpunkt würde man im Beispiel $000101_2 = 5$ lesen. Daß man von einem Quotienten als „Bruch" redet, geht darauf zurück, daß man ihn als Bruch denken kann, in dessen Zähler der Quotient (nach Entfernen des Basispunkts) als natürliche Zahl, in dessen Nenner aber die Basis-Potenz steht, deren Stellenwert-Darstellung soviele Nullen aufweist wie der Quotient Stellen hinter dem Basispunkt hatte; im Beispiel ist $0.15625 = 15625 / 100000$, oder $0.00101_2 = 101_2 / 100000_2$.

Aufgabe 6.6 $\langle 2* \rangle$

(a) Man berechne $1 : 101_2$.
(b) Man berechne $1 : 111_2$ auf neun Stellen hinter dem Binärpunkt.

6.2

Das in Abschnitt 5.3 beschriebene Übersetzungsverfahren ist die Abkürzung eines fundamentaleren Verfahrens, nämlich der Wiederholung der Nachfolger-Operation: des *Zählens*. Man *zählt* die Zeichen einer Unärzahl, wenn man in einem gegebenen Stellenwertsystem für jedes Zeichen des Unär-Blocks 1 addiert. Eine Maschine, die das leistet, heißt *Zähler*.

Die Zähl-Operation setzt an der Einer-Stelle der sich bildenden Darstellung an. Ein einzelner Zählakt besteht aus dem Ersetzen der dort vorgefundenen Ziffer durch die nächsthöhere. Es liegt in der Konstruktion der Stellenwertsysteme, daß der Zeichenvorrat des jeweiligen Systems gerade durch jenen Zählakt überfordert werden würde, der die Darstellung an der Einer-Stelle durch die Darstellung der Basis ersetzen müßte. Letzteres kommt aber einem Weiterzählen des Exponenten, für den die Stelle steht, gleich, und dies wiederum einem Erhöhen der Ziffer an der nächsthöheren Stelle. Mit der Basis 10 ergibt sich beispielsweise die *Zehnerübertragung*

$$9 \cdot 10^0 + 1 \cdot 10^0 = 10 \cdot 10^0 = 1 \cdot 10^1 + 0 \cdot 10^0.$$

Da sich diese Basis-Übertragung im Verlauf des Zählens an jeder Stelle ergeben kann, schreiben wir für eine beliebige Basis b allgemeiner

$$(b-1) \cdot b^n + 1 \cdot b^n = b \cdot b^n = 1 \cdot b^{n+1} + 0 \cdot b^n.$$

Für unsere Zwecke ist ein Zähler eine TM, die eine beliebige Unärzahl in eine Stellenwert-Darstellung übersetzt. Wir haben bereits eingesehen, daß man für die üblichen Zahlen-Darstellungen in einem Stellenwertsystem mit der Basis b stets $b + 1$ Zeichen benötigt (Spatium). Zur Binär-Darstellung für TMn verwenden wir das Alphabet $\{-, 0, 1\}$.

Aufgabe 6.7

(a) $\langle 2* \rangle$ Man gebe die Tabelle einer `BIplus1.TM` an, die jede gegebene Binärzahl in deren Nachfolger umschreibt. `BIplus1.TM` startet auf der Einer-Stelle und hält auch dort. Vorausgesetzt, daß `BIplus1.TM` stets auf eine Binärzahl (das heißt: nie auf "–") angesetzt wird, kommt man mit zwei Zuständen aus. Ersetzt man den Folgezustand 0 durch den Folgezustand, der das Zählen leistet, so erhält man eine TM, die, angesetzt auf eine Binärzahl, eine nach der anderen alle folgenden anschreibt, ohne zu halten.

b) $\langle 1* \rangle$ Man schreibe die Tabelle einer `TERplus1.TM`, die jede Ternärzahl in ihren Nachfolger umschreibt; Alphabet also $\{-, 0, 1, 2\}$.

Aufgabe 6.8 $\langle 3T \rangle$ Man entwerfe eine TM als Binärzähler. Das Alphabet ist $\{-, |, 0, 1\}$. Eingabe ist ein beliebiger "|"-Block, Ausgabe dieser Block und (der Einfachheit halber) links davon, durch ein Leerzeichen getrennt, die Binär-Darstellung der Anzahl der "|" in dem Block. Zum Beispiel wird die Eingabe

  | | | | |
  1

zu

  101–| | | | |–
   0

Die folgende Tabelle beschreibt eine Lösung für Aufgabe 6.8:

```
UNBI.TM
            -              |          0          1
   1    - L  2     | L  2
   2    - L  3
   3    0 R  4
   4    - R  5
   5    - L 10     - L  6
   6    - L  7     | L  6
   7    1 R  8              1 R 8     0 L 7
   8    - R  9              0 R 8
   9    | R  5     | R  9
  10    - R  0     | L 10
```

TM-Tabelle 6.1

```
UNBI.TM
            |||||||||
*           1
<           |||||||||
L      32
<          0-||||||||
R       45
           0--||||||||
L      76
           1--||||||||
R       895
           1-|-|||||||
L      7766
<          10-|-|||||||
R       88995
           10-||-||||||
L       7666
           11-||-||||||
R       89995
           11-|||-|||||
L      7776666
<          100-|||-|||||
R       88899995
           100-||||-||||
L       766666
           101-||||-||||
           (...)
           1001-||||||||||-
*           0
    Selbst-Stop
    146 Züge
    Position des Lesekopfs: 1.
```

Spur 6.1

Man sieht, daß das Zählen sehr einfach zu programmieren ist: das eigentliche Zählen wird allein von Zustand 7 geleistet, alles andere ist Buchhaltung (Zustände 1 bis 4 Initialisierung, Zustände 5, 6 und 9 bearbeiten den "I"-Block, Zustand 8 Rücklauf über die im Aufbau begriffene Binärzahl, Zustand 10 Finalisierung).

Aufgabe 6.9 ⟨2⟩   Man mache UNBI.TM zu einem Dezimal-Zähler
          (Alphabet {−, I, 0, 1, 2, 3, 4, 5, 6, 7, 8, 9}).

Das Gegenstück zu einem Zähler ist ein „Entzähler", eine TM also, die aus einer Stellenwertzahl die entsprechende Unärzahl herstellt.

Aufgabe 6.10 ⟨2*⟩   Es ist ein Binär-Entzähler BIUN.TM zu entwerfen. Da beim Zählen oder Entzählen keine Information unwiederbringlich verloren geht, schlagen wir eine einfache Version vor, in der die Eingabe gelöscht wird.

   Beispiel:

```
101
  1
```

wird

```
−−−−−I I I I I
     0
```

Übungshalber könnte man die entworfene TM ja mit UNBI.TM koppeln, damit die Eingabe rekonstruiert wird.

Aufgabe 6.11 ⟨3⟩   Ein Zähler, der nicht direkt auf der Nachfolger-Operation beruht, sondern auf dem in Abschnitt 5.3 angegebenen Divisionsverfahren, wäre der Anzahl der Zustände und Quintupel nach größer, aber schneller. Der Leser versuche sich an einem Binärzähler nach diesem Prinzip.

   Hinweis: Man verwende die Lösung von Aufgabe 3.10. Die sukzessiven Reste *modulo 2* (Reste bei Division durch 2) ermittelt die Maschine, indem sie in jedem Lauf über den Eingabe-Block jedes zweite noch übrige "I" markiert (zum Beispiel mit einem "M"). Abbruchbedingung: alle "I" sind markiert.

Aufgabe 6.12

(a) ⟨3⟩ Über dem Alphabet {−, 0, 1, A, B} programmiere man eine BIV.TM, die zwei durch ein Leerzeichen getrennte Binärzahlen miteinander vergleicht. BIV.TM startet auf der Einer-Stelle der rechten Binärzahl. Ist die linke Zahl größer als die rechte, so halte die TM auf der Einer-Stelle der linken; ist die linke Zahl kleiner als die rechte oder ihr gleich, so halte sie auf der Einer-Stelle der rechten.

(b) ⟨2⟩ Man baue BIV.TM zu einer BIVL.TM um. Nach dem Selbst-Stop von BIVL.TM sind die beiden zu vergleichenden Binärzahlen gelöscht; unmittelbar links von dem Feld, auf das ursprünglich die höchste Stelle der linken Zahl geschrieben war, schreibe BIVL.TM das Zeichen "1", wenn die linke Zahl größer war als die rechte, das Zeichen "0" aber, wenn die linke Zahl kleiner oder gleich war. Halt links neben dem ausgegebenen Zeichen.

(c) $\langle 2* \rangle$ Nun programmiere man eine `BIVL-01.TM`, die das selbe leistet wie `BIVL.TM`, aber mit dem Alphabet $\{-, 0, 1\}$ auskommt. Weiters starte `BIVL-01.TM` auf dem Leerzeichen unmittelbar rechts neben der rechten Binärzahl.

6.3

Zur Darstellung einer Unärzahl in einem Stellenwertsystem benötigt man so viele Stellen, wie in unserem Verfahren Divisionen nötig sind (je größer die Basis, desto weniger Stellen). Im Binärsystem nennt man eine Stelle ein *bit* („*bi*nary digi*t*"); davon abgeleitet wird ein bit oft als Kode-Stelle der Information über eine ja/nein-Entscheidung interpretiert. Die Anzahl der bits für eine beliebige Zahl ist die Anzahl der Bandfelder, die zur binären Darstellung dieser Zahl (ohne Trennzeichen) benötigt werden: sie gibt die *Länge* der Zeichenkette an. Für 59 beispielsweise müssen 6 bits zur Verfügung stehen. Wir schreiben BITS(n) für die für n erforderliche bit-Anzahl: BITS(59) = 6; es gilt BITS(0) = 1.

Aufgabe 6.13 $\langle 3 \rangle$ Der Leser programmiere eine `UNBITS.TM` für Unärzahlen. Eingabe ist ein beliebiger "I"-Block, die Ausgabe sei, links davon, durch ein leeres Feld getrennt,

(a) die Unärzahl der bits; zum Beispiel wird

$$\text{I I I I I I I I I I I I}$$
$$1$$

zu

$$\text{I I I I–I I I I I I I I I I I I–}$$
$$0$$

(b) die Binärzahl der bits (`BIBITS.TM`); zum Beispiel wird

$$\text{I I I I I I I I I I I I}$$
$$1$$

zu

$$\text{100–I I I I I I I I I I I I–}$$
$$0$$

Hinweis: Zu Lösungen eignen sich verschiedene Varianten und Kombinationen der in diesem Kapitel besprochenen (oder als Aufgaben gestellten) Maschinen.

6.4

Für viele Betrachtungen empfiehlt es sich, über den Begriff der Binärzahlen den Begriff der *binären Zeichenketten* („Binärketten") einzuführen. Eine Binärzahl unterscheidet sich von einer binären Zeichenkette durch den Umstand, daß bei der Interpretation einer Zeichenkette als Binärzahl die *führenden* (links von der 1 an der höchsten Stelle stehenden) *Nullen*, insbesondere deren Anzahl, vernachlässigt werden. Als Binärzahlen verstanden, stellen die Zeichenketten "0010" und "10" die selbe Zahl dar, sie sind aber verschiedene Binärketten. Die endlichen binären Zeichenketten lassen sich effektiv in eine Reihenfolge ordnen, die wir hier die „halb-lexikalische" nennen wollen: nach der Länge der Ketten, und innerhalb der (stets endlichen) Mengen der gleichlangen Ketten eben lexikalisch, das heißt nach dem Prinzip der Wörterbücher. Eine derartige Ordnungen kann man für die endlichen Zeichenketten über jedem endlichen Alphabet einrichten, sobald man eine Ordnung für das Alphabet festgesetzt hat. Ein Anfangsstück dieser Folge der Binärketten ist:

""   (leere binäre Zeichenkette)
"0"
"1"
"00"
"01"
"10"
"11"
"000"
"001"
"010"
"011"
"100"
"101"
"110"
"111"
"0000"
"0001"

Begrifflich darf die *leere Kette* ("") nicht verwechselt werden mit dem Leerzeichen oder mit dem leeren Band – sie kann nicht auf das Band geschrieben werden, sondern „erscheint" der Interpretation als das Nicht-Vorhandensein einer Kette zwischen zwei benachbarten Bandzeichen. Derart ist die leere Binärkette eine Teilkette jeder Binärkette überhaupt.

Man spricht auch von den „Stellen" einer Binärkette; die erste Stelle einer nicht-leeren Binärkette wird durch das erste Zeichen links markiert.

Natürlich gibt man die Länge der Binärketten gleichfalls in bits an (es gilt: BITS("") = 0). Es gibt 2^l verschiedene Binärketten der Länge l.

Beweis: (a) Es gibt $2^0 = 1$ Binärkette der Länge 0. (b) Wir setzen für ein l voraus, daß die Anzahl der verschiedenen Binärketten der Länge l durch 2^l gegeben sei; dann ist die Anzahl der verschiedenen Binärketten der Länge $l+1$ gegeben durch $2 \cdot 2^l = 2^{l+1}$, da auf der zusätzlichen Stelle nur entweder "0" oder "1" stehen kann.

Aufgabe 6.14 ⟨1*⟩ Man programmiere über dem Alphabet {–, 0, 1} eine BIZKNF.TM, die jede vorgelegte Binärkette (also auch die leere Kette) in ihren Nachfolger in der halb-lexikalischen Reihenfolge umschreibt.

a) Start und Stop auf der letzten Stelle der Binärkette.
b) Start auf der ersten Stelle der Eingabe und Stop auf der ersten Stelle der Ausgabe.

c)   Man erweitere `BIZKNF.TM` Version (b) zu `TERZKNF.TM`. Diese Maschine über dem Alphabet $\{-, 0, 1, 2\}$ schreibt jede ternäre Zeichenkette in ihren halb-lexikalischen Nachfolger um.

Aufgabe 6.15 ⟨2*⟩ Man programmiere eine Maschine `BIZK.TM` zur Herstellung der n-ten binären Zeichenkette aus binär gegebenem n. Startfeld ist die Einer-Stelle der Binärzahl, Halt auf der ersten Stelle der binären Kette. Man beachte: Die Binärzahl 0 ist der leeren Zeichenkette (der nullten Kette in der obigen Liste) zugeordnet. Ferner ist nach dieser Zählung zum Beispiel die neunte binäre Zeichenkette "010"; `BIZK.TM` gelangt in diesem Beispiel von

```
1001
   1
```

aus zu der terminalen Momentaufnahme

```
--010
    0
```

6.5

Im Prinzip läßt sich der Vorteil von Stellenwertsystemen gegenüber dem Unär-system als *Komprimierung* fassen: die Stellenwert-Darstellung einer Zahl kommt mit weniger Bandfeldern aus, und das Verhältnis: (Felderanzahl für die Stellen-wert-Darstellung von n) / (Felderanzahl für die Unär-Darstellung von n) wird mit dem Anwachsen von n immer günstiger. Im Fall des Binärsystems bezeichnet eben BITS(n) die benötigte Anzahl von Feldern. Der spezielle Charakter dieser Komprimierung kommt zum Ausdruck in dem Satz:

Zu jeder natürlichen Zahl k existiert eine natürliche Zahl n_k mit der Eigen-schaft, daß $k \cdot$ BITS(n) $\leq n$ für jede natürliche Zahl $n \geq n_k$.

Eine grobe (zu großzügige) Abschätzung von n_k erhält man durch die Set-zung $n_k = 2^{2 \cdot \text{BITS}(k)} - 1$, woraus (siehe (1) unten) BITS(n_k) = 2 $\cdot$ BITS(k) folgt.

Ein Beweis des Satzes mit den Mitteln, die wir uns in diesem Kapitel erarbei-tet haben, ist durchaus möglich, aber etwas umständlich – er bleibe dem sport-lichen Sinn des Lesers überlassen. Abbildung 6.1 veranschaulicht die zugrunde-liegende Gesetzmäßigkeit.

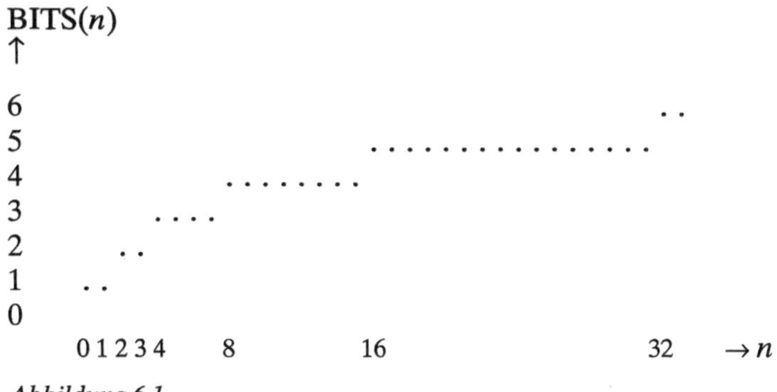

Abbildung 6.1

Wir wollen hier bloß eine einschlägige Behauptung beweisen, die wir in Kapitel 15 benutzen werden:

Für jede natürliche Zahl $n \geq 16$ ist $\mathrm{BITS}(n + 2 \cdot (\mathrm{BITS}(n) + 1)) \leq \mathrm{BITS}(n) + 1$.

Die Formel gilt ja schon ab $n = 4$, wie man sich durch Einsetzen überzeugt.

Indessen ist der Beweis für $n \geq 16$ einfacher und genügt unseren Zwecken. In der Tat läßt eine Betrachtung des binären Zählverfahrens erkennen, daß für jedes $n > 0$

(1) $2^{\mathrm{BITS}(n)-1} \leq n < 2^{\mathrm{BITS}(n)}$.

(2) Offensichtlich (siehe Abbildung 6.1) ist $\mathrm{BITS}(n + 1) \geq \mathrm{BITS}(n)$ für jede natürliche Zahl n.

(3) Mit Hilfe von (1) können wir beweisen, daß für jedes $n \geq 16$ gilt:
$2 \cdot (\mathrm{BITS}(n) + 1) = 2 \cdot \mathrm{BITS}(n) + 2 \leq 2^{\mathrm{BITS}(n)-1} \leq n$.
Denn:
   (a) Für $n = 16$ haben wir $\mathrm{BITS}(n) = 5$, also $2 \cdot (5 + 1) = 12 \leq 16$.
   (b) Wächst nun $\mathrm{BITS}(n)$ um 1, so wächst $2 \cdot \mathrm{BITS}(n) + 2$ um 2, aber $2^{\mathrm{BITS}(n)-1}$ wird sogar verdoppelt.

(4) Unter Berücksichtigung der Tatsache, daß das Anhängen einer Null an eine Binärzahl die Verdoppelung der dargestellten Zahl wiedergibt, haben wir also gemäß (2) und (3) für jedes $n \geq 16$:
$\mathrm{BITS}(n + 2 \cdot (\mathrm{BITS}(n) + 1)) \leq \mathrm{BITS}(n + n) = \mathrm{BITS}(2 \cdot n) = \mathrm{BITS}(n) + 1$.

Im übrigen gibt es natürlich auch andere Methoden der Komprimierung einer Unärzahl n, zum Beispiel die primitive einer Halbierung von n (wenn n gerade ist, sonst von $n + 1$ mit folgender Berücksichtigung dieses Umstands), Anschreiben von $n / 2$ durch einen trivialen Modul und Verdoppelung durch einen mitgekoppelten Modul (siehe Aufgabe 3.9(a) und Abschnitt 14.2). Wir gehen auf diese anderen Möglichkeiten nicht näher ein.

7. Zeichenketten verschieben, kopieren und markieren

7.1

Aufgabe 7.1 ⟨1T⟩

Spezifikation: Alphabet {−, |};
Eingabe: ein "|"-Block beliebiger Länge, Start auf dem ersten "|";
Operation: die TM verschiebt den Block um ein Feld nach rechts;
Halten: auf dem Startfeld (auch wenn der Block leer war).

Aufgabe 7.2 ⟨2T⟩ Desgleichen, doch Alphabet {−, A, B}, Verschieben eines beliebigen Blocks aus den Zeichen "A" und "B".

Die Lösungen sollten dem Leser nicht schwer gefallen sein. Ein naheliegender Entwurf für Aufgabe 7.1 ist

```
V1.TM
            −            |
  1    − R 4     − R 2
  2    | L 3     | R 2
  3    − R 4     | L 3
  4    − L 0     | L 0
```

TM-Tabelle 7.1

(Zustand 4 ist wegen der Möglichkeit des leeren Blocks erforderlich). Die folgende Lösung von Aufgabe 7.2 kopiert die Zeichen, rechts außen beginnend und nach links arbeitend, schrittweise auf das jeweils rechte Nachbarfeld:

```
V2.TM
          −          A          B          Kommentar:
  1    − L 2     A R 1     B R 1     Initialisierungslauf zum rechten Ende der
                                     Kette; Überspringen des von Zustand 2
                                     gesetzten Leerzeichens
  2    − R 0     − R 3     − R 4     Lösche ein Zeichen
  3    A L 1                         Kopiere "A" auf das rechte Feld (das in
                                     der vorherigen Schleife gelöscht wurde)
  4    B L 1                         wie 3, aber "B"
```

TM-Tabelle 7.2

Bei etwas näherem Eingehen auf diese Aufgabe erkennt man, daß sich V2 . TM modifizieren läßt zu einer Maschine, die die von ihr selbst veränderten Zeichen später nicht mehr als Basis für Entscheidungen verwendet; man vergleiche etwa

V3 . TM

	–	A	B	Kommentar:
1	– L 7	A R 2	B R 2	Prüfen: Kette leer?
2	– L 3	A R 2	B R 2	wie 1 von V2 . TM
3	– R 7	A R 4	B R 5	wie 2 von V2 . TM, aber ohne Löschen
4	A L 6	A L 6	A L 6	wie 3 von V2 . TM
5	B L 6	B L 6	B L 6	wie 4 von V2 . TM
6		A L 3	B L 3	analog V2 . TM Zustand 1 auf "–"
7	– R 0	– L 6	– L 6	Abschluß – lösche das zuletzt kopierte Zeichen

TM-Tabelle 7.3

Es müßte sich das Problem also auch durch einen Finiten Automaten lösen lassen, der sich vom Startfeld aus (bis zur schließlichen Rückkehr zu ihm) ausschließlich nach rechts bewegt.

Aufgabe 7.3 ⟨3*⟩ Man programmiere eine solche Maschine.

Eine Betrachtung von V1 . TM (TM-Tabelle 7.1) gibt einen Hinweis. Das Quintupel (2 | | R 2) kann im Kontext dieser TM auf (mindestens) zwei Weisen interpretiert werden. „Sieht" man die Operation der Maschine generell als „das erste " | " löschen und, über den Rest des Blocks hinweglaufend, am Ende wieder produzieren", so schreibt dieses Quintupel in jedem Zug einfach *das auf dem aktuellen Feld* gelesene " | " wieder zurück. In der anderen Interpretation schreibt es *das im vorhergegangenen Zug* gelesene " | " auf dessen rechtes Nachbarfeld. Die zweite Interpretation entspricht der Aufgabe „Verschieben" besser. Eine TM gemäß Aufgabe 7.3 wird sich also das auf dem aktuellen Feld gelesene Zeichen ("A" oder "B") „intern merken" und das im vorhergegangenen Zug gelesene (und „erinnerte") Zeichen schreiben. Diese „Erinnerung" wird (wie beispielsweise bei K . TM, TM-Tabelle 3.1) durch die Wahl eines von zwei Folgezuständen ins Werk gesetzt – „A-schreiben" oder „B-schreiben". Diese beiden Zustände rufen, je nach gelesenem Zeichen, einander oder sich selbst so lange auf, bis einer von ihnen das Leerzeichen liest.

Aufgabe 7.4 ⟨2*⟩ Der Leser programmiere eine TM wie in Aufgabe 7.3, doch soll sie die Zeichenkette um 2 Felder nach rechts verschieben.

Die allgemeine Aufgabe, eine Zeichenkette um eine – zum Beispiel neben ihr auf das Band geschriebene – beliebige Zahl von Feldern zu verschieben, läßt sich nur so lösen, daß der Finite Automat aus Aufgabe 7.3 zu einem Modul einer TM gemacht wird, deren anderer Modul die vorgegebene Zahl pro Verschiebe-

Zyklus um 1 heruntergezählt (ist beispielsweise die Zahl der Verschiebefelder binär gegeben, so tritt der Finite Automat an die Stelle jenes Entzähler-Moduls, der die Unärzahl aufbaut). Diese TM insgesamt ist natürlich kein Finiter Automat mehr.

Aufgabe 7.5 ⟨4⟩ Mit Hilfe eines Binärzählers, eines Binär-Entzählers, geeigneter Verschiebe-Moduln und M.TM entwerfe man eine binäre Multiplikations-TM. Alphabet {−, I, 0, 1}, Start auf der höchsten Stelle des ersten Faktors, Stop auf der höchsten Stelle des Produkts, die sich auf dem Startfeld finden soll; die Eingabe wird gelöscht.

Beispiel:

```
110101−1011
1
```

wird

```
−−1001000111−−−−−−−−−−−−    (eine Anzahl von Leerzeichen)
0
```

Wir setzen voraus, daß die Eingabe stets aus Binärzahlen besteht (keine leere Kette, keine führenden Nullen).

Die Aufgabe ist zur Übung des Lesers im „modularen Programmieren" gestellt, insbesondere im Hinblick auf die Gestaltung der Schnittstellen zwischen den einzelnen Moduln; natürlich kann man die Multiplikation von Binärzahlen auch direkt ins Werk setzen.

7.2

Aufgabe 7.6

a) ⟨1⟩ Als Vorbereitung schreibe der Leser die Tabelle einer TM, die, analog Aufgabe 3.6, einen "I"-Block über *ein* Trennzeichen nach *links* kopiert (Start auf dem ersten "I", Stop auf dem Startfeld).

b) ⟨3∗⟩ Die TM von (a) ist derart zu ergänzen, daß sie das Startfeld nach links nicht überschreitet. Zweckmäßigerweise setzt ein Initialisierungs-Modul eine Marke ("M") auf das Startfeld, schreibt rechts daneben das Trenn-"−", verschiebt den "I"-Block um ein Feld nach rechts und setzt schließlich rechts davon eine zweite Marke. Immer, wenn die TM in ihrem Kopierlauf auf die erste Marke stößt, muß sie die aktuelle Bandinschrift rechts dieser Marke (einbegriffen das rechte "M") um ein Feld nach rechts verschieben, damit sie das zu kopierende "I" danach auf das derart geschaffene Leerzeichen rechts von der ersten Marke setzen kann. Jede Kopier-Schleife wird also durch einen Verschiebe-Zyklus in zwei Hälften geteilt. Ist das Kopieren des Blocks erledigt, müssen die Marken wieder entfernt werden; für die Interpretation nimmt die Kopie auf dem Band nun den ursprünglichen Platz des Originals ein.

Beispiel:

```
| | |                    (Eingabe)
1

M−| | |M                 (nach Initialisierung)
     qᵢ

M−| |−M                  (die Kopier-Schleife stößt auf die linke Marke)
qⱼ

M−−| |−M                 (nach Verschiebung ...)
        qₖ

M|−| |−M                 (... Fortsetzen der Kopier-Schleife)
  qₗ

M|−| | |M                (die nächste Kopier-Schleife beginnt)
    qᵢ

| | |−| | |              (Halten)
0
```

Aufgabe 7.7

(a) ⟨1⟩ Zur Vorbereitung programmiere man eine TM, die – über dem Alphabet
{−, A, B} – einen Block aus den Zeichen "A" und "B" nach links neben ein
Trenn-"−" kopiert.

Beispiel:

```
AABA
1
```

wird zu

```
AABA−AABA−
       0
```

(b) ⟨3*⟩ Nun stehe auf dem Band irgendwo links von dem nach links zu kopierenden Original, von diesem durch Leerzeichen getrennt, eine Marke "M",
die nicht nach links überschritten werden darf (das Alphabet ist also {−, M, A,
B}). Man programmiere eine TM analog Aufgabe 7.6(b), jedoch Stop auf dem
ersten Zeichen des Originals.

Beispiel:

```
M−−−−ABAAAB
     1
```

wird

```
MABAAAB−ABAAAB−
              0
```

Die Aufgaben 7.6 und 7.7 haben einige theoretische Bedeutung. Wichtig sind drei
Punkte: Erstens demonstriert jede einwandfreie Lösung, daß jede erfüllbare

Spezifikation auch auf einem nur nach einer Richtung hin potentiell unendlichen Band erfüllt werden kann (wie in Abschnitt 2.2 behauptet). Es existiert ein effektives Verfahren zur Einrichtung einer beliebigen TM für ein derartiges Band. Dieses Verfahren beruht auf geeigneten Kopplungen der jeweiligen TM mit Verschiebe-Moduln.

Zweitens: Dieses Verfahren steht natürlich auch stets zur Verfügung, wenn eine Bandinschrift nicht geändert werden darf, weil sie für spätere Phasen der Berechnung benötigt wird: Kopieren, Verschieben und Markieren sind die einfachsten Mittel, Eingaben unverändert aufzubewahren – es ist stets möglich, eine gegebene TM so einzurichten, daß die akzeptierte Eingabe-Inschrift erhalten bleibt.

Drittens (Bemerkung gegen Ende des Abschnitts 4.3): Wenn nicht spezielle Marken auf dem Band in Anspruch genommen werden sollen, muß man im allgemeinen jedem der Sub-Moduln des Kopier-Moduls seinen eigenen Verschiebe-Modul mitgeben. Die TM-Tabellen aller dieser Verschiebe-Moduln beschreiben (im Sinne der Feststellung am Ende von Abschnitt 2.3) die selbe Maschine – bis auf die Folgezustände, an die diese Moduln die Steuerung zurückgeben. Um die Möglichkeit strukturierten Programmierens mit TMn in Analogie zu Computern zu illustrieren, haben wir im Lösungen-Anhang für Aufgabe 7.6(b) auch eine TM beschrieben, die nur eines einzigen Verschiebe-Moduls bedarf.

7.3

Es ist stets möglich, eine gegebene TM so einzurichten, daß die Maschine auf ebendem Bandfeld hält, auf dem sie gestartet wurde – falls sie hält. Das ist auf primitive Weise möglich: man verdopple das Alphabet und markiere das Startfeld jeweils mit dem Doppelgänger des Zeichens, das sich darauf findet.

Freilich sind viele raffiniertere Vorgehensweisen möglich, doch wir wollen uns hier nur, kurz, mit der Markierung der Ausgabe befassen.

Aufgabe 7.8 ⟨4*⟩ Gegeben sei eine Maschine wie folgt:

```
3BIBER2.TM
              –            |
  1    | R 2    | L 3
  2    | L 1    | R 2
  3    | L 2    | R 0
```

TM-Tabelle 7.4

Setzt man `3BIBER2.TM` auf das leere Band, so schreibt sie sechs "I" und hält:

```
3BIBER2.TM
      - - - - - - -
*              1
```

```
>   ———————|–
R   .              2
>   ———————||
L           1231
    ————|||||
R           22222
>   ————||||||
L             31
    ————||||||
*             0
Selbst-Stop
13 Züge
Position des Lesekopfs: 9.
```

Spur 7.1

Der Leser möge nun 3BIBER2.TM derart verändern, daß sie diese sechs " | " über
jede beliebige Inschrift aus den Zeichen "–" und " | " schreibt.

Zweckmäßigerweise verwende man zwei zusätzliche Zeichen (Alphabet also
zum Beispiel {–, | , A, B}) für das Markieren der äußersten Bandfelder links und
rechts, die die Maschine bis zum aktuellen Zug jeweils besucht hat. Es ist also
zunächst ein Initialisierungs-Modul zu programmieren, der auf das Anfangsfeld
"–" schreibt, links davon – ohne Berücksichtung des dort vorgefundenen Zeichens – ein "A", rechts davon, desgleichen, ein "B" setzt, und dann auf dem eben
angebrachten "–" die zu einem Modul gewordene ursprüngliche Maschine startet. Diese arbeitet ganz ebenso wie 3BIBER2.TM, bis sie auf eine der Marken
stößt; sie löscht das markierte Feld, versetzt die Marke nach außen, und setzt
dann auf dem eben gesetzten Leerzeichen ihre normale Arbeit fort.

Der Kern der neuen Maschine, nämlich die ursprüngliche 3BIBER2.TM,
findet auf jeder Inschrift über {–, | } stets nur das leere Band vor. Im übrigen ist
klar, daß das skizzierte Verfahren der Ausgabe-Markierung bei den verschiedensten Aufgaben gute Dienste leisten kann.

8. Zeichenketten suchen

8.1

Aufgabe 8.1

(a) $\langle 2T \rangle$ Man programmiere eine TM, die auf einer beliebigen Bandinschrift über dem Alphabet $\{-, \ |\ \}$ rechts vom Startfeld die Kette "–| |–|" „sucht". Ist diese Kette als Teilkette in der Inschrift enthalten, so soll die TM rechts neben ihrem letzten Zeichen halten; andernfalls hält die TM nicht. Die Eingabe bleibt in jedem Falle unverändert.

(b) $\langle 1 \rangle$ Man löse Teilaufgabe (a) unter folgendermaßen geänderten Bedingungen: das Alphabet sei nun $\{-, \ |\ , \text{M}\}$; die beliebige Inschrift bestehe weiterhin nur aus "–" und "|", doch sei sie links und rechts durch je ein "M" ergänzt (markiert); die TM startet auf dem linken "M"; findet sich die Kette "–| |–|" nicht als Teilkette der Eingabe, so halte die TM unmittelbar rechts neben dem rechten "M".

Die gesuchte Zeichenkette heiße „Zielkette", „Suchkette" jene, in der die erstere gesucht werden soll. Eine Idee zum Auffinden der Zielkette "–| |–|" in einer beliebigen Suchkette über $\{-, \ |\ \}$ könnte darin bestehen, ein im System der Zustandsübergänge realisiertes „Fenster" von fünf Feldern auf der Suchkette sukzessive nach rechts zu verschieben und in jedem dieser Schritte zu überprüfen, ob die in diesem Fenster erscheinende Teilkette mit der Zielkette übereinstimmt. Eine TM, die diesen Gedanken verkörpert, könnte wie folgt aussehen:

```
S-II-I1.TM
            -            |
1     - R 2      | R 1
2     - R 6      | R 3
3     - R 1      | R 4
4     - R 5      | L 6
5     - L 7      | R 0
6     - L 1      | L 1
7     - L 6      | L 6
```

TM-Tabelle 8.1

Aufgabe 8.2 $\langle 1 \rangle$ Der Leser lasse `S-II-I1.TM` auf

"|––| |–––| | |–|–|––| |–|–| |–| |"

sowie auf zwei oder drei „zufälligen" selbst gesetzten Bandinschriften laufen, Ansatz-Zustand 1 auf dem ersten Feld. Wo ist das „Fenster" in TM-Tabelle 8.1 versteckt?

Unter Berücksichtigung der Individualität unserer Zielkette läßt sich das Problem wohl auch besser lösen, das heißt durch eine TM mit weniger Zuständen, die zudem im allgemeinen weniger Züge benötigt. Findet die TM zum Beispiel in den ersten beiden Positionen ihres Fensters die Teil-Zeichenkette "–⎸", die dem Anfangsstück der Zielkette entspricht, in der dritten Position jedoch ein "–", so kann das Suchfenster sofort um zwei Schritte verschoben werden, da das "⎸" in der zweiten Position nicht der Anfang der Zielkette ist. TM-Tabelle 8.2 berücksichtigt diese Verbesserung.

```
S-II-I2.TM
            –               ⎸
1      – R 2        ⎸ R 1
2      – R 2        ⎸ R 3
3      – R 2        ⎸ R 4
4      – R 5        ⎸ R 1
5      – R 2        ⎸ R 0
```

TM-Tabelle 8.2

Solche Verbesserungen – von Programmiersprachen und Verfahren – sind Gegenstand der Informatik (wo sie hoffnungsfroh „Optimierungen" genannt werden). In der Automatentheorie ist man meist nur an der Tatsache der Existenz oder Nicht-Existenz gewisser Maschinen interessiert und weniger daran, sie auch praktisch zu verwirklichen. Wir verwenden oft suboptimale Maschinen – nicht zuletzt im Interesse leichterer Verständlichkeit und kürzerer Beweisargumentation. Stets ist der Leser implizite aufgefordert, alternative TMn zu konstruieren.

8.2

Aufgabe 8.3 $\langle 4T \rangle$ Das Alphabet sei {–, ⎸, M}. Das Band trage eine beliebige Zeichenkette aus "–" und "⎸", links und rechts durch die Marke "M" begrenzt. Man programmiere eine TM, die, auf das linke "M" angesetzt, in der restlichen Eingabe eine Kette der Form "⎸x⎸xx⎸" sucht. Die "x" deuten an, daß die Zeichen an diesen Stellen gleichgültig sind, also entweder "–" oder "⎸" sein können. Wird eine solche Zielkette gefunden, dann soll die Maschine rechts neben ihr halten; wenn keine davon in der Suchkette enthalten ist, soll sie zum linken "M" zurückkehren und darauf halten.

Diese Aufgabe ist für den erreichten Übungsstand schwierig genug. Wir wollen also einige prinzipielle Erwägungen anstellen. Als erstes muß man sich stets fragen, ob man eine vorgelegte Spezifikation klar verstanden hat, und schon hier ist es richtig, zu Bleistift und Papier zu greifen. Was die ersten Lösungsschritte angeht, so sollte man sich zunächst überlegen, welche Teile des bereits beherrschten Stoffs zur Anwendung kommen könnten. Man versuche stets, die Aufgabe auf möglichst natürliche Weise in Teilaufgaben zu zerlegen – über die genaue Gestaltung der Verbindungen der Moduln untereinander denke man nach, wenn man überzeugt ist, die Moduln bauen zu können und wenn man die Zusammenhänge im Groben schon überblickt.

Wir haben bereits Konstruktions-Schemata für TMn kennengelernt, die uns in den Stand setzen sollten, für jede beliebige konkret vorgegebene Zeichenkette eine Suchmaschine zu bauen.

Ein Schema, das bei der Konstruktion einer TM zum Suchen nach endlich vielen verschiedenen Zeichenketten angewandt werden könnte, besteht nun weiter darin, für jede dieser Zeichenketten eine eigene Suchmaschine nach der Art von `S-II-I2.TM` (TM-Tabelle 8.2) zu bauen. Im Beispiel der Aufgabe sind das acht Maschinen. Diese TMn müssen derart miteinander gekoppelt werden, daß ein Modul, der in der Suchkette nicht fündig wird, zum Anfangsfeld zurückkehrt und den nächsten ruft. Diese Art von Koppelung Finiter Automaten funktioniert freilich nur, wenn der Suchbereich auf dem Band durch Marken begrenzt ist.

Mit einer nur wenig komplizierteren Konstruktion läßt sich das Problem indes auch ohne Markierung des Suchbereichs lösen: man lasse jeden Modul sein Fenster prüfen, wobei alle diese (unter Umständen verschieden langen) Fenster jeweils mit dem selben Bandfeld beginnen, und lasse im Fall des Mißerfolgs sämtlicher Moduln den ersten am rechts benachbarten Feld von neuem beginnen.

Man kann die verschiedenen Moduln aber auch miteinander „amalgamieren", was im Vergleich zu der eben angedeuteten Methode im allgemeinen zu bedeutend kleineren Gesamt-Maschinen führt. Dieses Verschmelzen, bei dem ein bestimmter Zustand unter Umständen zu gedanklich verschiedenen Moduln gehört, führt man natürlich am besten systematisch durch. Michael Rabin und Dana Scott haben gezeigt, wie man zu solchen Amalgamierungen in einem effektiven Verfahren gelangt, das von den Tabellen der einzelnen Moduln ausgeht (Rabin/Scott *1959*). Der Leser wird diesen Aufsatz aber erst dann mit Gewinn lesen, wenn er unser Buch ganz durchgearbeitet hat. Wir zeigen hier ein simples Verfahren, das von der endlichen Menge der Zielketten ausgeht und die Maschine in ihren wesentlichen Zügen Schritt für Schritt zu konstruieren gestattet.

Als Beispiel wollen wir eine TM bauen, die in einer auf beiden Seiten mit "M" markierten Inschrift rechtsläufig nach den beiden Ketten "–I I–I" oder "–I–I I I" sucht, und rechts von der zuerst gefundenen hält; findet sie keine der beiden, so kehrt sie zum linken "M" zurück. Wir beginnen mit der Frage, welche Zustandsfolgen nötig sind, wenn die Maschine direkt rechts neben dem ersten "M" eine der beiden gesuchten Ketten findet. Zur Unterstützung der Vorstellung zeichnen wir einen *Baum* als Sinnbild der Vorgänge (Abbildung 8.1). Abgesehen von den Marken wird der Baum in unserem Beispielsfall ein *binärer* sein: die TM kann auf dem aktuellen Feld ein "–" oder ein "I" vorfinden.

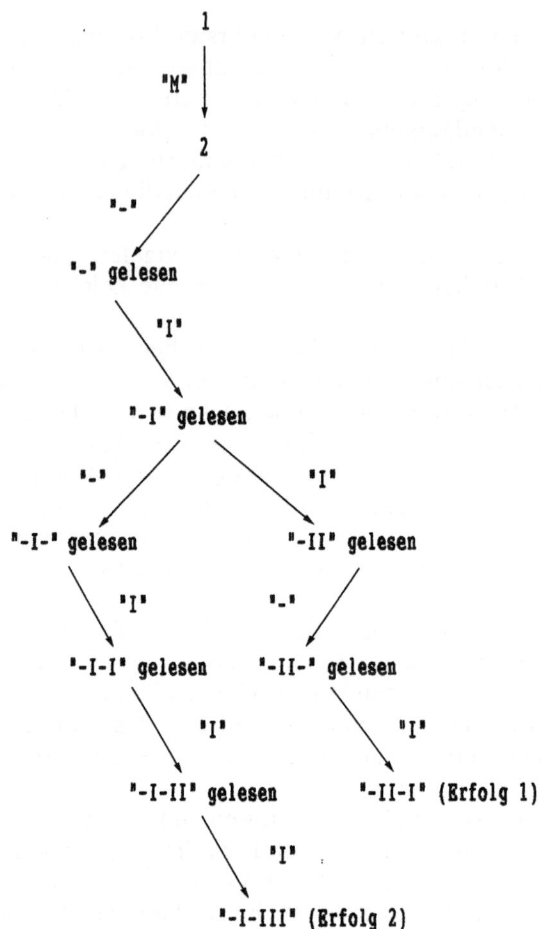

Abbildung 8.1

Den Fall, daß die TM in einem bestimmten Zug ein "−" liest, berücksichtigen wir dadurch, daß wir von dem *Knoten*, der für ihren aktuellen Zustand steht, nach links unten eine *Kante* (einen Zweig) einzeichnen, und für das Lesen eines "I" sehen wir eine Kante nach rechts unten vor. Der Baum ist also von oben nach unten zu lesen, und jede Kante ist mit dem hypothetisch gelesenen Zeichen beschriftet. Da wir fürs erste davon ausgehen, daß die TM unmittelbar hinter dem linken "M" eine der beiden zu suchenden Zeichenketten findet, setzen wir für die *Wurzel* (die Wurzel ist bei Bäumen dieser Art oben!) eine 1 für den Ausgangs-Zustand, ziehen für den Ausnahmefall "M" eine senkrechte Kante in Gestalt eines Pfeils nach unten, setzen "M" daneben, und schreiben unter die Pfeilspitze den Namen des Folgezustands 2. Da beide Ketten mit "−" beginnen, Zustand 2 bei Erfolg also jedenfalls "−" zu lesen bekommt, zeichnen wir von ihm aus eine Kante nach links unten und beschriften sie gehörig. Den dritten Zustand der TM bezeichnen wir zweckmäßigerweise zunächst so, daß leicht erkennbar wird, was das Erreichen dieses Zustands in der Interpretation der TM zu bedeuten hat (vergleiche das in Abschnitt 3.1 Gesagte): wenn die TM in diesem

Zustand ist, so hat sie zuvor ein "−", und zwar das erste "−" einer der beiden zu suchenden Ketten gelesen.

Auch für den nächsten Zug wird für beide Zielketten das gleiche Zeichen erwartet, ein "|". Wir zeichnen also eine mit "|" beschriftete Kante nach rechts unten. Erreichen des neuen Zustands signalisiert dem Interpretierenden, daß die TM bislang die Kette "−|" gelesen hat – für jede der beiden Zielketten ein Anfangsstück. Erst an der dritten Stelle unterscheiden sich die beiden Zielketten: für die erste wird nun ein "−" erwartet, für die zweite ein "|". Entsprechend verfahren wir in unserer Baumzeichnung. Wir setzen so weiter fort und das Ergebnis ist die Abbildung 8.1, in der die Abbruchbedingungen des Laufs für den Fall eines Erfolgs als *Blätter* erscheinen: als terminale Knoten.

Wir können jetzt bereits eine TM-Tabelle schreiben, die das Skelett der endgültigen Lösung sein wird. Zu diesem Zweck können wir die Knoten unseres bis jetzt gewonnenen Suchbaums irgendwie numerieren (jeder Knoten bekommt seine eigene Nummer), aber besser noch erklären wir zunächst die interpretierenden Ausdrücke zu Namen der entsprechenden Zustände: "−|−gel" heißt also zum Beispiel der Zustand, dessen Erreichen dem Interpretierenden anzeigt, daß die TM bisher die Kette "−|−" gelesen hat.

```
S-BEISP0.TM
                        −                   |                   M
        1                                                   M R     2
        2       − R     −gel
      −gel                              | R     −|gel
     −|gel    | R  −|−gel               | R     −||gel
     −|−gel                             | R  −|−|gel
     −||gel   − R −||−gel
    −|−|gel                             | R −|−||gel
    −||−gel                             | R       0
   −|−||gel                             | R       0
```

TM-Tabelle 8.3

`S-BEISP0.TM` in dem bis jetzt erreichten Ausbaustadium genügt, die Aufgabe zu lösen, wenn eine der beiden Zielketten unmittelbar neben dem ersten "M" auf dem Band steht (allerdings hält sie in allen anderen Fällen irregulär); diese Maschine ist eine triviale TM.

Es leuchtet aber auch unmittelbar ein, daß dieses Skelett der einzurichtenden TM immer notwendig und zugleich hinreichend sein wird, wenn eine der in den Zustandsnamen vorkommenden Zeichenketten irgendwo auf dem Band gelesen wurde, wenn der mit ihr benannte Zustand auf einem der in für ihn in TM-Tabelle 8.3 berücksichtigten Zeichen steht, und wenn die weitere Folge der Bandzeichen der Rest der entsprechenden Zielkette ist. Wir müssen die Tabelle nur noch ergänzen – (1) durch Berücksichtigung der bisher noch nicht betrachteten Möglichkeiten für die gelesenen Zeichen und (2) durch ein Abbruchverfahren, das im Mißerfolgsfall das in der Spezifikation vorgeschriebene Verhalten zeigt. Im Hinblick auf die Ergänzungsbedürftigkeit (1) wenden wir uns wieder unserem Baum zu und stellen zusätzliche Überlegungen an.

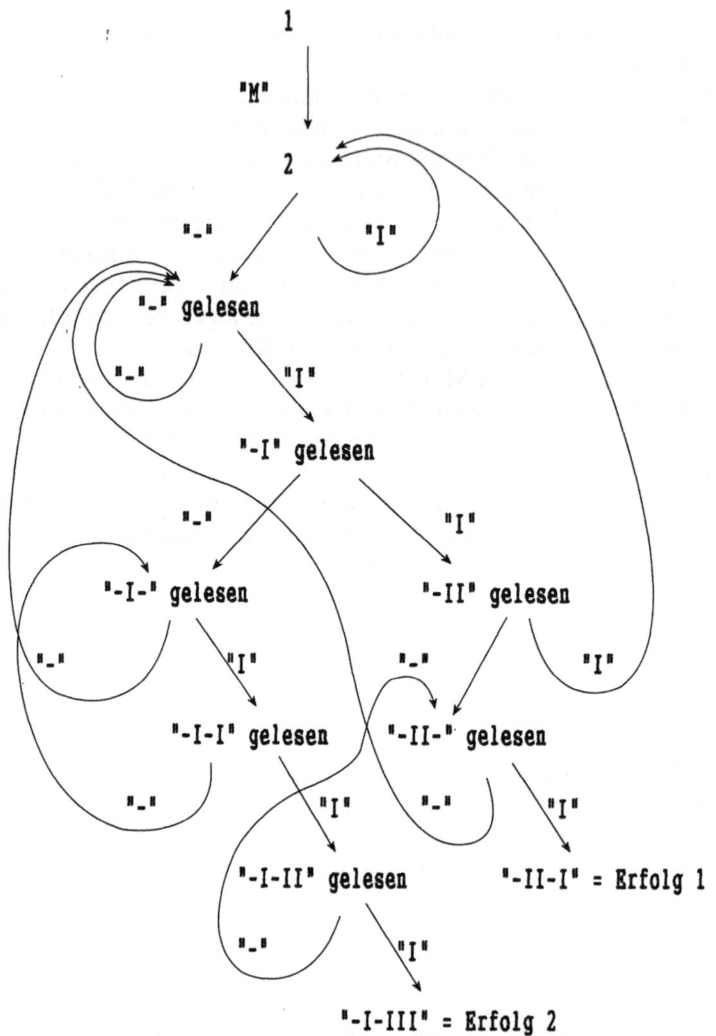

Abbildung 8.2

Liest Zustand 2 ein "I", so steht fest, daß dies nicht der Anfang einer der
Zielketten ist. Wir müssen den Baum (und danach die TM) so einrichten, daß
Zustand 2 erst dann einen anderen Zustand, eben −gel, ruft, wenn er, auf dem
Band nach rechts fortschreitend, ein "−" gefunden hat, denn nur das könnte das
erste Zeichen einer Zielkette sein. Wir tragen bei Zustand 2 also eine neue Kante
ein, die zu diesem Zustand wieder zurückführt, wenn er ein "I" zu lesen bekommt (dadurch wird unser Baum zu einem allgemeineren Graphen). Ähnlich
bei dem Zustand −gel. Liest dieser Zustand ein "−", so hat die Maschine also
bisher die Kette "−−" vorgefunden, aber auch dies ist nicht ein Anfangsstück
einer Zielkette. Allerdings kommt das zweite "−" für sich allein als Anfang in
Frage, und genau diese Möglichkeit wird realisiert, wenn Zustand −gel in sich
zurückkehrt: wieder symbolisiert das eine zurückkehrende Schleife im Graphen.

Dem Zustand −|gel ist bezüglich Ergänzungsbedürftigkeit (1) nichts hinzuzufügen. Liest aber Zustand −|−gel ein "−", so hat die TM bis jetzt "−|−−" vorgefunden, von welcher Zeichenkette wieder nur das letzte "−" der Anfang einer Zielkette sein könnte; daher lassen wir diesen Zustand auf "−" wieder den Zustand −gel rufen und zeigen das im Graphen durch eine entsprechende Kante an. Und auf diese Art weiter. Liest Zustand −||gel ein "|", so ist die TM ganz auf den Anfang zurückgeworfen, weil keine rechtsbündige Teilkette von "−|||" als Anfang einer Zielkette in Frage kommt.

Der Leser wird nun den Rest von Abbildung 8.2 ohne weitere Hilfe verstehen können.

Es bleibt noch die Ergänzung ad (2), aber das ist besonders einfach: die Suche terminiert mit Mißerfolg, wenn irgendein Zustand außer dem ersten auf ein "M" stößt. Wir richten also einen neuen Zustand miss(erfolg) ein, der nichts weiter soll, als die Maschine zum linken "M" zurückzuführen, und mit einem „Hilfszug" durch Zustand 11 erfüllt die in TM-Tabelle 8.4 beschriebene S-BEISP1.TM unsere Spezifikation.

```
S-BEISP1.TM
                     -                   |                  M
      1                                                 M R    2
      2        - R      -gel       | R          2       M L miss
   -gel        - R      -gel       | R       -|gel      M L miss
  -|gel        - R    -|-gel       | R      -||gel      M L miss
 -|-gel        - R      -gel       | R     -|-|gel      M L miss
 -||gel        - R    -||-gel      | R          2       M L miss
-|-|gel        - R    -|-gel       | R    -|-||gel      M L miss
-||-gel        - R      -gel       | R          0       M L miss
-|-||gel       - R    -||-gel      | R          0       M L miss
   miss        - L      miss       | L       miss       M R   11
     11        - L         0       | L          0       M L    0
```

TM-Tabelle 8.4

In Spur 8.1 illustrieren wir einen Probelauf auf einer willkürlich gewählten Eingabe (die Zustandsnamen stehen in den Momentaufnahmen rechtsbündig unter dem zu lesenden Zeichen).

```
S-BEISP1.TM
    M||-||--|-|-|----|||||-||--||-||---|-M
*   1
    M||-||--|-|-|----|||||-||--||-||---|-M
R   222
    M||-||--|-|-|----|||||-||--||-||---|-M
*    -GEL
    M||-||--|-|-|----|||||-||--||-||---|-M
*    -|GEL
    M||-||--|-|-|----|||||-||--||-||---|-M
*    -||GEL
```

```
    M||-||---|-|-|---|||||-||---||-||---|-M
*    -||-GEL
    M||-||---|-|-|---|||||-||---||-||---|-M
*        -GEL
    M||-||---|-|-|---|||||-||---||-||---|-M
*          -|GEL
    M||-||---|-|-|---|||||-||---||-||---|-M
*          -|-GEL
    M||-||---|-|-|---|||||-||---||-||---|-M
*          -|-|GEL
    M||-||---|-|-|---|||||-||---||-||---|-M
*           -|-GEL
    M||-||---|-|-|---|||||-||---||-||---|-M
*           -|-|GEL
    M||-||---|-|-|---|||||-||---||-||---|-M
*            -|-GEL
    M||-||---|-|-|---|||||-||---||-||---|-M
*              -GEL
    M||-||---|-|-|---|||||-||---||-||---|-M
*              -GEL
    M||-||---|-|-|---|||||-||---||-||---|-M
*              -|GEL
    M||-||---|-|-|---|||||-||---||-||---|-M
*              -||GEL
    M||-||---|-|-|---|||||-||---||-||---|-M
R                   222
    M||-||---|-|-|---|||||-||---||-||---|-M
*                 -GEL
    M||-||---|-|-|---|||||-||---||-||---|-M
*                 -|GEL
    M||-||---|-|-|---|||||-||---||-||---|-M
*                 -||GEL
    M||-||---|-|-|---|||||-||---||-||---|-M
*                 -||-GEL
    M||-||---|-|-|---|||||-||---||-||---|-M
*                   -GEL
    M||-||---|-|-|---|||||-||---||-||---|-M
*                   -|GEL
    M||-||---|-|-|---|||||-||---||-||---|-M
*                   -||GEL
    M||-||---|-|-|---|||||-||---||-||---|-M
*                   -||-GEL
    M||-||---|-|-|---|||||-||---||-||---|-M
*                        0
```

Selbst-Stop
30 Züge
Position des Lesekopfs: 31.

Spur 8.1

Nach getanem Werk benennen wir vielleicht noch die Zustände mit Zahlzeichen, um einen nun schon gewohnten Anblick herzustellen:

```
S-BEISP.TM
                  -           |           M
    1                                 M R  2
    2    - R  3       | R  2      M L 10
    3    - R  3       | R  4      M L 10
    4    - R  5       | R  6      M L 10
    5    - R  3       | R  7      M L 10
    6    - R  8       | R  2      M L 10
    7    - R  5       | R  9      M L 10
    8    - R  3       | R  0      M L 10
    9    - R  8       | R  0      M L 10
   10    - L 10       | L 10      M R 11
   11    - L  0       | L  0      M L  0
```

TM-Tabelle 8.5

Die Methode des zu einem *gerichteten Graphen* ergänzten Entscheidungsbaums bewährt sich bei Entwürfen der verschiedensten TMn. In unserer TM-Tabelle 8.5 haben wir eine ziemlich elegante Lösung, die das Ziel in der minimal erforderlichen Anzahl von Zügen erreicht und kein überflüssiges Quintupel hat. Der Leser wird sich nunmehr, so hoffen wir, erfolgreich an die Lösung von Aufgabe 8.3 machen können.

Aufgabe 8.4

(a) $\langle 4 \rangle$ Mit Hilfe eines gerichteten Graphen programmiere man eine TM, die den Quotienten und den Rest einer Binärzahl bei Division durch 1010_2 ermittelt. Start auf der höchsten Stelle der Binärzahl, Stop auf der höchsten Stelle des Quotienten; der Rest steht rechts vom Quotienten, durch ein Leerzeichen von ihm getrennt. Zum Beispiel wird

```
111010011
1
```

zu

```
-----101110-111
    0
```

Der Kern dieser TM ist ein Finiter Automat.

(b) $\langle 1 \rangle$ Man verändere die Lösung so, daß der Rest dezimal angeschrieben wird; beispielsweise wird

```
111010011
1
```

zu

```
-----101110-7
    0
```

(c) ⟨3⟩ Man benutze die Lösung von (b) als Modul einer TM, die Binärzahlen in Dezimalzahlen umschreibt. Dazu muß der Modul um einen Verschiebe-Modul für die bereits angeschriebenen Reste ergänzt werden.

8.3

Wenn bislang nach Maschinen gefragt wurde, die eine bestimmte Zeichenkette (oder eine beliebige aus einer gegebenen endlichen Menge) suchen können, hatten wir stets TMn als Lösungen, die in keinem Zug ein Bandzeichen verändern. Ist dies auch bei der folgenden Aufgabe möglich?

Aufgabe 8.5 ⟨4*T*⟩ Eingabe-Inschrift sei eine Zeichenkette der Form Mx ... xMx ... xM über dem Alphabet {−, I , M}. Die "x" stehen wieder beliebig für "−" oder " I ", die Punkte sollen andeuten, daß die Ketten beliebig lang sein können. Ein Beispiel wäre

"M I I − I M I I −− I − I − I I I I −−− I I I I − I I − I I M".

Man baue eine TM, die eine beliebig gewählte zwischen den ersten beiden "M" eingeschlossene Zeichenkette in der zwischen dem mittleren und dem rechten "M" eingeschlossenen Kette sucht. Im Erfolgsfall soll die TM unmittelbar rechts neben der gefundenen Kette halten, bei Mißerfolg auf dem ersten "M" (die leere Kette wird immer gefunden). Die Eingabe-Inschrift bleibe jedesmal erhalten.

Zu Aufgabe 8.5 ergibt eine vorläufige Überlegung, daß Finite Automaten als Lösungen nicht in Frage kommen, weil die Menge der Zielketten potentiell unendlich ist − keine Maschine kann unendlich viele Zustände (hier von der Art "xx ... $x$gel") haben. Wir müssen Markierungen auf dem Band zu Hilfe nehmen, die von der TM selbst gesetzt und später wieder rückgängig gemacht werden.
 Wir zerlegen die Aufgabe wieder in Teilprobleme.
 Die erste Erwägung betrifft den Vergleich der Zielkette mit dem Inhalt eines mitgedachten Fensters, das auf der Suchkette schrittweise verschoben wird. Da die Zielkette im Belieben der Umgebung steht und eben auch beliebig lang sein kann, müssen wir diesen Vergleich Zeichen für Zeichen ausführen, und das heißt hier, daß der Modul für jedes Zeichen der Zielkette eigens in die Suchkette laufen muß (in der Art der Zustandsfolge $3 \rightarrow 4 \rightarrow 5 \rightarrow 6 \rightarrow 7$ von M . TM, TM-Tabelle 2.1 und Abschnitt 3.2 − nur wird hier eben nicht kopiert, sondern verglichen). Der zu entwerfende Modul muß das jeweilige Zeichen in der Zielkette markieren, das jeweils damit zu vergleichende im Fenster finden, und nach Vergleich entscheiden, ob die Suche in der aktuellen Lage des Fensters weiter gehen soll (die beiden Zeichen sind gleich) oder abgebrochen werden muß. Im ersten Fall muß er das aktuelle Zeichen im Fenster markieren, um im nächsten Vergleichslauf das benachbarte finden zu können, und zum nächsten noch nicht verglichenen Zeichen in der Zielkette zurückkehren, um den nächsten Vergleichslauf zu starten. Im andern Fall muß die Suche von vorn beginnen, und zwar

mit dem ersten Zeichen der Zielkette und dem ersten Zeichen des um ein Feld nach rechts verschobenen Fensters. Der zu programmierende Vergleich-Modul hat drei Abbruchbedingungen:

(1) Erfolg. Dieser zeigt sich daran, daß der Modul beim Übergang zum nächsten Zeichen der Zielkette das mittlere "M" vorfindet, welches das Ende der Zielkette markiert. Um der Spezifikation zu genügen, muß die TM in diesem Fall die markierten Zeichen in Ziel- und Suchkette in die ursprünglichen Zeichen umschreiben, nach rechts laufen, bis sie das letzte Zeichen der gefundenen Kette erreicht, und rechts davon halten. Wir sehen dafür einen einfachen Erfolg-Modul vor, der vom Vergleich-Modul gerufen wird.

(2) Mißerfolg im Fenster, aber es gibt noch Zeichen der Suchkette rechts von den bisher untersuchten. In diesem Fall muß das Fenster um ein Feld nach rechts verschoben und die Marken der Zielkette müssen wieder in die ursprünglichen Zeichen umgeschrieben werden. Diese Aufgaben werden wir einem Fenster-Verschiebe-Modul übertragen, der ebenfalls vom Vergleich-Modul gerufen wird und seinerseits diesen wieder ruft, sobald alles für einen neuen Vergleichslauf bereitet ist.

(3) Mißerfolg, da die Suchkette erschöpft, nämlich während eines Vergleichslaufs das rechte "M" erreicht ist. Der Spezifikation gemäß muß die TM nun auf der Inschrift zurücklaufen, dabei alle Marken umschreiben, und schließlich auf dem linken "M" halten. Das soll ein Mißerfolg-Modul bewerkstelligen.

Eine gewisse Schwierigkeit bereiten nun die notwendigen Markierungen.

Marken von der Art, wie sie M . TM setzt, können wir nicht verwenden, da eine Maschine für Aufgabe 8.3 ein "−" als Marke nicht von einem "−" als ursprünglichem Bestandteil von Ziel- und Suchkette unterscheiden kann; aus dem selben Grund scheidet auch " I " als Marke aus. In der Tabelle unserer TM verwenden wir also zweckmäßigerweise Zeichen, die in der Spezifikation nicht eigens erwähnt sind.

Wieviele neue Zeichen werden wir benötigen? Wir müssen zwei Arten von Marken klar unterscheiden: Markierung der im Vergleich-Zyklus untersuchten Zeichen in der Zielkette und im Fenster einerseits, und andererseits Markierung des Bandfelds, neben dem nach Verschiebung des Fensters ein neuer Vergleich-Zyklus beginnen soll. Da Ziel- und Suchkette in der Aufgabe nur aus "−" und " I " bestehen, ergänzen wir im gedanklich einfachsten Fall das Alphabet unserer TM um die vier Zeichen "A", "B", "C" und "D". Der Vergleich-Modul benutzt "A" und "B". Ein von ihm vorgefundenes "A" bedeutet in unserer Interpretation, daß dieser Modul das betreffende Bandfeld schon erfolgreich verglichen hat und daß das ursprüngliche Zeichen ein "−" war; ein "B" bedeutet das gleiche für " I ". Im Abbruch des Vergleich-Zyklus in der oben beschriebenen Variante (2) müssen die "A" und die "B" in Zielkette und Fenster wieder durch "−" und " I " ersetzt werden. Für die in früheren Vergleich-Zyklen erfolglos verglichenen "−" und " I " setzen wir aber respektive "C" und "D". Das aktuelle Fenster beginnt also rechts vom letzten vorgefundenen "C" oder "D", und das Verschieben des Fensters wird, nach Umschreiben aller "A" und "B", durch ein Umschreiben des ersten "−" (" I ") im Rest der Suchkette in "C" ("D") bewerkstelligt.

Die entscheidende Momentaufnahme eines erfolglosen Vergleich-Zyklus könnte also so aussehen:

MBBA | MDDCCDCDCDBB | —— | | | | | − | | − | | M
$$q_i$$

Das aktuelle Fenster beginnt neben dem letzten "D". Die ersten beiden Zeichen der Zielkette sind erfolgreich verglichen, aber das dritte findet kein Gegenstück in der Suchkette. Die erste Momentaufnahme nach der notwendig gewordenen Einleitung eines neuen Vergleich-Zyklus stellt sich dann dar als:

M | | − | MDDCCDCDCDD | | —— | | | | | − | | − | | M
$$q_k$$

8.4

Aufgaben wie die vorhergehende zwingen zu systematischer Analyse von Spezifikation und Lösungsentwürfen. Insbesondere muß sich die Analyse mit der Frage beschäftigen, welche Information während eines Laufs erhalten bleiben muß, ferner wo und wie sie erhalten bleibt.

Wir führen im Anhang zwei verschiedene Lösungen für Aufgabe 8.5 vor. Ihr Studium sollte den Leser zu verschiedenen Erwägungen anregen:

— Was die Praxis des Programmierens betrifft, so ist es oft einfacher, selbst ein Programm zu schreiben, als ein schlecht dokumentiertes Programm (oder auch nur seinen allgemeinen Sinn) zu verstehen. Zum Beispiel kann es sehr schwer sein, von einem Quintupel einer TM-Tabelle auszusagen, ob es eine Bandinschrift gibt, auf der gestartet die TM dieses Quintupel rufen wird.

— Im Hinblick auf die Theorie sollte sich dem Leser der Eindruck regen, daß es in einem gewissen Rahmen Invarianz-Relationen gibt: zwischen den Anzahlen der Alphabet-Zeichen und den Anzahlen der Zustände einerseits, andererseits zwischen der Größe einer TM (gemessen in der Anzahl ihrer Quintupeln) und ihrer Geschwindigkeit (gemessen in der Anzahl der Züge). Ersteres leuchtet ein, da Zeichenketten auf dem Band ebenso wie Zustandsfolgen der Maschine Speicher- und Steuerungsfunktionen haben, die in einem gewissen Grad auswechselbar sein müssen; in der Tat werden wir zeigen, daß es für jedes Problem, das durch eine TM berechnet werden kann, eine TM gibt, die mit nur zwei Zeichen auskommt (Kapitel 9) – und ebenso auch eine TM mit nur zwei Zuständen (Kapitel 10). Aber auch das in gewissem Rahmen konstante reziproke Verhältnis zwischen Größen und Geschwindigkeiten der TMn für eine gegebene Spezifikation (gleiche Qualität des Programmierens vorausgesetzt) kommt nicht unerwartet, denn die kleinere TM muß ihre Steuersignale in größerem Umfang auf dem Band speichern und Züge zum Wieder-Aufsuchen „verschwenden". Der erwähnte Rahmen ist ein „gewisser" (also ungewiß), weil es, wie wir sehen werden, kein effektives Verfahren gibt, die optimale (kleinste, oder schnellste) TM für eine gegebene erfüllbare Spezifikation zu finden.

„Suchen" und „Kopieren" sind sinnerfüllte (und daher auch bisweilen irreführende) Bezeichnungen für die dynamischen Zusammenhänge, die eine TM verkörpert – im Elementaren (jeder einzelne Zustand „sucht" und „kopiert" gewisse Zeichen) ebenso wie im Komplexen (mittleres Beispiel: eine TM, die eine Primzahl – einen beliebigen "I"-Block, der eine Primzahl darstellt – „sucht").

Ein wichtiges Gebiet zur Anwendung der in diesem Kapitel besprochenen Techniken ist das Durchsuchen von Listen geordneter Paare, in denen das erste Element als „Name" (Suchmerkmal) des zweiten aufgefaßt wird, oder, anders ausgedrückt, das zweite als Wert des ersten, des Arguments.

8.5

Um häufig sich wiederholende Suchvorgänge zu beschleunigen, *sortiert* man die Zielketten nach Gesichtspunkten, die vom jeweiligen Problem abhängen. Jedes Sortieren beruht auf geeigneten Koppelungen von Such- und Kopier-Moduln. Ein sehr einfaches Sortierproblem formulieren wir als

Aufgabe 8.6 ⟨2*⟩ Der Leser programmiere eine TM, die einen beliebigen Block aus "A" und "B" derart umschreibt, daß die "A" alle links stehen. Start und Stop auf dem ersten Zeichen des Blocks.

Beispiel:

```
BAABA
1
```

wird

```
—AAABB—
0
```

Aufgabe 8.7

(a) ⟨2⟩ Der Leser programmiere eine TM, die auf einer beliebigen (endlichen), nur aus spitzen Klammern "<" und ">" (unsere Software akzeptiert " (" und ") " nicht als Zeichen eines TM-Alphabets) aufgebauten Zeichenkette prüft, ob alle Klammern in korrekter Weise paarig auftreten, das heißt ob zu jeder öffnenden Klammer weiter rechts in der Kette auch eine schließende vorhanden ist und umgekehrt. Je nach Befund soll die Maschine rechts der Kette ein "K" (für „korrekte Paarung") oder ein "N" (für „nicht korrekt") ausgeben. Alphabet sonst nach Bedarf.

(b) ⟨1⟩ Der Leser überlege sich, ob diese Aufgabe auch von einem Finiten Automaten gelöst werden kann.

9. Zwei Zeichen genügen

Wir wollen uns an einem Beispiel genauer vor Augen führen, warum ein naiver Umgang mit Zeichen auf eine explizite (das heißt im Hinblick auf TMn: eine auf dem Band erscheinende) Markierung der Zahlen-Darstellungen angewiesen ist. Es scheint ja zunächst durchaus möglich, einen Binärzähler als für sich stehende TM über einem Alphabet von bloß zwei Zeichen zu konstruieren:

```
UNBI-I.TM
            —              |
1      — L 6         — L 2
2      — L 3         | L 2
3      | R 4         | L 3
4      — R 5         — R 4
5      | R 1         | R 5
6      — R 0         | L 6
```

TM-Tabelle 9.1

Diese TM führt beispielsweise von der anfänglichen Momentaufnahme

```
| | | | | | | | | |
1
```

zum Ergebnis

```
|—|——| | | | | | | | | |—
         0
```

Wenn man das erste "—" links vom "|"-Block als Trennzeichen, die übrigen als 0, und die "|" links vom Trennzeichen als 1 interpretiert, hat man einen kompakten Binärzähler, der scheinbar nichts zu wünschen übrig läßt. In diese Interpretation geht indessen stillschweigend ein, daß sich die Umgebung der Spur des Laufs bedient, um die generierte Kette zu identifizieren (und darüber hinaus eines effektiven Verfahrens, die „intendierte Ausgabe" vom Rest der terminalen Bandinschrift zu unterscheiden). Wollte man die Ausgabe einer zweiten TM übergeben, die über die Spur nicht verfügt, so könnte diese Maschine die Teilkette "|—|—" nicht als Binärzahl verwenden, da für sie – wie immer sie sonst auch beschaffen sei – alle in einem Lauf nach links angefügten Leerfelder Nullen darstellen. Die Maschine kann nicht feststellen, daß es führende Nullen sind, und kommt auf der „Suche" nach einem letzten linken "|" nicht zum Halten (entsprechend in einem Lauf nach rechts). Aus diesem Grund ist es auch nicht möglich, einen binären Entzähler mit naiver Verwendung von nur zwei Zeichen zu konstruieren. Das kann nur funktionieren, wenn eine bit-Anzahl als obere Grenze in den Entzähler eingebaut ist – die derart beschränkte Aufgabe ließe sich dann freilich mit einem Finiten Automaten lösen.

9.1

Dennoch kann jede erfüllbare Spezifikation auch über einem Alphabet aus bloß zwei Zeichen erfüllt werden. Man muß nur die Bandinschriften „dehnen" und je zwei benachbarte Inschriftsfelder durch eine feste Anzahl von „Markenfeldern" voneinander trennen. Wenn man zum Beispiel jedes zweite Bandfeld als Markenfeld interpretiert, könnte sich die Binärzahl "I – I –" etwa darstellen als

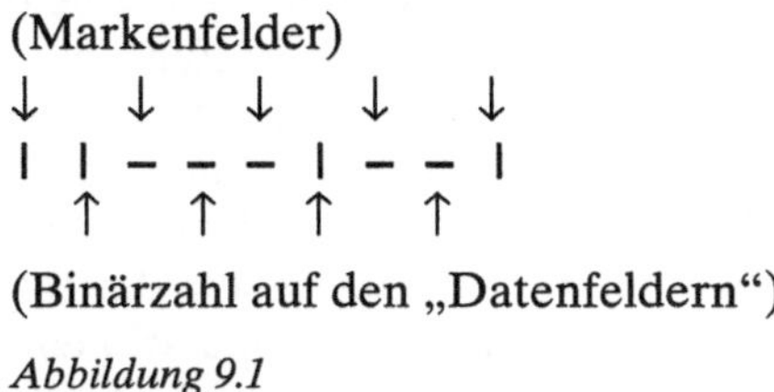

Abbildung 9.1

Natürlich müssen diese Markenfelder entsprechend in der TM-Tabelle berücksichtigt werden. Schon Turing hat auf solche „Arbeitsfelder" Bezug genommen. Ein effektives Verfahren zum Umrüsten beliebiger TMn für den Gebrauch von bloß zwei Zeichen stammt von dem US-Amerikaner Claude Elwood Shannon (Shannon *1956*).

Shannons Verfahren teilt (in der Interpretation) das Band von vornherein in gleich lange Blöcke von unmittelbar nebeneinander liegenden Feldern. Jedes Zeichen aus dem Alphabet einer gegebenen, auf zwei Zeichen umzurüstenden TM beansprucht einen derartigen Block, auf dem es als Binärkette *kodiert* erscheint. Die Anzahl der Felder pro Block – pro *Makro-Feld* – hängt von der Anzahl der Alphabet-Zeichen der jeweiligen TM ab. Auf ein Makro-Feld der Länge l kann man 2^l verschiedene Binärketten schreiben (Abschnitt 6.4), nämlich die Ketten von "– – … – –" bis "I I … I I" (l Felder).

Arbeitet die TM mit m verschiedenen Zeichen, so muß ein Makro-Feld für die umgerüstete TM mindestens BITS(m – 1) Bandfelder enthalten – die Zählung der Binärketten beginnt ja mit 0 (für "– – … – –") und endet demnach mit m – 1.

Die ursprünglichen Zeichen werden also durch unterschiedliche Belegung der BITS(m – 1) Felder eines Makro-Felds mit "I" und "–" kodiert. Die Zuordnung der Binärketten zu den Zeichen ist prinzipiell beliebig; weil aber die Umgebung – unserer Konvention entsprechend – nach wie vor einzelne Leerfelder an das Band fügt, wenn die TM das „verlangt", ist das Leerzeichen "–" des ursprünglichen Alphabets zweckmäßigerweise immer als "–"-Block der Länge BITS(m – 1) zu kodieren.

Beispielsweise könnte ein *Kode* für das Alphabet {–, I, A, B, C} so aussehen (BITS(5 – 1) = 3):

Ursprüngliches Zeichen	Kode
–	– – –
I	– I –
A	– I I
B	I I –
C	I – I

Abbildung 9.2

Die Ketten "– – I", "I – –" und "I I I" sind hier überschüssig und werden nicht verwendet.

Zur Vermeidung von Umständlichkeiten der Redeweise werden wir das Wort „Kode" in zwei Bedeutungen gebrauchen – einmal für die im jeweiligen Kodierverfahren beschriebene Zuordnung der zu kodierenden Zeichen zu den sie darstellenden Zeichenketten, ein andermal für das Resultat dieses Verfahrens.

Das Verfahren zum Umrüsten einer beliebigen TM beruht nun auf dem Gedanken, jeden Zustand der ursprünglichen Maschine (hinfort kurz: „o-TM", „o-Zeichen" für „Zeichen der originalen TM", und so weiter) durch einen Modul zu ersetzen, der sich auf den Kodes äquivalent verhält, das heißt die Band-Manipulationen des o-Zustands durch im Effekt äquivalente Manipulationen auf den Kodes imitiert. Ist nämlich die umgerüstete TM („2s-TM") auf die kodierte Eingabe der o-TM angesetzt, so wird der dem aktuellen o-Zustand entsprechende Modul

(1) den Kode für das aktuelle o-Zeichen lesen;
(2) den Kode für das vom o-Zustand zu schreibende Zeichen schreiben;
(3) die entsprechende Bandbewegung durchführen (geht zum Beispiel der o-Zustand nach links, so muß der Modul über die als Kode-Länge festgelegte Anzahl von Bandfeldern nach links gehen); und schließlich
(4) jenen Modul rufen, der dem o-Folgezustand entspricht.

Wir erläutern das Verfahren an einem Beispiel. Als o-TM verwenden wir die im Lösungen-Anhang beschriebene SORTAB.TM (Aufgabe 8.6):

```
SORTAB.TM
            –          A          B
1     –  L  4     B  L  2     B  R  1
2     –  R  3     A  R  3     B  L  2
3                             A  R  1
4     –  R  0     A  L  4     B  L  4
```

TM-Tabelle 9.2

Beispiel eines Laufs:

```
SORTAB.TM
      BAABA
*     1
      BAABA
R     1
```

```
        BBABA
L   22
<    -BBABA
R    311
     -ABBBA
L    22
     -ABBBA
R     3111
     -AABBB
L      222
     -AABBB
R      3111
>    -AAABB-
L   444444
     -AAABB-
*    0
Selbst-Stop
26 Züge
Position des Lesekopfs: 1.
```

Spur 9.1

Da `SORTAB.TM` mit drei Zeichen arbeitet, benötigen wir für `SORTAB2s.TM`
BITS(2) = 2 Felder pro o-Zeichen. Wir kodieren:

Zeichen von `SORTAB.TM`	Binärketten für `SORTAB2s.TM`
–	– –
A	– |
B	| –

Abbildung 9.3

Der (mögliche) Kode "\| \|" wird nicht benötigt, die obige Zuordnung für "A" und
"B" ist willkürlich. Für dieses Beispiel legen wir uns (willkürlich) darauf fest, daß
die Kodes immer von links nach rechts gelesen werden, das Ausgangsfeld für die
Kode-Manipulation ist also stets das erste Feld des Kodes. Unserem Beispiel
(Spur 9.1) entsprechend ist die erste Momentaufnahme von `SORTAB2s.TM`:

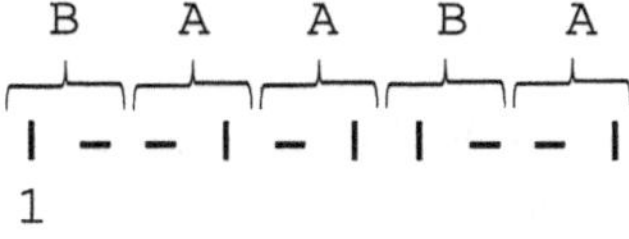

Abbildung 9.4

Der Übersichtlichkeit halber vergeben wir die Zustandsnamen von `SORTAB2s.`
`TM` derart, daß der Name eines Zustands von `SORTAB.TM` zum Namen des ersten
Zustands jenes Moduls wird, der in `SORTAB2s.TM` für den betreffenden o-
Zustand steht. Der Modul für Zustand 1 von `SORTAB.TM` sieht so aus:

`SORTAB.TM, Modul 1`

<table>
<tr><th></th><th>–</th><th>|</th><th>Kommentar</th></tr>
<tr><td></td><td></td><td></td><td>Lesen und Löschen des aktuellen Kodes:</td></tr>
<tr><td>1</td><td>– R 1></td><td>– R 1|</td><td>Lies und lösche das erste Feld;</td></tr>
<tr><td>1></td><td>– L 1–</td><td>– L 1A</td><td>"–" gelesen, nach Lesen des zweiten Kodefelds zurück zum Anfangsfeld des Kodes;</td></tr>
<tr><td>1|</td><td>– L 1B</td><td></td><td>"|" gelesen, ebenso.</td></tr>
<tr><td></td><td></td><td></td><td>Schreiben:</td></tr>
<tr><td>1–</td><td>– R 1––</td><td></td><td>Der gelesene Kode war "––" (o-Zeichen "–"); es ist (siehe o-Zustand 1 auf "–")</td></tr>
<tr><td>1––</td><td>– L 1––L</td><td></td><td>"––" zu schreiben, Rückkehr zum Anfangsfeld des Kodes;</td></tr>
<tr><td>1A</td><td></td><td>| R 1AB</td><td>Der gelesene Kode war "–|" (o-Zeichen "A"); es ist "|–"</td></tr>
<tr><td>1AB</td><td>– L 1ABL</td><td></td><td>(für das o-Zeichen "B") zu schreiben, Rückkehr zum Ausgangsfeld des Kodes;</td></tr>
<tr><td>1B</td><td></td><td>| R 1BB</td><td>"|–" gelesen (also o-Zeichen "B"); schreib ebenfalls</td></tr>
<tr><td>1BB</td><td>– L 1BBR</td><td></td><td>"|–" und kehre zurück.</td></tr>
<tr><td></td><td></td><td></td><td>Bandbewegung und Ruf des Folge-Moduls:</td></tr>
<tr><td>1––L</td><td>– L 1––L4</td><td></td><td>Auf "–" geht der o-Zustand 1 nach links und ruft o-Zustand 4; also geh zwei</td></tr>
<tr><td>1––L4</td><td>– L 4</td><td>| L 4</td><td>Bandfelder (Kode-Länge) nach links und ruf den Modul, der dem o-Zustand 4 entspricht;</td></tr>
<tr><td>1ABL</td><td></td><td>| L 1ABL2</td><td>Auf "A" geht der o-Zustand 1 nach links und ruft o-Zustand 2; geh zwei Felder nach links</td></tr>
<tr><td>1ABL2</td><td>– L 2</td><td>| L 2</td><td>und rufe Modul 2;</td></tr>
<tr><td>1BBR</td><td></td><td>| R 1BBR1</td><td>Auf "B" geht der o-Zustand 1 nach rechts und ruft o-Zustand 1;</td></tr>
<tr><td>1BBR1</td><td>– R 1</td><td></td><td>geh zwei Felder nach rechts und rufe Modul 1.</td></tr>
</table>

Abbildung 9.5

Aufgabe 9.1 ⟨2⟩

(a) Man analysiere die Moduln 2, 3 und 4 in TM-Tabelle 9.3 im Vergleich mit TM-Tabelle 9.2.

(b) Man kodiere die SORTAB-Zeichenkette "BABA" für SORTAB2s.TM und lasse SORTAB2s.TM auf der so erhaltenen Kette einige Zyklen laufen.

SORTAB2s.TM

```
                     -                    |

        1      - R      1>       - R     1|
       1>      - L      1-       - L     1A
       1|      - L      1B

       1-      - R      1--
       1--     - L      1--L

       1A      | R      1AB
       1AB     - L      1ABL

       1B      | R      1BB
       1BB     - L      1BBR

       1--L    - L      1--L4
       1--L4   - L         4    | L        4

       1ABL                     | L     1ABL2
       1ABL2   - L         2    | L        2

       1BBR                     | R     1BBR1
       1BBR1   - R         1

        2      - R      2>       - R     2|
       2>      - L      2-       - L     2A
       2|      - L      2B

       2-      - R      2--
       2--     - L      2--R

       2A      - R      2AA
       2AA     | L      2AAR

       2B      | R      2BB
       2BB     - L      2BBL

       2--R    - R      2--R3
       2--R3   - R         3

       2AAR    - R      2AAR3
       2AAR3                    | R        3

       2BBL                     | L     2BBL2
       2BBL2   - L         2    | L        2
```

3				—	R	3|
3|	—	L	3B			
3B	—	R	3BA			
3BA			L	3BAR			
3BAR	—	R	3BAR1			
3BAR1						R	1
4	—	R	4>	—	R	4|
4>	—	L	4—	—	L	4A
4|	—	L	4B			
4—	—	R	4——			
4——	—	L	4——R			
4A	—	R	4AA			
4AA			L	4AAL			
4B			R	4BB			
4BB	—	L	4BBL			
4——R	—	R	4——R0			
4——R0	—	R	0			R	0
4AAL	—	L	4AAL4			
4AAL4	—	L	4			L	4
4BBL						L	4BBL4
4BBL4	—	L	4			L	4

TM-Tabelle 9.3

Aufgabe 9.2 ⟨3⟩ Man rüste `UNBI-I.TM` (TM-Tabelle 9.1) zu einer 2s-TM um, deren Ausgaben auch ohne Inspektion der Spur eindeutig lesbar sind. Kode-Vorschlag:

o-Zeichen	Kode
—	— —
0	—	
1		—

Abbildung 9.6

– die Eingabe "| | |" für `UNBI.TM` erscheint für `UNBI-I2s.TM` also als "| | | | | |".

Um die Effektivität des Shannonschen Verfahrens zu unterstreichen, folgten wir bei der Programmierung von `SORTAB2s.TM` pedantisch dem Grundgedanken (immerhin haben wir jene Quintupel ausgelassen, die auf Grund der individuellen Beschaffenheit unseres Kodes nie zum Einsatz kämen). Im allgemeinen kann man die Anzahl der Zustände erheblich reduzieren, nicht nur indem man die

Rückläufe vom Lesen für das Schreiben einsetzt. Das Ergebnis der pedantischen Übersetzung einer TM-Tabelle in eine 2s-Version soll die *kanonische* Version der o-TM heißen. Aus der kanonischen 2s-Version kann die Tabelle der o-TM (bis auf die Gestalt der o-Zeichen) effektiv rekonstruiert werden.

Aufgabe 9.3 ⟨2*⟩ Man programmiere einen binären Entzähler BIUN2z.TM, für den nur die Binärzahl kodiert ist. Das heißt: die ausgegebene Unärkette ist wie bisher ein "I"-Block, und auf ihm verhält sich BIUN2z.TM etwa wie die Lösung von Aufgabe 6.10; die Eingabe wird, wie dort, gelöscht. Für den Binärzahl-Modul kodiere man:

o-Zeichen	Kode
–	––
0	–I
1	I–

Abbildung 9.7

Beispiel:

I–I––I
   1

wird

––––––––I I I I I I
     0

Man verzichte für den Binärzahl-Modul auf Pedanterie und versuche, mit so wenig Zuständen wie möglich auszukommen.

Idealisierend kann man die Moduln der 2s-TMn als „Software-Leseköpfe" für die einzelnen o-Zustände auffassen, nämlich als Software-Imitationen eines neuen Hardware-Lesekopfs, der gewissermaßen zwischen den alten Lesekopf der o-Maschine und deren Zustände montiert wird. In diesem Bilde ruft der aktuelle o-Zustand zunächst die Lese-Funktion des neuen Kopfs, und bekommt den gelesenen Kode in Gestalt seines o-Zeichens zurück; darauf, wie bisher reagierend, ruft der o-Zustand die Schreib-Funktion, die er mit dem zu schreibenden o-Zeichen ausstattet („parametrisiert") und die den Kode für dieses Zeichen auf das Band schreibt; sodann ruft er die Bandbewegungs-Funktion, und auf das von dieser zurückgegebene Signal „fertig" ruft er zuletzt den o-Folgezustand.

In Umkehrung dieses Bilds kann man sich – mit Bezug auf die Ausführungen in Abschnitt 1.3 und Abbildung 3.2 – jeden Lesekopf selbst wiederum als einen Finiten Automaten vorstellen, ja als eine Kopplung verschiedener TMn auf mehreren Ebenen, von denen nur die oberste mit den energetischen Verhältnissen der Umgebung, die unterste mit der „eigentlichen" TM korrespondiert. Überhaupt kann es für die Interpretation einer vorgelegten TM sehr hilfreich sein, bestimmte ihrer Zustandsgruppen als Leseköpfe anderer „höherer" Zustandsgruppen aufzufassen – auch wenn es garnicht um ein 2s-Problem gehen sollte.

Derart dürfte schließlich klar geworden sein, daß es allein von der jeweiligen Ebene der Interpretation abhängt, ob man eine Bandinschrift oder Teilinschrift als ein einzelnes Zeichen (*Makro-Zeichen*) oder eben als eine aus mehreren Zeichen bestehende Zeichenkette ansieht. Beispielsweise ist das Zeichen "C" in Abbildung 9.2 einfach als Name für das Zeichen "I−I" aufzufassen, oder, wenn man will, als eine für das menschliche Gedächtnis einprägsamere Ausgestaltung.

9.2

Die Kodes für die o-Zeichen sind im besprochenen Verfahren für eine gegebene 2s-TM alle von gleicher Länge. Das bringt einen vermeidbaren Nachteil für die Geschwindigkeit der Berechnungen mit sich, wenn bestimmte o-Zeichen signifikant häufiger als andere auftreten. Man bedient sich in solchen Fällen variabler Kode-Längen und weist den häufigeren (wahrscheinlicheren) Zeichen die kürzeren Kodes zu. Hiebei muß freilich der eindeutigen Erkennbarkeit der Kodes besondere Aufmerksamkeit zugewandt werden. Ein Verfahren zur eindeutigen Kodierung mit variablen Kode-Längen beruht auf der Verwendung von *Präfix-Kodes*. Ein Präfix-Kode repräsentiert die o-Zeichen derart, daß kein Kode (keine Binärkette) ein Anfangsstück (Präfix) eines anderen Kodes ist (im Gegensatz zu dem, was man angesichts der Bezeichnung vermuten könnte!).

Zur Anlage eines Präfix-Kodes nimmt man Baumgraphen von der in Kapitel 8 vorgestellten Art zu Hilfe. Ein Kode ist ein Präfix-Kode, wenn alle Kodes *Blätter* (terminale Knoten) eines Baums sind. Nehmen wir beispielsweise an, daß die fünf Zeichen des Alphabets {−, I, A, B, C} mit der Häufigkeit 50%, 20%, 10%, 10%, 10% auftreten. Ein möglicher binärer Baum zur Kodierung:

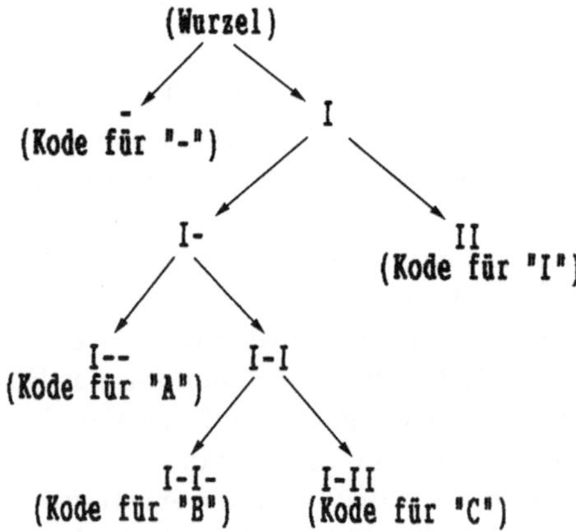

Abbildung 9.8

Aufgabe 9.4 ⟨1⟩ Man programmiere eine TM, die eine Zeichenkette aus diesen Binär-Kodes in die o-Zeichen übersetzt. Um möglichst einfache Verhältnisse zu schaffen, wollen wir annehmen, daß der Kode für "C" nur einmal, und zwar am Ende der Kodekette vorkommt (Abbruchbedingung). PREFIX.TM schreibt zuerst ein "C" vor die Kodekette. Der Haupt-Modul, ein Finiter Automat, liest dann die Kodekette von links nach rechts und schreibt das entsprechende o-Zeichen, wenn er einen Kode „erkannt" hat. Auf die Felder zwischen den o-Zeichen wird "X" geschrieben.

Beispiel:

```
-||||---||-|--|||-|---|---|||--|-|--||-|-||
1
```

wird

```
C-X|X|----X|-XXAX|XXXB--XXA-X|XXAXXXB-X|-XXXC-
                                                   0
```

Es war also die Kette "-||----|-A|B--A-|AB-|-C" kodiert. Näheres über Präfix-Kodes zum Beispiel bei Topsøe *1974* 13f.

9.3

Das kanonische Verfahren setzt einen Modul mit maximal $2^l + 4 \cdot m \cdot (l-1) - 1$ Zuständen der 2s-TM an die Stelle jedes einzelnen Zustands der o-Maschine, wobei m die Anzahl der o-Zeichen ist und $l = \text{BITS}(m-1)$ die Länge des Kodes. Denn das Lesen eines Kodes erfordert $2^l - 1$ Zustände; im Rücklauf vom Lesen muß die Information des gelesenen o-Zeichens über $l - 2$ Felder transportiert werden: $m \cdot (l-2)$ Zustände; das Drucken des Kodes für das zu schreibende o-Zeichen in einem weiteren Lauf benötigt $m \cdot l$ Zustände, da die Information über das gelesene o-Zeichen immer noch im „Kurzzeit-Gedächtnis" bewahrt werden muß; für den Rücklauf vom Schreiben sind wiederum $m \cdot (l-2)$ Zustände vorzusehen; schließlich erfordert die Makro-Bandbewegung noch einmal $m \cdot l$ Zustände, bis auf dem Anfangsfeld des neuen Makro-Felds schließlich der nächste Modul gerufen werden kann.

Das Lesen und Schreiben der Kodes und das Wechseln der Makro-Felder bringt eine minder erhebliche Vermehrung der erforderlichen Züge mit sich – pro o-Zug sind $(5 \cdot l - 4)$ 2s-Züge nötig. Läßt man beispielsweise SORTAB2s.TM auf der beigelegten Software mit der Ausgabeperiode 6 laufen (siehe Beschreibung im Anhang), so erhält man *Makro-Spuren* von SORTAB2s.TM, in denen die „Buchhaltungs"-Züge verdeckt sind – ein Zug von SORTAB.TM erscheint als ein *Makro-Zug* von SORTAB2s.TM, und diese Makro-Züge entsprechen völlig den o-Zügen. Die Imitation des Laufs von Spur 9.1:

```
SORTAB2s.TM
     Ausgabeperiode:                    6
          |---|-||---|
  *       1
          |---|-||---|
  *        1
          |-|---||---|
  *       2
```

```
<    ——|—|———| |——|
*    2
     ——|—|———| |——|
*        3
     ———| |———| |——|
*          1
     ———| |———| |——|
*            1
     ———| |—|—|——|
*            2
     ———| |—|—|——|
*          3
     ———|—| |—|——|
*            1
     ———|—| |—|——|
*              1
     ———|—| |—|—|—
*              2
     ———|—| |—|—|—
*              2
     ———|—| |—|—|—
*            3
     ———|—|—| |—|—
*            1
     ———|—|—| |—|—
*                1
>    ———|—|—| |—|——
*                  1
     ———|—|—| |—|———
*                4
     ———|—|—| |—|———
*              4
     ———|—|—| |—|———
*            4
     ———|—|—| |—|———
*          4
     ———|—|—| |—|———
*        4
     ———|—|—| |—|———
*    4
```

```
---|-|-| |-|---
*    0
Selbst-Stop
156 Züge (= 6·26)
Position des Lesekopfs: 1.
```

Abbildung 9.9

Vergleichbare Umstände sind natürlich auch für binär arbeitende Computer maßgeblich. Sie bleiben dem Benutzer verborgen, da, wo möglich, parallele Zeichen-Übertragungen und dergleichen zum Einsatz kommen und überhaupt die Moduln auf den unteren Ebenen hinter ihren Namen (als Bestandteilen der höheren Programmiersprachen) verschwinden.

Für die Theorie der TMn aber bedeutet die Existenz des Shannonschen Verfahrens eine bedeutende Vereinfachung. Zwar werden wir unsere Alphabete natürlich weiterhin mit so vielen verschiedenen Zeichen ausstatten, wie zur ökonomischen Gestaltung unserer Maschinen und zur Erleichterung des Verständnisses der Berechnungs-Vorgänge günstig erscheint; wir werden diese Zeichen aber immer nur als Abkürzungen für jeweils bestimmte Ketten aus den Zeichen "−" und " I " betrachten. Unsere abstrakteren Überlegungen werden wir hauptsächlich mit Maschinen über dem Alphabet {−, I } betreiben, da nun feststeht, daß jede beliebig gegebene TM effektiv zu einer derartigen Maschine umgerüstet werden kann.

In unserer Terminologie ist eine "2s-TM" die kanonische 2s-Version einer Maschine über einem größeren Alphabet. Allgemeiner heiße jede TM über dem Alphabet {−, I } (also auch eine TM, die, wie zum Beispiel M . TM, in „natürlicher" Weise schon über diesem Alphabet arbeitet) eine „2-Zeichen-TM"; es ist also jede 2s-TM eine 2-Zeichen-TM, aber das Umgekehrte trifft nicht zu. In besonderen Fällen sprechen wir auch von *2s-kodierten Binärketten*, oder *2s-kodierten Binärzahlen*, als von Ketten und Zahlen, in denen "0" und "1" durch Kodes der Länge 2 aus "−" und " I " dargestellt sind.

10. Zwei Zustände genügen

Wir haben im vorigen Kapitel gesehen, daß wir jede beliebige TM (mit beliebig vielen Zeichen) auf einem Alphabet von nur zwei Zeichen imitieren können; wir erreichen dies durch eine systematische Vermehrung der Zustände. Nun werden wir uns die etwas erstaunlichere Tatsache klar machen, daß jede beliebige TM (mit beliebig vielen Zuständen) durch eine TM mit nur zwei Zuständen imitiert werden kann (wir nennen solche Automaten abkürzend "2q-TMn"; dabei betrachten wir den Zustandsnamen "0" als eine Variable, für die ein Zustandsname einer umgebenden 2q-TM einzusetzen wäre).

Es existiert ein effektives Verfahren zum Umschreiben jeder beliebigen TM-Tabelle in die Tabelle einer äquivalenten 2q-TM. Dieses Verfahren beruht auf einer systematischen Vermehrung der Zeichen.

10.1

Zunächst wollen wir wie zu Anfang des vorigen Kapitels einen naiven Versuch unternehmen. Ausgehend von einfachen Spezifikationen haben wir anfangs TMn konstruiert, deren Zeichenmanipulationen zu einem Teil durch unsere Konvention diktiert waren (wie etwa das Aufsuchen eines fernen Bandfelds), zum anderen aber, und für die Interpretation hauptsächlich, ganz unmittelbar der jeweiligen Spezifikation entsprachen (das Kopieren von M.TM war schon in unserer Vorstellung „Multiplikation" angelegt). Wir haben verschiedene Zustände gesetzt, weil an ein-und-demselben gegebenen Zeichen je verschiedene „Entscheidungen" und Operationen vorgenommen werden müssen – Zustand 3 von M.TM „interpretiert" das selbe "1" des zweiten Faktors anders als Zustand 4, und so weiter. Das macht natürlich die Grundidee „Automat" aus. Unter Umständen aber könnten verschiedenartige Entscheidungen von einem einzigen Zustand übernommen werden, wenn ihm verschiedenartige Operationen durch verschiedene Zeichen vorgeschrieben werden. Ein Zustand könnte die verschiedenen in ihn gepackten Funktionen sogar selbst vorbereiten, wenn er die in der einen Funktion aufgesuchten Zeichen in solche umschreibt, die eine andere seiner Funktionen steuern werden. Solche Zustände entsprechen allerdings nicht mehr so direkt, wie bisher meist, den Grundbausteinen einer Interpretation. Zum Zweck der Interpretation und des auf sie gestützten Programmierens müßten sie gedanklich in Komponenten zerlegt (beziehungsweise aus solchen aufgebaut) werden, zu denen auch Zeichen gehören, die nicht mehr auf der Ebene der „eigentlichen" Berechnung fungieren.

Wie ließe sich diese vermutete funktionale Äquivalenz von Zuständen und Zeichen charakterisieren? Zum Beispiel könnte M.TM umgerüstet werden zu einer

```
M5s.TM
        -        |        A        B        C
1    - L 6    A R 2
2    C R 3    B R 2    A R 1    | L 2
3    - L 4    A R 4
4    C R 5    B R 4    | L 4             - L 2
5    | L 5    B R 5    A R 3    | L 5    - L 5
6    - R 0             | L 6
```

TM-Tabelle 10.1

M5s.TM hat sogar ein Quintupel weniger als M.TM. Ein typischer Ausschnitt aus einer Spur:

```
        | | |-| | | |
        1
        (...)
        AA|-| | | |-| | | | | | | |
R          1234444555555555
>       AAACABBBCBBBBBBBB|
L          5555555555555
        AAACA| | |-| | | | | | | | |
R            34445555555555
>       AAACAABBCBBBBBBBBB|
        (...)
       -| | |-| | | |-| | | | | | | | | | | |
        0
```

Abbildung 10.1

Die Anzahl der Zustände kann mit Hilfe zusätzlicher Zeichen weiter reduziert werden. Unter allen Umständen werden aber mindestens zwei Zustände insgesamt vonnöten sein, weil es immer wieder vorkommen muß, daß ein-und-dasselbe Zeichen in Abhängigkeit vom Stand der Berechnung unterschiedlich zu interpretieren ist – solche Entscheidungen durch vorangehendes Umschreiben des Zeichens determinieren zu wollen wäre bloß die Verschiebung des Problems an eine andere Stelle.

Diese Erwägungen führen schließlich zu einer letzten Reduktion der Zustandsanzahl von M.TM in Gestalt der multiplizierenden M15s.TM (aus satztechnischen Gründen schreiben wir ihre Tabelle in Zustand-Spalten und Zeichen-Zeilen):

```
M15s.TM
        Zustand 1    Zustand 2
-       K L 1        - R 0
A       E R 2        F R 2
B       B L 2        G R 1
C       H R 2        I R 2
```

```
D        D L 1      J R 1
E        N R 1
F        A L 1
G        B L 1
H        L R 1
I        C L 1
J        D L 1
K        M R 1
L        C L 1
M        K L 1
N                   A L 2
```

TM-Tabelle 10.2

Die Tabelle besteht wie bei M.TM aus 20 Quintupeln. Ein Lauf dieser TM zur
Berechnung von $2 \cdot 3$ sieht folgendermaßen aus:

```
M15s.TM
        AABCCCD
*       1
        EABCCCD
R       2212221
>       EFGHIIJK
L        1111
        EFGLCCDK
R        12211
>       EFGLHIJMK
L        1111
        EFGLLCDKK
R        12111
>       EFGLLHJMMK
L        1111
        EFGLLLDKKK
R           1
        EFGLLLDKKK
L       111111
        NABCCCDKKK
R       1212221111
>       NEGHIIJMMMK
L        1111111
        NEGLCCDKKKK
R        12211111
>       NEGLHIJMMMMK
L        1111111
        NEGLLCDKKKKK
R        12111111
>       NEGLLHJMMMMMK
L         1111111
```

```
      NEGLLLDKKKKKK
R         1
      NEGLLLDKKKKKK
L      11111
      NNBCCCDKKKKKK
R         1
      NNBCCCDKKKKKK
L    222
<     −AABCCCDKKKKKK
*        0
      Selbst−Stop
      94 Züge
      Position des Lesekopfs: 1.
```

Spur 10.1

Dieser Ansatz, so befriedigend er im Hinblick auf bloße Zustandsreduktion auch aussehen mag, läßt sich jedoch nicht verallgemeinern. Der Grund dafür ist, daß das Leerzeichen im allgemeinen mehr als bloß zweier Interpretationen fähig sein muß. Das Problem wäre sofort akut, wenn wir diese M15s.TM als Modul einer übergeordneten 2q-Maschine verwenden wollten (wir müßten darüber hinaus auch sämtliche Zeichen der Ausgabe in bisher noch nicht benutzte umschreiben). Im Beispiel haben wir zu dem Trick gegriffen, das Trennzeichen zwischen den beiden Faktoren und jenes zwischen zweitem Faktor und Produkt schon als je besondere Zeichen vorzugeben. Derart sind nur die rechts angefügten Leerzeichen, die problemspezifisch hier nur eine einzige Interpretation verlangen, und das eine Leerzeichen links, das nur einmal aufgesucht wird, zu berücksichtigen, und wir kommen mit zwei Zuständen durch. (Wegen der Verschiedenheit der die unäre Einheit repräsentierenden Zeichen hätten wir freilich auf die Trennzeichen überhaupt verzichten können – das weist aber keinen Weg zur Behebung des allgemeinen Problems.)

10.2

Wir suchen nach einem effektiven Verfahren zur Umrüstung beliebiger TMn, und dazu betrachten wir das Umschreiben der Zeichen unter einem tiefer greifenden Aspekt. Zur Vorbereitung nehmen wir den einfachen Fall der Aufgabe 3.2 und vereinfachen diese noch ein wenig, indem wir auf die dort verlangten Trennzeichen verzichten. Beispielsweise soll also

```
BAB|
1
```

zu

```
BAB|B−
       0
```

werden.

Ein naiver ¡Umgang mit den Zuständen würde (analog K.TM, TM-Tabelle 3.1) angesichts unseres reduzierten Problems für jedes der zu kopierenden Zeichen einen eigenen Zustand vorsehen. Eine Lösung dieser Art ist der Finite Automat

```
KIAB.TM
            —       |       A       B
1    —  R  0    |  R  2   A  R  3   B  R  4
2    |  R  0    |  R  2   A  R  2   B  R  2
3    A  R  0    |  R  3   A  R  3   B  R  3
4    B  R  0    |  R  4   A  R  4   B  R  4
```

TM-Tabelle 10.3

In der Interpretation steht etwa Zustand 2 für die Information, daß auf dem Startfeld ein " | " gelesen wurde. Wie können die drei vorkommenden Fälle von einer 2q-TM gemeistert werden, die ja nur ein bit von Feld zu Feld transportieren kann? Betrachten wir das Problem im Detail. Zustand 1 unserer zu entwerfenden KIAB2q.TM liest auf dem Startfeld das zu kopierende Zeichen, beispielsweise ein "B", und geht (zweckmäßigerweise) nach rechts. Auf dem Nachbarfeld kann jedes o-Zeichen stehen, beispielsweise ein "A". Dieses Zeichen wird früher oder später – außer im Fall "–" – auf das Feld zurück zu schreiben sein, doch zugleich muß die „Erinnerung" an das zu kopierende "B" bewahrt werden. Mit zwei Zuständen kann das nur funktionieren, wenn wir diese Erinnerung zeitweilig auf das Band schreiben. Wir müssen Zeichen einführen, die sich als aus den beiden Informationen (gelesenes und zurück zu schreibendes o-Zeichen, zu übertragendes o-Zeichen) spezifisch zusammengesetzte interpretieren lassen. Dabei müssen wir berücksichtigen, daß diese Informationen auf allen Feldern außer dem Startfeld von einander unabhängig sind.

Wir wollen sehen, wie weit wir mit dieser Idee bei der vorgelegten Aufgabe kommen.

Unser erster Schritt ist der nichts weniger als aufregende, uns daran zu erinnern, daß wir die o-Zeichen " | ", "A" und "B" in einer Reihenfolge geordnet haben. Die Reihenfolge ist zwar willkürlich, einmal eingeführt und festgehalten läßt sie sich indes als eine numerische auffassen, in der eben " | " das „niedrigste" Zeichen ist, "A" das „nächsthöhere", "B" das „höchste".

Zunächst muß KIAB2q.TM das Startfeld initialisieren, indem sie ein zusammengesetztes Zeichen – etwa auf "B", wie angenommen, ein "$\overline{BB}$" – schreibt. Für die Interpretation besagt dieses Zeichen erstens, daß auf diesem Feld das o-Zeichen "B" stand (das ist in der ersten Komponente des Zeichens kodiert) und zweitens, daß ein "B" zu kopieren ist (die zweite Komponente). Mit dem Überstrich deuten wir an, daß es sich um *ein* Zeichen handelt, das auf *ein* Feld geschrieben wird; wir schreiben es als Doppel-Zeichen, um dem Leser das Verfolgen der voneinander unabhängigen Entwicklungen der beiden gedanklichen Komponenten zu erleichtern (im Grund ist die Zeichen-Verwendung die selbe wie bei den bisherigen Hilfszeichen, siehe etwa A85b.TM, Lösungen-Anhang Aufgabe 8.5). Wir wollen 2q-Zeichen dieser Art „m-Zeichen" nennen.

Die zweite Komponente des m-Zeichens muß auf das Nachbarfeld übertragen werden, das kann aber wegen der Mehrzahl der o-Zeichen und der Zweizahl der Zustände nicht in einem Zug geschehen. Wir müssen uns behelfen: Beim ersten Besuch des Nachbarfelds soll `KIAB2q.TM` quasi unter der Hypothese agieren, daß das erste (niedrigste) o-Zeichen, nämlich "I", zu kopieren ist; diese Hypothese muß in der Folge überprüft und gegebenenfalls verbessert werden.

`KIAB2q.TM` schreibt also in das Nachbarfeld ein „2q-Zeichen der zweiten Art", in dessen erster Komponente das dort gelesene o-Zeichen und in dessen zweiter die Hypothese kodiert ist. Wir nennen solche 2q-Zeichen hier „p-Zeichen" und unterscheiden sie von den m-Zeichen durch Verwendung von Kleinbuchstaben. "p" steht für „plus", denn die Hypothese muß, gegebenenfalls, schrittweise „nach oben" korrigiert werden, nämlich durch Ersetzen der zweiten Komponente des p-Zeichens durch den Kode für das zweite o-Zeichen "A", und so weiter. Im Beispiel steht auf dem Nachbarfeld ein "A", und `KIAB2q.TM` ersetzt es durch das p-Zeichen "$\overline{ai}$" – für die Interpretation eben: "A" gelesen, Vermutung "I" für das zu kopierende Zeichen.

Wir sehen, daß wir bereits im zweiten Zug den zweiten Zustand brauchen, denn der erste würde hier eben auch ein m-Zeichen schreiben und weiter nach rechts gehen. `KIAB2q.TM` muß aber auf das linke Feld zurückkehren, um zu überprüfen, ob die aktuelle Hypothese zutrifft. Dabei kann die Hypothese nicht einfach auf das erste Feld übertragen werden – wir haben nicht genügend viele Zustände für die drei möglichen Fälle, und hätten wir sie, so wäre der ganze Umweg über die „Hypothesenbildung" überflüssig. Wir müssen das Ganze so einrichten, daß die 2q-TM allein schon an dem Zeichen auf dem ersten Feld entscheiden kann, ob die aktuelle Hypothese zutrifft. Dazu lassen wir `KIAB2q.TM` Pendel-Schritte zwischen dem ersten und dem zweiten Feld unternehmen. In jedem dieser Doppelzüge wird die zweite Komponente des m-Zeichens auf dem linken Feld um einen Schritt „heruntergezählt" ("m" steht für „minus"), die Hypothesen-Komponente des rechten aber einen Schritt hinauf. Die schrittweise berichtigte Hypothese wird genau dann zutreffen, wenn die zweite Komponente des m-Zeichens das niedrigste o-Zeichen, im Beispiel das "I", kodiert. Im Beispiel kann dann `KIAB2q.TM` sofort die erste Komponente von "$\overline{BI}$" in Gestalt des o-Zeichens "B" zurückschreiben. Der erste Makro-Zug des Kopierens ist dann abgeschlossen, denn die Kopier-Information ist auf das Nachbarfeld übertragen worden, wo sie als die zweite Komponente des dortigen p-Zeichens "$\overline{ab}$" niedergelegt wäre.

Da im Beispiel zu Beginn des ersten Doppelschritts die zweite Komponente des m-Zeichens "$\overline{BB}$" ein "B" kodiert, zählt `KIAB2q.TM` dieses "B" in der Reihenfolge der o-Zeichen einen Schritt herunter. Sie schreibt "$\overline{BA}$" zurück.

Anschließend geht sie wieder zum rechten Feld, um die alte Hypothese durch Hinaufzählen der Kopier-Information um einen Rang zu verbessern. Sie ersetzt dort das "$\overline{ai}$" durch "$\overline{aa}$" und pendelt wieder zum linken Feld, „um die neue Hypothese zu überprüfen". Dort wird jetzt "$\overline{BA}$" gefunden, und `KIAB2q.TM` schreibt "$\overline{BI}$" zurück. Auf dem rechten Feld muß nun die Vermutung neuerlich verbessert werden: "$\overline{aa}$" wird "$\overline{ab}$", und die nächste Überprüfung findet statt.

Diesmal steht auf dem linken Feld aber ein m-Zeichen, dessen zweite Komponente nicht weiter heruntergezählt werden kann, eben "$\overline{BI}$". `KIAB2q.TM` schreibt nun das o-Zeichen "B" zurück, dem die unverändert gebliebene erste Komponente des m-Zeichens entspricht. Der Pendel-Zyklus zwischen erstem und zweiten Feld ist abgeschlossen, ein neuer Makro-Zug beginnt auf dem zweiten Feld und wird auf das dritte übergreifen.

Auf dem zweiten Feld tritt jetzt aber ein weiterer Umstand ein, der unreduzierbar einen zweiten Zustand erfordert, denn das dort vorgefundene p-Zeichen darf nicht weiter hinaufgezählt werden. Es muß in das der Interpretation nach äquivalente m-Zeichen umgeschrieben werden und die TM muß weiter nach rechts gehen.

Das beschriebene Geschehen im Bild:

```
B    A    B    |
1
‾‾
BB   A    B    |
     2
‾‾   ‾‾
BB   ai   B    |
1
‾‾   ‾‾
BA   ai   B    |
     2
‾‾   ‾‾
BA   aa   B    |
1
‾‾   ‾‾
BI   aa   B    |
     2
‾‾   ‾‾
BI   ab   B    |
1
     ‾‾
B    ab   B    |
     1
     ‾‾
B    AB   B    |
          2
     ‾‾   ‾‾
B    AB   bi   |
1
```

Abbildung 10.2

Wir haben die folgenden Quintupeln von KIAB2q.TM konstruiert (wir schreiben die Tabellen für 2q-TMn wiederum als Zustand-Spalten und Zeichen-Zeilen):

	Kommentar
(1 B $\overline{BB}$ R 2)	Intialisierung des Startfelds, o-Zeichen "B" wird m-Zeichen "$\overline{BB}$"
(1 $\overline{BB}$ $\overline{BA}$ R 2)	Herunterzählen des m-Zeichens "$\overline{BB}$"
(1 $\overline{BA}$ $\overline{BI}$ R 2)	Herunterzählen des m-Zeichens "$\overline{BA}$"
(1 $\overline{BI}$ B R 1)	Wiederherstellen des o-Zeichens
(2 A $\overline{ai}$ L 1)	Umschreiben des o-Zeichens "A" in das zugeordnete erste p-Zeichen "$\overline{ai}$"
(2 $\overline{ai}$ $\overline{aa}$ L 1)	Hinaufzählen des p-Zeichens "$\overline{ai}$"
(2 $\overline{aa}$ $\overline{ab}$ L 1)	Hinaufzählen des p-Zeichens "$\overline{aa}$"

$$(1 \;\; \overline{ab} \;\; \overline{AB} \;\; R \;\; 2)$$

Umschreiben des p-Zeichens "$\overline{ab}$" in das äquivalente m-Zeichen

$$(2 \;\; B \;\; \overline{bi} \;\; L \;\; 1)$$

Umschreiben des o-Zeichens "B" in das zugeordnete erste p-Zeichen "$\overline{bi}$".

Abbildung 10.3

Zur Systematik dieser speziellen Konstruktion bemerken wir, daß Zustand 2 immer nach links geht; er bekommt nur o-Zeichen und p-Zeichen zu „sehen". Zustand 1 geht stets nach rechts; er „sieht" ein o-Zeichen nur bei der Initialisierung des Startfelds; er bearbeitet die m-Zeichen und druckt beim Abschluß eines Makro-Zugs das ursprünglich vorgefundene o-Zeichen; er schreibt die von ihm angetroffenen p-Zeichen in die äquivalenten m-Zeichen um; schließlich wird er das vom Startfeld über die Zeichenkette transportierte o-Zeichen auf das erste vorgefundene leere Feld schreiben.

Aufgabe 10.1 ⟨2*⟩ Unter Verwendung des Abschluß-Moduls

$$
\begin{array}{llllll}
(1 & - & - & R & 0) & \quad (2 \;\; - \;\; \overline{-i} \;\; L \;\; 1) \\
(1 & \overline{-i} & | & R & 0) & \quad (2 \;\; \overline{-i} \;\; \overline{-a} \;\; L \;\; 1) \\
(1 & \overline{-a} & A & R & 0) & \quad (2 \;\; \overline{-a} \;\; \overline{-b} \;\; L \;\; 1) \\
(1 & \overline{-b} & B & R & 0) &
\end{array}
$$

vervollständige der Leser die Liste der Quintupel von KIAB2q.TM.

Um KIAB2q.TM auf unserer Software zum Laufen zu bringen, schreibe man sodann jedes m-Zeichen und jedes p-Zeichen systematisch in je einzelne Groß-buchstaben um – "C" bis "X", unter Vermeidung der bereits als o-Zeichen vergebenen "|", "A" und "B" (unsere Software unterscheidet nicht zwischen Groß- und Kleinbuchstaben).

10.3

Den beschriebenen Grundgedanken arbeiten wir schließlich aus zu einem effektiven Verfahren der Umrüstung jeder beliebigen TM in eine 2q-TM. Dieses Verfahren wurde ebenfalls zuerst von Shannon (im zitierten Aufsatz *1956*) angegeben.

Wie bei den 2s-TMn des vorigen Kapitels soll jeder einzelne Zug der o-TM in einem Makro-Zug der 2q-TM Entsprechung finden. Um die allgemeine Anwendbarkeit des Verfahrens in Evidenz zu bringen, verlangen wir, daß sich jede Spur der jeweiligen o-TM eindeutig aus der entsprechenden Spur der 2q-TM rekonstruieren lasse. Die 2q-TM hält auf jeder Eingabe, auf der die o-TM hält, und hält nicht, wo die o-TM nicht halten würde. Bei einander entsprechenden Eingaben sind die terminalen Momentaufnahmen der beiden Maschinen immer identisch. Wir werden unser Umrüstungsverfahren darüber hinaus so einrichten können, daß jede Bandzeile der o-TM bis auf maximal zwei benachbarte Felder mit jeder Bandzeile des entsprechenden Makro-Zugs identisch ist.

Wie im Voranstehenden impliziert, ist das Alphabet der o-TM Bestandteil des 2q-Alphabets. Wenn nun das Verhalten der o-TM auf ihren Bandinschriften Zug für Zug imitiert werden soll, müssen der 2q-TM auch alle Werte und alle Argumente der o-Tabelle in der dort vorgegebenen Verknüpfung zur Verfügung stehen. Wir führen für die o-Argumente und o-Werte spezielle 2q-Zeichen ein, die wir durch das Zusammenwirken der beiden zur Verfügung stehenden Zustände in geeigneter Weise verknüpfen werden.

„Aktuellen o-Zug" („aktuellen o-Wert", und so weiter) nennen wir jenen Zug (und so weiter) der o-TM, der im jeweils betrachteten Makro-Zug der 2q-TM imitiert wird. Das Bandfeld des aktuellen o-Zugs heiße das *Hauptfeld* des Makro-Zugs; das Folgefeld der o-TM heiße das *aktive Nachbarfeld* des Makro-Zugs. Ein Makro-Zug der 2q-TM ist ein Pendel-Zyklus von 2q-Zügen, der von einem auf das Hauptfeld geschriebenen *Argument-Zeichen* zu einem Argument-Zeichen auf dem aktiven Nachbarfeld führt. Das erste Argument-Zeichen kodiert das aktuelle Argument der o-TM, das zu erarbeitende nächste Argument-Zeichen kodiert das Argument des o-Folgezugs.

Zu Beginn jedes Makro-Zugs tragen alle Bandfelder außer dem Hauptfeld o-Zeichen. Im ersten Zug des Makro-Zugs schreibt die 2q-TM das Argument-Zeichen auf dem Hauptfeld in ein *Wert-Zeichen* um. Dieses Wert-Zeichen kodiert den aktuellen o-Wert. Wie sich herausstellen wird, geschieht das Schreiben des korrekten Argument-Zeichens auf das aktive Nachbarfeld jeweils im vorletzten Zug des Makro-Zugs. Im letzten führt die 2q-TM die Anweisungen des bis hierher aktuell gebliebenen o-Werts aus: sie schreibt das in ihm angegebene o-Zeichen auf das Hauptfeld, geht in der in ihm angegebenen Richtung, und findet auf dem aktiven Nachbarfeld das nunmehr aktuelle o-Argument als Argument-Zeichen kodiert vor. Alle anderen Bandfelder tragen nun wieder ihre o-Zeichen. Mit dem Ersetzen des Argument-Zeichens durch das zugeordnete Wert-Zeichen beginnt der nächste Makro-Zug und das bisherige aktive Nachbarfeld wird zu seinem Hauptfeld. In diesen Hinsichten ist die Analogie zu unserem Vorgehen in Abschnitt 10.2 vollständig – die Argument-Zeichen entsprechen den p-Zeichen, die Wert-Zeichen den m-Zeichen.

Während der gesamten Dauer eines Makro-Zugs müssen fünf voneinander unabhängige Informationen auf dem Band erhalten bleiben. Auf dem Hauptfeld bleiben die Kodierungen des zu schreibenden o-Zeichens und der Bewegungsrichtung der o-TM unverändert, auf dem aktiven Nachbarfeld die Kodierungen des dort im zweiten Zug des Makro-Zugs gelesenen o-Zeichens und der Bandrichtung, in der das Hauptfeld liegt. Kodierung dieser Bandrichtung ist für die Interpretation redundant; für die 2q-TM muß dieses Steuerungsmerkmal nichtsdestoweniger auf dem Band festgehalten werden, weil die beiden zur Verfügung stehenden Zustände mit der Übertragung der fünften Information, Folgezustand der o-TM, vom Hauptfeld auf das aktive Nachbarfeld erschöpft sind.

Natürlich müssen alle Zeichen der 2q-TM paarweise voneinander verschieden sein, ihre Gestalt aber ist irrelevant. Daß einige dieser Zeichen vom Typ „o-Zeichen", andere vom Typ „Wert-Zeichen", die restlichen vom Typ „Argument-Zeichen" sind, gehört in den Bereich der Interpretation allein. Diese macht allerdings das Verständnis des Verfahrens aus, und so werden wir hier die

Zugehörigkeit eines Zeichens zu einem der drei Typen wieder durch seine Form kenntlich machen:

- Die o-Zeichen lassen wir für den Gebrauch der 2q-TM unverändert.
- Die Argument-Zeichen schreiben wir in der Form $\overline{qsd}$. Der Überstrich zeigt wieder an, daß es sich um ein einziges Zeichen handelt, hier eben mit drei gedanklichen Komponenten. Die Komponente q steht für o-Zustände; sie entspricht der p-Komponente aus Abschnitt 10.2. s kodiert das gelesene o-Zeichen. Die Komponente d kodiert die Richtung, in der das Hauptfeld liegt. Das Zeichen "$\overline{2-R}$" beispielsweise ist durch unsere Festsetzung als ein Argument-Zeichen erkennbar.
- Die Wert-Zeichen schreiben wir in der Form $\overline{sdq}$. Beispielsweise ist "$\overline{-R2}$" als Wert-Zeichen kenntlich. In der Komponente s ist das o-Zeichen kodiert, das im aktuellen Makro-Zug auf das Hauptfeld zu schreiben sein wird. Die Komponente d bezeichnet die Richtung, in der die o-TM im imitierten o-Zug geht; in dieser Richtung liegt das aktive Nachbarfeld. Die Komponente q kodiert im ersten Zug des Makro-Zugs den Folgezustand der o-TM. Sie entspricht der m-Komponente aus Abschnitt 10.2; in den weiteren Zügen des Makro-Zugs verteilt sich die Information über den o-Folgezustand auf die beiden aktiven Felder, bis sie für die 2q-TM als Komponente q des Argument-Zeichens wieder einheitlich verfügbar wird.

Wir wollen die weitere Diskussion an Hand eines konkreten Beispiels führen und wählen wieder SORTAB.TM (TM-Tabelle 9.2). Da wir die jeweils gegebene o-TM Quintupel für Quintupel umrüsten müssen, beschreiben wir SORTAB.TM in einer Liste von Quintupeln:

```
SORTAB.TM
(1 - - L 4)  (1 A B L 2)  (1 B B R 1)
(2 - - R 3)  (2 A A R 3)  (2 B B L 2)
                          (3 B A R 1)
(4 - - R 0)  (4 A A L 4)  (4 B B L 4)
```

Abbildung 10.4

Wenn wir festlegen, daß es stets Zustand 1 der jeweils zu konstruierenden 2q-TM sein soll, der die Argument-Zeichen in die zugehörigen Wert-Zeichen umschreibt, können wir Abbildung 10.4 sofort in den Kern von SORTAB2q.TM übersetzen. Wir schreiben die Zustände wieder als Spalten, die Zeichen als Zeilen. Das Ausfüllen der in den folgenden Quintupeln durch Punkte bezeichneten Stellen werden wir uns noch überlegen müssen.

```
(1 1-.  -L4  L  .)
(1 1A.  BL2  L  .)
(1 1B.  BR1  R  .)

(1 2-.  -R3  R  .)
(1 2A.  AR3  R  .)
(1 2B.  BL2  L  .)
```

```
(1 3B.  AR1  R  .)

(1 4-.   -   R  0)
(1 4A.  AL4  L  .)
(1 4B.  BL4  L  .)
```

Abbildung 10.5

Die Band-Richtung d_j, die von der 2q-TM bei Aktuellwerden eines dieser 2q-Quintupeln einzuschlagen ist, ist die selbe wie an der Stelle d_j des entsprechenden o-Quintupels vorgeschrieben; diese Information erscheint verdoppelt in der Komponente d des Wert-Zeichens an der Stelle s_j des 2q-Quintupels. Wir bemerken des weiteren, daß das einzige terminale Quintupel von SORTAB.TM in dem einzigen terminalen Quintupel von SORTAB2q.TM kodiert ist; in diesem Quintupel gibt es kein Wert-Zeichen, weil SORTAB2q.TM die Anweisungen des o-Werts direkt ausführt.

Auf dem aktiv werdenden Nachbarfeld wird die 2q-TM nach jedem der durch die obigen Quintupel beschriebenen Züge ein o-Zeichen vorfinden. Es muß durch ein Argument-Zeichen ersetzt werden, dessen Komponente s dieses o-Zeichen kodiert. Die Komponente q kodiert die Hypothese über den o-Folgezustand. Die anfängliche Hypothese ist stets „Zustand 1" (beziehungsweise der Name jenes o-Zustands, der in einer für die o-TM festgelegten Reihenfolge der erste ist). Die dritte Komponente d kodiert, wie bereits besprochen, die Richtung, aus der die 2q-TM im ersten Zug des Makro-Zugs auf das aktive Nachbarfeld gelangt ist und in die sie zurückkehren muß, um die Hypothese zu überprüfen. Schon wegen dieser dritten Komponente müssen wir von der Tatsache Gebrauch machen, daß wir immerhin zwei Zustände zur Verfügung haben. Ist nämlich die 2q-TM im ersten Zug eines Makro-Zugs von links gekommen, muß in dieser Komponente des Argument-Zeichens ein "L" kodiert werden, und ein "R", wenn sie von rechts gekommen ist. Den Gebrauch der beiden Zeichen "L" und "R" für diese Komponente legen wir willkürlich so fest. Ferner legen wir willkürlich, aber gleichfalls ein für allemal fest, daß die 2q-TM in ihrem Zustand 1 bleibt, wenn sie nach Umschreiben eines Argument-Zeichens in ein Wert-Zeichen nach links geht, und daß sie im andern Fall in Zustand 2 übergeht. Für die Interpretation enthält demnach jedes der bisher angesetzten 2q-Quintupeln die Information über die im jeweiligen o-Wert vorgeschriebene Bandrichtung d_j dreimal!

Nach diesen Festsetzungen und Bemerkungen können wir unseren 2q-Kern teilweise ausfüllen und um sechs weitere Quintupel vermehren:

```
(1 1-.  -L4  L  1)
(1 1A.  BL2  L  1)
(1 1B.  BR1  R  2)

(1 2-.  -R3  R  2)
(1 2A.  AR3  R  2)
(1 2B.  BL2  L  1)

(1 3B.  AR1  R  2)
```

```
(1  4̅-̅.̅    −     R  0)
(1  4̅A̅.̅    A̅L̅4̅   L  1)
(1  4̅B̅.̅    B̅L̅4̅   L  1)

(1  −      1̅-̅R̅   R  1)   (2  −    1̅-̅L̅  L  1)
(1  A      1̅A̅R̅   R  1)   (2  A    1̅A̅L̅  L  1)
(1  B      1̅B̅R̅   R  1)   (2  B    1̅B̅L̅  L  1)
```

Abbildung 10.6

Die sechs neuen Quintupel legen das Verhalten von SORTAB2q.TM bereits vollständig fest, wenn sie auf dem aktiven Nachbarfeld ein o-Zeichen vorfindet. Das muß im zweiten Zug jedes Makro-Zugs eintreten (außer beim terminalen Makro-Zug, der nur aus einem Zug besteht). Steht Zustand 1 auf diesem Feld, so ist SORTAB2q.TM von rechts gekommen; das zu schreibende Argument-Zeichen kodiert die Folgezustand-Vermutung "1", das gelesene o-Zeichen, und die Richtung "R", in der das aktive Nachbarfeld steht. Die Überlegungen hinsichtlich des Zustands 2 verlaufen analog.

Wir wenden uns nun den notwendigen Hilfszeichen zu. Hilfszeichen vom Typ der Argument-Zeichen sind vonnöten zum Hinaufzählen der ersten Komponente der Argument-Zeichen; Hilfszeichen vom Typ der Wert-Zeichen sind zum Herunterzählen der dritten Komponente der Wert-Zeichen erforderlich. Für jedes Argument und für jeden Wert der o-Tabelle muß eine lückenlose Reihenfolge solcher Zeichen vorhanden sein.

Wir legen fest, daß das Hinaufzählen der Argument-Zeichen immer durch Zustand 2, das Herunterzählen der Wert-Zeichen immer durch Zustand 1 erfolgen soll. Daraus folgt, daß das Umschreiben eines Argument-Zeichens in ein Wert-Zeichen immer durch Zustand 1 bewerkstelligt werden muß, denn andernfalls würde Zustand 2 versuchen, das Argument-Zeichen weiter hinauf zu zählen.

Da ferner in den Wert-Zeichen schon die Richtung kodiert ist, die die o-TM nehmen wird, und da diese Richtung zugleich auch jene ist, in der das aktive Nachbarfeld der 2q-TM liegt, können wir unsere Tabelle sofort um die noch fehlenden Quintupel des Zustands 1 ergänzen. Ist ein Wert-Zeichen ganz heruntergezählt, so ist das betreffende Feld mit dem entsprechenden o-Zeichen zu bedrucken, womit die Aktivität dieses Felds erlischt. Das Argument-Zeichen auf dem weiterhin aktiven Nachbarfeld kodiert nun das neue aktuelle Argument der o-TM und muß in Zustand 1 aufgesucht werden:

```
(1  −̅L̅4̅   −̅L̅3̅   L  2)
(1  −̅L̅3̅   −̅L̅2̅   L  2)
(1  −̅L̅2̅   −̅L̅1̅   L  2)
(1  −̅L̅1̅   −     L  1)

(1  A̅L̅4̅   A̅L̅3̅   L  2)
(1  A̅L̅3̅   A̅L̅2̅   L  2)
(1  A̅L̅2̅   A̅L̅1̅   L  2)
(1  A̅L̅1̅   A     L  1)
```

```
(1  BL4   BL3   L  2)
(1  BL3   BL2   L  2)
(1  BL2   BL1   L  2)
(1  BL1    B    L  1)

(1  -R3   -R2   R  2)
(1  -R2   -R1   R  2)
(1  -R1    -    R  1)

(1  AR3   AR2   R  2)
(1  AR2   AR1   R  2)
(1  AR1    A    R  1)

(1  BR1    B    R  1)
```

Abbildung 10.7

Alle in der Tabelle von SORTAB.TM auftretenden Werte sind in dieser Liste
schon als Wert-Zeichen enthalten.

Jetzt wollen wir uns die Zähl-Quintupel des Zustands 2 vornehmen. Zustand
2 muß die im zweiten Zug jedes Makro-Zugs provisorisch gesetzte Folgezustand-
Komponente der Argument-Zeichen schrittweise hinaufzählen. Bei n Zuständen
und m Zeichen der o-TM gibt es, theoretisch, insgesamt $2 \cdot m \cdot (n-1)$ verschiedene Quintupel dieser Art, das wären bei SORTAB2q.TM 18 Zähl-Quintupel, in
denen insgesamt $2 \cdot m \cdot n$ verschiedene Zeichen vom Argument-Typ vorkämen,
also 24 Zeichen im Beispiel. Wir könnten diese Quintupel fast blind hinschrei-
ben, unter ihnen wären aber ziemlich viele überflüssige. Das täte der Effektivität
unseres Verfahrens keinen Abbruch; wenn wir aber nur die wirklich notwendigen Quintupel der betrachteten Art einsetzen wollen, müssen wir auch hier die
Tabelle von SORTAB.TM in Einzelheiten zu Rate ziehen.

Dies ist wohl jener Teil des ganzen Verfahrens, der die größte Aufmerksamkeit (wenn auch keinerlei Originalität) erfordert. Man muß aus der o-Tabelle für
jeden o-Zustand feststellen, aus welcher Bandrichtung kommend er gerufen
werden kann. Zum Beispiel wird Zustand 1 von SORTAB.TM von Zustand 1 (von
sich selbst) und von Zustand 3 gerufen, aber der zugehörige Bandschritt ist in
beiden Fällen nach rechts – das aktive Nachbarfeld der 2q-TM ist also links, und
das muß in der Komponente d des entsprechenden Argument-Zeichens durch
eine Kodierung von "L" zum Ausdruck kommen. Gibt es Zustände der o-TM, die
aus beiden Bandrichtungen kommend gerufen werden können (was indessen bei
SORTAB.TM – man überzeuge sich – nicht der Fall ist), so müssen eben für jeden
dieser Zustände zwei Serien von Zähl-Quintupeln geschrieben werden. Zwei
einander entsprechende, aber gegensinnige Quintupel unterscheiden sich in der
dritten Komponente ihrer Argument-Zeichen und daher auch in den Bandbewe-
gungs-Anweisungen, die ja diese Komponente als Anweisung für die 2q-TM
wiederholen.

Bei systematischem Vorgehen ergibt sich, daß für SORTAB2q.TM die folgenden Quintupel des Zustands 2 genügen:

$$(2 \quad \overline{1BL} \quad \overline{2BL} \quad L \quad 1)$$
$$(2 \quad \overline{2BL} \quad \overline{3BL} \quad L \quad 1)$$

$$(2 \quad \overline{1\text{-}R} \quad \overline{2\text{-}R} \quad R \quad 1)$$
$$(2 \quad \overline{2\text{-}R} \quad \overline{3\text{-}R} \quad R \quad 1)$$
$$(2 \quad \overline{3\text{-}R} \quad \overline{4\text{-}R} \quad R \quad 1)$$

$$(2 \quad \overline{1AR} \quad \overline{2AR} \quad R \quad 1)$$
$$(2 \quad \overline{2AR} \quad \overline{3AR} \quad R \quad 1)$$
$$(2 \quad \overline{3AR} \quad \overline{4AR} \quad R \quad 1)$$

$$(2 \quad \overline{1BR} \quad \overline{2BR} \quad R \quad 1)$$
$$(2 \quad \overline{2BR} \quad \overline{3BR} \quad R \quad 1)$$
$$(2 \quad \overline{3BR} \quad \overline{4BR} \quad R \quad 1)$$

Abbildung 10.8

Alle in der Tabelle von SORTAB.TM auftretenden Argumente sind in dieser Liste schon enthalten.

Beim Umschreiben der Argument-Zeichen in Wert-Zeichen durch Zustand 1 werden die dritten Komponenten (Richtung des bisher aktiv gewesenen Nachbarfelds) nicht mehr benötigt. Sie sind aber nun einmal da und müssen für die verbliebenen Punkte in den Quintupeln der Abbildung 10.6 eingesetzt werden. Die Überlegungen dazu sind die gleichen wie für Zustand 2.

Dieser letzte Schritt unseres Verfahrens ergibt:

$$(1 \quad \overline{1\text{-}L} \quad \overline{\text{-}L4} \quad L \quad 1)$$
$$(1 \quad \overline{1AL} \quad \overline{BL2} \quad L \quad 1)$$
$$(1 \quad \overline{1BL} \quad \overline{BR1} \quad R \quad 2)$$

$$(1 \quad \overline{2\text{-}R} \quad \overline{\text{-}R3} \quad R \quad 2)$$
$$(1 \quad \overline{2AR} \quad \overline{AR3} \quad R \quad 2)$$
$$(1 \quad \overline{2BR} \quad \overline{BL2} \quad L \quad 1)$$

$$(1 \quad \overline{3BL} \quad \overline{AR1} \quad R \quad 2)$$

$$(1 \quad \overline{4\text{-}R} \quad - \quad R \quad 0)$$
$$(1 \quad \overline{4AR} \quad \overline{AL4} \quad L \quad 1)$$
$$(1 \quad \overline{4BR} \quad \overline{BL4} \quad L \quad 1)$$

Abbildung 10.9

Bei zusammenfassender Betrachtung der beiden letzten Abbildungen fallen einige Umstände besonders auf. Die o-Argumente (1 B), (2 B) und (3 B) finden sich doppelt repräsentiert, nämlich als "$\overline{1BL}$" und "$\overline{1BR}$", "$\overline{2BL}$" und "$\overline{2BR}$", "$\overline{3BL}$" und "$\overline{3BR}$". Zwar wird Zustand 1 (wie oben schon festgestellt) und auch Zustand 3 von SORTAB.TM nur nach einem Rechtsschritt erreicht, Zustand 2 nur nach einem Linksschritt; die entsprechenden Argument-Zeichen sollten in den ersten beiden Fällen nur die Richtungs-Komponente "L", nur "R" im dritten Fall ausweisen. Da aber gegebenenfalls bis zu "$\overline{3BL}$" hochgezählt werden muß, ist das

Hilfszeichen "$\overline{\text{2BL}}$" erforderlich, und für das Hochzählen zu "$\overline{\text{4BR}}$" benötigen wir "$\overline{\text{1BR}}$" und "$\overline{\text{3BR}}$".

Jetzt können wir unsere diversen Zwischenergebnisse zusammenziehen und ordnen:

```
SORTAB2q.TM
```

	Kommentar
$(1 \quad - \quad \overline{\text{1-R}} \;\; R \;\; 1)$ $\quad$ $(2 \quad - \quad \overline{\text{1-L}} \;\; L \;\; 1)$	(1) Umschreiben der o-Zeichen in Argument-Zeichen (beide Zustände)
$(1 \quad A \quad \overline{\text{1AR}} \;\; R \;\; 1)$ $\quad$ $(2 \quad A \quad \overline{\text{1AL}} \;\; L \;\; 1)$ $(1 \quad B \quad \overline{\text{1BR}} \;\; R \;\; 1)$ $\quad$ $(2 \quad B \quad \overline{\text{1BL}} \;\; L \;\; 1)$	
$(1 \quad \overline{\text{1-L}} \;\; \overline{\text{-L4}} \;\; L \;\; 1)$	(2) Hochzählen der Argument-Zeichen (Zustand 2)
	(3) Umschreiben der hochgezählten Argument-Zeichen in Wert-Zeichen (Zustand 1)
$(2 \quad \overline{\text{1-R}} \;\; \overline{\text{2-R}} \;\; R \;\; 1)$ $(1 \quad \overline{\text{2-R}} \;\; \overline{\text{-R3}} \;\; R \;\; 2)$ $\quad$ $(2 \quad \overline{\text{2-R}} \;\; \overline{\text{3-R}} \;\; R \;\; 1)$ $(2 \quad \overline{\text{3-R}} \;\; \overline{\text{4-R}} \;\; R \;\; 1)$	
$(1 \quad \overline{\text{4-R}} \quad - \quad R \;\; 0)$	
$(1 \quad \overline{\text{1AL}} \;\; \overline{\text{BL2}} \;\; L \;\; 1)$	
$(2 \quad \overline{\text{1AR}} \;\; \overline{\text{2AR}} \;\; R \;\; 1)$ $(1 \quad \overline{\text{2AR}} \;\; \overline{\text{AR3}} \;\; R \;\; 2)$ $\quad$ $(2 \quad \overline{\text{2AR}} \;\; \overline{\text{3AR}} \;\; R \;\; 1)$ $(2 \quad \overline{\text{3AR}} \;\; \overline{\text{4AR}} \;\; R \;\; 1)$	
$(1 \quad \overline{\text{4AR}} \;\; \overline{\text{AL4}} \;\; L \;\; 1)$	
$(1 \quad \overline{\text{1BL}} \;\; \overline{\text{BR1}} \;\; R \;\; 2)$ $\quad$ $(2 \quad \overline{\text{1BL}} \;\; \overline{\text{2BL}} \;\; L \;\; 1)$ $(2 \quad \overline{\text{2BL}} \;\; \overline{\text{3BL}} \;\; L \;\; 1)$	
$(1 \quad \overline{\text{3BL}} \;\; \overline{\text{AR1}} \;\; R \;\; 2)$	
$(2 \quad \overline{\text{1BR}} \;\; \overline{\text{2BR}} \;\; R \;\; 1)$ $(1 \quad \overline{\text{2BR}} \;\; \overline{\text{BL2}} \;\; L \;\; 1)$ $\quad$ $(2 \quad \overline{\text{2BR}} \;\; \overline{\text{3BR}} \;\; R \;\; 1)$ $(2 \quad \overline{\text{3BR}} \;\; \overline{\text{4BR}} \;\; R \;\; 1)$	
$(1 \quad \overline{\text{4BR}} \;\; \overline{\text{BL4}} \;\; L \;\; 1)$	
$(1 \quad \overline{\text{-L4}} \;\; \overline{\text{-L3}} \;\; L \;\; 2)$	(4) Herunterzählen der Wert-Zeichen (Zustand 1)
$(1 \quad \overline{\text{-L3}} \;\; \overline{\text{-L2}} \;\; L \;\; 2)$	(5) Umschreiben der heruntergezählten Wert-Zeichen in o-Zeichen (Zustand 1)
$(1 \quad \overline{\text{-L2}} \;\; \overline{\text{-L1}} \;\; L \;\; 2)$ $(1 \quad \overline{\text{-L1}} \quad - \quad L \;\; 1)$	
$(1 \quad \overline{\text{AL4}} \;\; \overline{\text{AL3}} \;\; L \;\; 2)$ $(1 \quad \overline{\text{AL3}} \;\; \overline{\text{AL2}} \;\; L \;\; 2)$ $(1 \quad \overline{\text{AL2}} \;\; \overline{\text{AL1}} \;\; L \;\; 2)$ $(1 \quad \overline{\text{AL1}} \quad A \quad L \;\; 1)$	

```
(1  B̄L̄4̄  B̄L̄3̄  L  2)
(1  B̄L̄3̄  B̄L̄2̄  L  2)
(1  B̄L̄2̄  B̄L̄1̄  L  2)
(1  B̄L̄1̄   B   L  1)

(1  −̄R̄3̄  −̄R̄2̄  R  2)
(1  −̄R̄2̄  −̄R̄1̄  R  2)
(1  −̄R̄1̄   −   R  1)

(1  ĀR̄3̄  ĀR̄2̄  R  2)
(1  ĀR̄2̄  ĀR̄1̄  R  2)
(1  ĀR̄1̄   A   R  1)

(1  B̄R̄1̄   B   R  1)
```

Abbildung 10.10

Zum Abschluß bleibt uns nur mehr ein einziger Umstand zu bedenken. Der Umgebung steht es frei, die o-TM in einem beliebigen ihrer Zustände auf ein beliebiges Bandfeld anzusetzen. In der Imitation der o-TM durch die 2q-TM muß dies so zum Ausdruck kommen, daß die Umgebung bei im übrigen unverändertem Band das Startfeld mit dem Start-Argument der o-TM beschriftet. Wäre also die erste Momentaufnahme von SORTAB.TM

```
BAABA
1
```

so müßte die erste Momentaufnahme von SORTAB2q.TM

```
1̄B̄L̄  A   A   B   A
 1
```

sein. "1̄B̄L̄" ist im Alphabet von SORTAB2q.TM die einzige verfügbare Kodierung für „Zustand 1 von SORTAB.TM auf "B"". Gäbe es zudem ein "1̄B̄R̄", so könnten wir ebenso gut auch dieses Argument-Zeichen setzen.

Sehen wir uns die ersten vier Züge von SORTAB.TM noch einmal an und vergleichen wir sie mit den ersten vier Makro-Zügen von SORTAB2q.TM:

```
SORTAB.TM            SORTAB2q.TM
    BAABA                1̄B̄L̄   A    A    B    A    Beginn des ersten
 *  1            *        1                          Makro-Zugs

                         B̄R̄1̄   A    A    B    A
                 *        2

                         B̄R̄1̄  1̄Ā L̄   A    B    A
                 *        1

    BAABA                 B    1̄Ā L̄   A    B    A    Beginn des zweiten
 *  1            *             1                     Makro-Zugs

                         B    B̄L̄2̄   A    B    A
                 *        1

                         1̄B̄R̄  B̄L̄2̄   A    B    A
                 *             1
```

The following is the trace of *Abbildung 10.11*. The left block is the o‑Spur (macro trace); the right block is the 2q‑Spur. Each configuration is followed by a step marker `*` and, set below the scanned cell, its state number (1 or 2); `<` marks a reversal.

o-Spur		col 0	col A	col B	col C	col D	col E	Anmerkung
	*	$\overline{1BR}_2$	$\overline{BL1}$	A	B	A		
	*	$\overline{2BR}$	$\overline{BL1}_1$	A	B	A		
BBABA * 2	*	$\overline{2BR}_1$	B	A	B	A		Beginn des dritten Makro-Zugs
	< *	$\overline{-}_1$	$\overline{BL2}$	B	A	B	A	
	*	$\overline{1\text{-}R}$	$\overline{BL2}_1$	B	A	B	A	
	*	$\overline{1\text{-}R}_2$	$\overline{BL1}$	B	A	B	A	
	*	$\overline{2\text{-}R}$	$\overline{BL1}_1$	B	A	B	A	
< -BBABA * 2	*	$\overline{2\text{-}R}_1$	B	B	A	B	A	Beginn des vierten Makro-Zugs
	*	$\overline{\text{-}R3}$	B_2	B	A	B	A	
	*	$\overline{\text{-}R3}_1$	$\overline{1BL}$	B	A	B	A	
	*	$\overline{\text{-}R2}$	$\overline{1BL}_2$	B	A	B	A	
	*	$\overline{\text{-}R2}_1$	$\overline{2BL}$	B	A	B	A	
	*	$\overline{\text{-}R1}$	$\overline{2BL}_2$	B	A	B	A	
	*	$\overline{\text{-}R1}_1$	$\overline{3BL}$	B	A	B	A	
-BBABA * 3	*	$\overline{-}$	$\overline{3BL}_1$	B	A	B	A	Beginn des fünften Makro-Zugs
	*	$\overline{-}$	$\overline{AR1}$	B	A	B	A	
(...)		(...)						

Abbildung 10.11

Aufgabe 10.2 ⟨1⟩ Der Leser setze mit Papier, Bleistift und Radiergummi den in Abbildung 10.11 begonnenen Lauf von `SORTAB2q.TM` bis zum Halten fort.

Unsere Verfahren zur Umrüstung ist effektiv, denn es enthält für jeden in einer beliebigen o-Tabelle etwa vorkommenden Fall eine eindeutige und ausführbare Handlungsanweisung. Darüber hinaus erlaubt das Resultat jeder korrekten Anwendung des Verfahrens nicht nur die eindeutige Rekonstruktion der jeweiligen o-Spur aus der entsprechenden 2q-Spur, sondern auch die eindeutige Rekonstruktion der o-Tabelle aus der 2q-Tabelle – die Quintupel der o-Tabelle finden sich vollzählig in jenen 2q-Quintupeln, die für s_i ein Argument-Zeichen und für s_j ein Wert-Zeichen ausweisen.

10.4

In dem kurzen Kommentar in Abbildung 10.10 sind die spezifischen Funktionen
der beiden Zustände als Resultat unseres Verfahrens noch einmal zusammenge-
faßt. Die Art des Zusammenwirkens der Zustände bleibt für alle nach unserem
Verfahren konstruierten 2q-TMn die selbe. Shannon beschreibt (am angegebenen Ort) ein dem Prinzip nach identisches Verfahren, das indessen die erforderlichen Funktionen symmetrisch auf die beiden Zustände verteilt. Wir haben
unsere Darstellung in der Absicht gewählt, möglichst viele Funktionen in den
Zustand 1 zu packen, damit anschaulich werde, wo der Einsatz eines zweiten
Zustands nicht mehr zu vermeiden ist. Eine Maschine mit nur einem einzigen
Zustand ist ohne „Kurzzeit-Gedächtnis", sie kann ein vorgefundenes Zeichen
nicht in Abhängigkeit von einem anderswo stehenden Zeichen umschreiben.
Eine TM mit zwei Zuständen ist immerhin in der Lage, ein bit (eine „ja/nein"-
Entscheidung) von einem gegebenen Feld auf ein Nachbarfeld zu übertragen; in
einer Folge von Zügen läßt sich damit jede beliebig komplizierte (endliche und
effektive) Entscheidung auf jedes beliebige (endlich weit entfernte) Bandfeld
anwenden. Dazu ist allerdings ein für die gegebene Aufgabe hinreichend großes
Alphabet erforderlich, da jedes Stadium der Übertragung auf dem Band „zwi-
schengespeichert" werden muß.

Wir fassen zusammen. Arbeitet eine o-TM von n Zuständen mit einem
Alphabet von m Zeichen, so sind für die imitierende 2q-TM nicht mehr als
$4 \cdot m \cdot n + m$ Zeichen und nicht mehr als $5 \cdot m \cdot n$ Quintupel einzuführen. Ein
Makro-Zug der 2q-TM besteht aus maximal $2 \cdot n + 1$ Zügen. Die Abschätzungen
gelten für das pedantisch durchgeführte Verfahren. Die in ihnen enthaltenen
„Verlust"-Faktoren sind, wie Shannon schreibt, ebenso wie im Fall der 2s-
Maschinen teilweise auf die Tatsache zurückzuführen, daß wir jede elementare
Operation der o-Maschine durch die 2q-Maschine imitieren. Würde man die
imitierende Maschine so entwerfen, daß sie lediglich ein äquivalentes Eingabe/
Ausgabe-Verhalten zeigt, so wären die Anzahlen der Quintupeln der beiden
Maschinen, oder die Produkte $m \cdot n$, von ähnlicher Größenordnung. Unsere
Ergebnisse „weisen zusammen mit anderen intuitiven Überlegungen darauf hin,
daß es möglich ist, die Rollen von Zeichen und Zuständen (innerhalb gewisser
Grenzen) zu vertauschen, ohne viel am Produkt zu verändern" (Shannon in
Kaltenbeck/Weibel *1974* 192).

Die Umrüstungen gegebener TMn zu 2q-TMn haben wenig praktische Bedeutung. Unsere Darlegungen sind vielmehr durch die eben formulierte Einsicht
motiviert. Sie enthält auch eine wichtige psychologische Komponente, insofern
sie uns gegen die umgangssprachlichen Konnotationen der Worte „Zustand" und
„Zeichen" weiter immunisiert.

11. Algorithmus und Berechenbarkeit: Die Church-Turing-These

Wir haben des öfteren den Ausdruck „effektives Verfahren" verwendet, und synonym manchmal auch „Algorithmus". In diesem kurzen aber wichtigen Kapitel wollen wir unseren Gebrauch dieser Worte näher erläutern.

In der Umgangssprache findet sich, mehr oder weniger gleichbedeutend, auch „Regelsystem", „Methode", „Rezept", „Gebrauchsanweisung", und so weiter, seit einigen Jahrzehnten das aus der Fachsprache der Informatik entlehnte „Programm" (ursprünglich „geplante Reihenfolge von Ereignissen, Darbietungen", προγράφω „vorschreiben", „im Voraus anschreiben", „bekanntmachen"). Das Wort „Algorithmus" ist eine Verbalhornung des Namens Mohammed Ibn Musa Al Chwarismi – jenes (in Kapitel 5 schon erwähnten) arabischen Mathematikers, dessen im 9. Jahrhundert entstandenen Schriften die mittelalterliche Mathematik die Kenntnis der damals am weitesten fortgeschrittenen Rechenmethoden hauptsächlich verdankte.

Beispiele für Algorithmen sind der Euklidische Algorithmus zum Auffinden des größten gemeinsamen Teilers zweier natürlicher Zahlen (siehe Aufgabe 5.7) und das in der Unterstufe gelehrte Verfahren zur Ermittlung der Quadratwurzel (die Quadratwurzel eines gegebenen *Radikanden n* ist jene Zahl $\sqrt{n}$, so daß $\sqrt{n} \cdot \sqrt{n} = n$). Der Euklidische Algorithmus bricht stets nach einer endlichen Anzahl von Schritten ab. Das Verfahren des Wurzelziehens bricht nur ab, wenn der Radikand eine Quadratzahl ist; in allen anderen Fällen ist es notwendig, irgend eine dem Verfahren an sich fremde Abbruchbedingung festzusetzen, zum Beispiel die Anzahl der Stellen, mit der man sich zufrieden geben will.

„Im anschaulichen Sprachgebrauch versteht man unter einem *Algorithmus* eine Vorschrift, nach der gegebene Größen (*Eingangswerte*) durch ein endliches *System von Regeln* (Operationen) in eindeutig bestimmter Reihenfolge in andere Größen (*Ergebnisse*) umgeformt werden.

Bei näherer Analyse des Begriffes sind drei wesentliche Bestimmungsstücke zu erkennen:

(a) Ein *System von Regeln*.
(b) Ein diskreter (*algorithmischer*) *Prozeß*, der zu vorgegebenen Eingangswerten Folgen von Zwischenergebnissen erzeugt.
(c) Eine Abbildung (*Verhaltensfunktion*), die eine Zuordnung zwischen Eingangswerten und Ergebnissen (ohne Berücksichtigung der Zwischenergebnisse) herstellt.

Je nachdem, welche der Bestimmungsstücke als primär angesehen werden, entstehen *operationale, prozedurale* bzw. *funktionale* Algorithmenbegriffe" (Grosche/Ziegler/Ziegler *1991* 185).

Bis in unsere Zeit hinein war der Begriff des Verfahrens auch innerhalb der Mathematik relativ unproblematisch. Indessen war man bereits früh auf Probleme gestoßen, in denen die Natur der Eingangswerte und Ergebnisse ebenso wie die Natur der Zuordnung beider begrifflich klar erfaßbar waren, obgleich man keinen Algorithmus angeben konnte, der von beliebigen, konkret gegebenen Eingangswerten zu den zugeordneten Ergebnissen führt. In einigen dieser Fälle (zum Beispiel Dreiteilung beliebiger Winkel mit Zirkel und Lineal) konnte man schließlich sogar beweisen, daß ein effektives Verfahren nicht existiert. Im Jahr 1900 stellte der deutsche Mathematiker David Hilbert (1862–1943) seinen Kollegen einige Aufgaben von offenbar fundamentaler Bedeutung, von denen sich in der Folge viele als algorithmisch unlösbar erwiesen. Die Einsicht, daß es wichtige und präzis spezifizierbare Fragestellungen gibt, für die kein Algorithmus gefunden werden kann (siehe auch Kapitel 14 und 15), hat schließlich zu grundsätzlichen Untersuchungen des Begriffs „Algorithmus" selbst geführt.

Für unsere Zwecke unternehmen wir zunächst den Versuch einer etwas breiteren umgangssprachlichen Analyse:

(1) Ein effektives Verfahren manipuliert konkret gegebene, diskrete, endliche Gegenstände. Wir setzen voraus, daß diese Gegenstände ebenso wie die diskreten endlichen Handlungen, denen sie unterliegen, stets eindeutig erkennbar und von einander unterscheidbar sind.
(2) Ein effektives Verfahren wird durch eine endliche Anzahl von diskreten endlichen Handlungsvorschriften beschrieben. Die einzelnen Vorschriften müssen schrittweise (das heißt jede für sich) ausführbar sein und ausgeführt werden. Die einzelnen Vorschriften müssen alle Handlungen bis ins (relevante) Einzelne festlegen, es darf kein Platz für freie Entscheidungen bleiben.
(3) Die Vorschriften eines effektiven Verfahrens müssen *reproduzierbare* Handlungen beschreiben: die einzelne Handlung muß auf einer wiederkehrenden Konfiguration von Gegenständen immer das gleiche Resultat hervorbringen.
(4) Die Reihenfolge der Anwendungen der Vorschriften darf nur durch Informationen beeinflußt werden, die im Algorithmus als Vorschriften formuliert oder in den jeweils hergestellten Konfigurationen der Gegenstände *im Hinblick auf den Algorithmus kodiert sind*. Wendet man also den Algorithmus immer wieder auf die gleiche Anfangskonfiguration an, so erfolgen immer die gleichen Transformationen und die Reihenfolge der Anwendungen der Vorschriften bleibt immer dieselbe. Dabei ist die Möglichkeit zugelassen, daß der Algorithmus im Verlauf von Anwendungen modifiziert wird (etwa durch Tabellen, die während einer Anwendung hergestellt werden und danach als neue Vorschriften fungieren); diese Modifikationen müssen indes in der ursprünglichen Sammlung von Vorschriften bereits angelegt sein. In so einem Fall wird der Algorithmus die ursprünglichen Transformationen bis hin zu den Modifikationen exakt wiederholen, wenn man die einmal eingetretenen Modifikationen wieder entfernt hat.

(5) Das Ergebnis eines effektiven Verfahrens muß als solches eindeutig feststehen, das heißt einerseits muß erkennbar sein, *wann* der Algorithmus ein Resultat erreicht hat (Abbruch-Bedingung), und andererseits *was* als Ergebnis vorliegt.

Aufgabe 11.1 ⟨2⟩ Ein Spiel mit fünf Münzen sei durch das folgende Verfahren beschrieben:

(1) Man lege alle Münzen in einer Reihe so auf ein Brettchen, daß der „Kopf" einer jeden sichtbar ist. Man nehme das Brettchen auf und werfe die Münzen. Man setze fort mit (2).
(2) Zeigen nun alle Münzen „Adler", so ist das Spiel beendet. Andernfalls setze man fort mit (3).
(3) Zeigen genau vier Münzen den „Adler", so beginne man aufs Neue bei (1). Andernfalls setze man fort mit (4).
(4) Man lasse die „Adler"-Münzen liegen, lege die restlichen auf das Brettchen, so, daß jede „Kopf" zeigt, und werfe sie. Man setze fort mit (2).

Ist das beschriebene Verfahren effektiv?

Unsere umgangssprachliche Analyse mag mehr oder weniger befriedigend erscheinen, sie bleibt im Rahmen des Intuitiven. Welche Möglichkeiten zur Präzisierung stehen uns offen, und wie weit können wir die Präzisierung vorantreiben? Der französische Mathematiker Jules Henri Poincaré (1854–1912) schrieb:

„Ich will zum Beispiel beweisen, daß eine gewisse Eigenschaft einem gewissen Gegenstand zukomme, dessen Begriff mir anfangs undefinierbar erscheint, weil er der Anschauung entstammt. Ich scheitere zunächst mit meinem Versuch, oder ich muß mich mit ungefähren Beweisen begnügen; ich entschließe mich endlich, meinem Gegenstand eine genaue Definition zu geben, die mir erlaubt, diese Eigenschaften in einwandsfreier Weise festzustellen.

Und was dann? fragen die Philosophen. Es bleibt noch zu zeigen, daß der Gegenstand, der dieser Definition entspricht, auch genau der gleiche ist wie der, den die Anschauung dich kennen lehrte; oder noch besser, daß dieser wirkliche und konkrete Gegenstand, dessen Übereinstimmung mit deiner intuitiven Idee du sofort zu erkennen glaubst, deiner neuen Definition genau entspricht. Nur dann kannst du behaupten, daß er die in Frage stehende Eigenschaft besitzt; du hast die Schwierigkeit nur verschoben.

Das ist nicht richtig; man hat die Schwierigkeit nicht verschoben, man hat sie geteilt. Die Behauptung, um deren Begründung es sich handelte, besteht in Wirklichkeit aus zwei verschiedenen Wahrheiten, die man aber nicht von vornherein unterschieden hatte. Die erste ist eine mathematische Wahrheit, und die ist jetzt streng bewiesen. Die zweite ist eine experimentelle Wahrheit. Die Erfahrung nur kann uns lehren, ob dieses reale und konkrete Objekt dieser abstrakten Definition entspricht oder nicht.

Diese zweite Wahrheit ist nicht mathematisch bewiesen, aber sie kann es auch nicht sein, so wenig wie ein empirisches Gesetz der Physik und Naturwissenschaft. Es wäre unvernünftig, mehr zu verlangen.

Ist es also nicht ein großer Fortschritt, unterschieden zu haben, was man lange Zeit mit Unrecht zusammengeworfen hatte?

Soll damit gesagt sein, daß nichts von diesem Einwurf der Philosophen übrig bleibt? Das will ich nicht sagen; die mathematische Wissenschaft nimmt, indem sie streng wird, den Charakter des Künstlichen an, der alle Welt befremdet; sie vergißt ihren historischen Ursprung; man sieht, wie die Fragen gelöst werden können, man sieht nicht mehr, wie und warum sie gestellt wurden" (Poincaré *1906* 17–18).

Genau in diesem Sinn haben seit etwa 1932 verschiedene Autoren Formalisierungen des Begriffs „Effektives Verfahren" vorgeschlagen. Unter diesen Formalisierungen unterschiedlicher Gestalt nennen wir:

- Gleichungskalkül (Herbrand)
- Partiell-rekursive Funktionen (Herbrand/Gödel, Kleene)
- Lambda-Kalkül (Church, Kleene)
- Normal-Systeme (Post)
- Turing-Maschinen
- Normalalgorithmen (Markow)
- Logische Schemata von Algorithmen (Ljapunow)
- Graphenschemata (Péter, Kaloujnine)

Die überwiegende Mehrzahl der Mathematiker ist heute davon überzeugt, daß in derartigen Formalisierungen der intuitive Begriff des effektiven Verfahrens angemessen erfaßt ist (immerhin gibt es Versuche, für das Gegenteil zu argumentieren, siehe Kalmár *1959* und Péter *1959*). Für diese Überzeugung gibt es drei Gründe. Man konnte zeigen, daß alle Formalisierungen äquivalent sind, daß sie also den selben Denkbereich erfassen und in einander übersetzbar sind; es ist evident, daß alle Algorithmen im formalen Sinn auch Algorithmen im intuitiven Sinn sind; und man hat bisher kein effektives Verfahren im intuitiven Sinn angeben können, das nicht in Vollständigkeit formal darstellbar wäre.

Nichtsdestoweniger dürfen wir eben bloß von einer Überzeugung sprechen – siehe die zitierten Ausführungen von Poincaré. Als erster hat der US-amerikanische Mathematiker Alonzo Church (1903–1991) diese Überzeugung als (Hypo-)These formuliert (Church *1936* 356). Wir geben sie in einer umgangssprachlichen Fassung wieder, unter dem üblich gewordenen Namen der

Church-Turing-These:
Jedes effektive Verfahren kann als Tabelle einer TM beschrieben werden.

Und wir definieren weiter (siehe Davis *1982* 10f):

Kann eine verlangte Transformation von Eingangswerten in Ergebnisse durch eine TM T ausgeführt werden, so heißt diese Transformation (Turing-)*Berechnung*; die Zuordnung der Eingangswerte zu den Ergebnissen („Funktion", siehe Kapitel 13) heißt (Turing-)berechenbar. Die Eingangswerte werden durch die von T akzeptierten Zeichenketten dargestellt, die Ergebnisse durch die generierten; sollen Teilketten der generierten Ketten als die Ergebnisse gelten, so muß ein effektives Verfahren zur eindeutigen Kennzeichnung dieser Teilketten gegeben sein (dieses Verfahren wird im allgemeinen von *T* abhängen).

Um unserer ursprünglichen Absicht nachzukommen, nämlich zu erklären, welche Aufgabenbereiche durch eine Maschine erledigt werden können und welche nicht, werden wir uns im Rest dieses Buchs auf diesen Begriff der (Turing-)*Berechenbarkeit* stützen.

12. Universelle Turing-Maschinen

Unsere Notations- und Arbeitskonvention (Kapitel 2) beschreibt ein effektives Verfahren im Sinn von Kapitel 11. Allgemeine Gültigkeit der Church-Turing-These vorausgesetzt, existiert also eine TM, die dieses Verfahren verkörpert.

Eine solche Maschine heißt *Universelle Turing-Maschine* (UTM), weil sie ohne Ausnahme jede TM – auch sich selbst! – imitieren kann. In Kapitel 4 hatten wir festgestellt, daß jede erfüllbare Spezifikation durch unendlich viele verschiedene TMn erfüllt wird; aus der Existenz einer UTM folgt damit die Existenz unendlich vieler verschiedener UTMn, gemäß Kapitel 9 und 10 auch die Existenz unendlich vieler 2s- und 2q-UTMn.

Eine formale Definition des Begriffs findet der Leser bei Martin Davis (*1957*).

Wie arbeitet eine UTM? Sie ist zunächst einmal eine TM, das heißt sie hat endlich viele Zustände und läuft auf einem Band, das mit Zeichen aus einem endlichen Alphabet beschriftet ist. Soll sie eine beliebige TM „laufen lassen" können, wie es der Leser effektiv im Stande ist, wenn ihm eine Tabelle und eine Bandinschrift vorliegen, so müssen eben Tabelle und Eingabe-Inschrift der jeweiligen Maschine auf das Band der UTM geschrieben werden. Die Umgebung muß der UTM auch den Anfangszustand und das Startfeld der zu imitierenden Maschine („o-TM") bekannt geben, was durch Markierungen einerseits, andererseits durch das Ansetzen des UTM-Lesekopfs auf ein bestimmtes Bandfeld geschehen kann. Der Lauf einer UTM gleicht der Tätigkeit eines Menschen, der das auf dem aktuellen Bandfeld gelesene Zeichen zusammen mit dem Namen des aktuellen Zustands der imitierten TM in der jeweiligen Tabelle aufsucht und den vorgefundenen Wert schrittweise in bestimmte Operationen auf dem Band umsetzt. Eine solche UTM vollzieht sämtliche Züge der imitierten Maschine (allerdings schaltet sie – unter Umständen recht lange – Zugfolgen ein, die der o-TM völlig fremd sind). Hält die o-TM auf einer Bandinschrift, so hält auch die UTM; hält die o-TM nicht, so kommt auch die UTM nicht zum Halten.

12.1

Unsere Konvention ist nichts anderes als die umgangssprachliche Beschreibung einer bestimmten Klasse von UTMn. Wir wollen nun konkret eine UTM dieser Klasse konstruieren und bei der Arbeit untersuchen.

Da das Alphabet jeder UTM endlich und fest gewählt ist, müssen die Tabellen der zu imitierenden TMn geeignet kodiert werden. Dies kann in Analogie zu dem in Kapitel 9 Dargelegten stets durch ein effektives Verfahren geschehen. Im übrigen tut es der Universalität einer UTM keinen Abbruch, wenn sie bloß zur

Imitation von 2-Zeichen-TMn ausgelegt ist. Wir machen uns diese Tatsache zunutze, indessen verzichten wir zugunsten bequemer Übersicht auf die 2s-Kodierung der UTM selbst.

Wir benutzen das Alphabet $\{-, |, 0, 1, 2, X, N, E\}$. Für die auf das Band der UTM zu schreibende TM-Tabelle (das jeweilige „Programm" der UTM) verwenden wir die Zeichen "0" und "1" in den Kodes der o-Quintupeln und an Stelle der Klammern das Zeichen "2" zur einfachen Trennung dieser Kodes voneinander. Das Zeichen "X" soll den Beginn und das Ende des *Tabellen-Sektors* auf dem Band markieren (dieses Zeichen ist nützlich, doch wir könnten es von allen verwendeten am leichtesten entbehren). Die Zeichen "N" („Null") und "E" („Eins") seien Marken für die Arbeit der UTM innerhalb dieses Sektors. Für die Bandinschriften außerhalb – das sind die o-Inschriften, auf denen auch die Imitationen laufen sollen – behalten wir die o-Zeichen "–" und "|" bei; diese beiden Bandabschnitte links und rechts vom Tabellen-Sektor sollen die *Daten-Sektoren* des UTM-Bands heißen.

Pro Quintupel einer 2-Zeichen-TM mit n Zuständen brauchen wir nun:

- für den aktuellen Zustand q_i des Quintupels: BITS(n) Stellen;
- für das gelesene Zeichen s_i ("0" kodiert in der Tabelle das o-Zeichen "–", "1" kodiert "|"): 1 Stelle;
- für das zu schreibende Zeichen s_j (desgleichen): 1 Stelle;
- für die Bandrichtung d_j ("0" für "L", "1" für "R"): 1 Stelle;
- für den Folgezustand q_j: nochmals BITS(n) Stellen.

Der Ansatz von BITS(n) Stellen für die Zustandsnamen berücksichtigt bereits den Zustand 0, der stets durch die Kette von BITS(n) Nullen kodiert sei.

Da die Position eines Zeichens in einem Quintupel-Kode dieser Art eindeutig festlegt, wie das Zeichen zu verwenden ist, können wir auf Markierungen innerhalb dieser Kodes verzichten. Für das einzelne „nackte" Quintupel müssen wir also $2 \cdot$ BITS(n) + 3 Stellen veranschlagen, mit dem Trennzeichen "2" insgesamt $2 \cdot$ BITS(n) + 4 Stellen. Für eine TM mit sechzehn Zuständen plus Zustand 0 wären das beispielsweise $2 \cdot 5 + 4 = 14$ Stellen pro Quintupel, und $2 \cdot 16 \cdot 14 = 448$ Stellen für die vollständige Tabelle, wenn in ihr jedes mögliche Argument vorkommt.

Als Beispiel ziehen wir eine Lösung von Aufgabe 3.8(a) heran: UNADD.TM, einen einfachen Unär-Addierer mit vier Zuständen (siehe Lösungen-Anhang). Zur Kodierung der Zustandsnamen benötigen wir also BITS(4) = 3 Stellen, pro Quintupel-Kode $2 \cdot 3 + 4 = 10$ Stellen.

o-Quintupel	Kode
(1 – | R 2)	2001011010
(1 | | R 1)	2001111001
(2 – – L 3)	2010000011
(2 | | R 2)	2010111010
(3 | – L 4)	2011100100
(4 – – R 0)	2100001000
(4 | | L 4)	2100110100

Abbildung 12.1

Wir schreiben diese Kodes hintereinander auf das Band unserer UTM:

```
200101101020011110012010000011201011101020111001002100001000210011010
```

Abbildung 12.2

Der Tabellen-Kette stellen wir einen Bandabschnitt der Länge BITS(n) + 1 voran. Diese Felder (im Beispiel sind es 4) konstituieren einen separaten Arbeitsspeicher der UTM für die jeweils aktuellen o-Argumente. Vor dem Start der UTM ist der Arbeitsspeicher stets mit dem Kode für den o-Anfangszustand 1 gefolgt von "0" beschriftet (im Beispielfall haben wir "0010"). Letzteres Zeichen dient als Platzhalter für das noch zu lesende Zeichen s_i auf dem Startfeld der o-Maschine.

Diese Kette wird schließlich noch links und rechts durch je ein "X" von den Daten-Sektoren auf dem Band der UTM abgegrenzt. So erhalten wir den Tabellen-Sektor

```
X00102001011010200111100120100000112010111010201110010021000010002100110100X
```

Abbildung 12.3

Wir können den Tabellen-Sektor als einen auswechselbaren Software-Lesekopf der UTM auffassen, der sich als ganzer auf der o-Inschrift hin- und herbewegt – das jeweils unmittelbar rechts vom Tabellen-Sektor liegende Bandfeld definieren wir als das aktuelle Feld der o-TM („das aktuelle o-Feld": für die Interpretation ist dieses Feld das aktuelle Feld des den aktuellen o-Zug imitierenden Makro-Zugs, nicht zu verwechseln mit dem jeweils aktuellen Feld der UTM). Da UNADD.TM auf dem ersten "I" ihrer Inschrift starten soll, schreiben wir die gesamte o-Inschrift rechts neben den Tabellen-Sektor (soll die imitierte Maschine innerhalb einer Eingabe-Inschrift starten, käme der Teil links vom o-Startfeld eben links vom Tabellen-Sektor zu liegen).

Zum Beispiel haben wir zur Berechnung von 2 + 2 durch UNADD.TM für unsere UTM die Eingabe

```
X00102001011010200111100120100000112010111010201110010021000010002100110100XII–II
```

Abbildung 12.4

In dieser Form können wir, obwohl die Tabelle der UTM stets die selbe bleibt, jede beliebige Kombination einer 2-Zeichen-TM mit einer Inschrift über dem Alphabet {–,I} kodieren. Die Interpretation unserer UTM-Tabelle wird ergeben, daß die UTM auf der korrekten Kodierung jeder beliebigen 2-Zeichen-TM und auf der jeweiligen o-Eingabe jeden einzelnen Zug der o-TM als Makro-Zug (von im allgemeinen unterschiedlicher Zuganzahl) reproduziert: nicht nur ist – offensichtlich – die o-Tabelle aus dem Tabellen-Sektor auf dem Band der UTM jederzeit abzuleiten, auch die jeweilige Spur der o-TM ist aus der Spur der UTM eindeutig rekonstruierbar.

U.TM	–			0	1	2	X	N	E

Kommentar:

Markiere die Zeichen im Arbeitsspeicher.

U.TM	–			0	1	2	X	N	E
1			N R 1	E R 1	2 R 2	X R 1		

Suche s_i im aktuellen o-Feld und kopiere das gelesene Zeichen in den Arbeitsspeicher.

U.TM	–			0	1	2	X	N	E
2	– L 3		L 4	0 R 2	1 R 2	2 R 2	X R 2		
3			0 L 3	1 L 3	2 L 3	X L 3	N L 5	N L 5
4			0 L 4	1 L 4	2 L 4	X L 4	E L 5	E L 5

Suche das linke "X".

U.TM	–			0	1	2	X	N	E
5			N L 5	E L 5	2 L 5	X R 6	N L 5	E L 5

Suche das aktuelle o-Argument im Tabellen-Sektor.

U.TM	–			0	1	2	X	N	E
6					2 R 11		0 R 7	1 R 8
7			N L 9	1 R 10	2 R 7		N R 7	E R 7
8			0 R 10	E L 9	2 R 8		N R 8	E R 8
9			0 R 6	1 R 6	2 L 9	X R 6	N L 9	E L 9
10			0 R 10	1 R 10	2 L 5	X L 47		

Kopiere das Zeichen s_j des aktuellen o-Werts in das aktuelle o-Feld.

U.TM	–			0	1	2	X	N	E
11			N R 12	E R 13	2 R 11		N R 11	E R 11
12	– L 14	– L 14	0 R 12	1 R 12	2 R 12	X R 12		
13		L 14		L 14	0 R 13	1 R 13	2 R 13	X R 13		
14			0 L 14	1 L 14	2 L 14	X L 14	N R 15	E R 15

Ist d_j im aktuellen o-Wert "L" oder "R"?

U.TM	–			0	1	2	X	N	E
15			N L 16	E R 27				

d_j ist "L"; zur Vorbereitung der Verschiebung des Tabellen-Sektors nach links kopiere das letzte Zeichen im linken Daten-Sektor in das Feld links vom aktuellen o-Feld.

U.TM	–			0	1	2	X	N	E
16	– R 17	– R 19	0 L 16	1 L 16	2 L 16	X L 16	N L 16	E L 16
17						X R 18		
18			0 R 18	1 R 18	2 R 18	– L 21	N R 18	E R 18
19						X R 20		
20			0 R 20	1 R 20	2 R 20		L 21	N R 20	E R 20

Verschiebe den Tabellen-Sektor um ein Feld nach links.

U.TM	–			0	1	2	X	N	E
21			X L 22	X L 23				
22	X R 39		0 L 22	0 L 23	0 L 24	0 L 22	0 L 25	0 L 26
23			1 L 22	1 L 23	1 L 24	1 L 22	1 L 25	1 L 26
24			2 L 22	2 L 23		2 L 22	2 L 25	2 L 26
25			N L 22	N L 23	N L 24	N L 22	N L 25	N L 26
26			E L 22	E L 23	E L 24	E L 22	E L 25	E L 26

d_j ist "R"; zur Vorbereitung der Verschiebung des Tabellen-Sektors nach rechts kopiere das Zeichen im aktuellen o-Feld (das im aktuellen o-Zug bereits geschriebene Zeichen) in das Feld rechts vom linken Daten-Sektor.

U.TM	–			0	1	2	X	N	E
27	– L 28	– L 30	0 R 27	1 R 27	2 R 27	X R 27	N R 27	E R 27
28						X L 29		

29		0 L 29	1 L 29	2 L 29	− R 32	N L 29	E L 29
30					X L 31		
31		0 L 31	1 L 31	2 L 31	| R 32	N L 31	E L 31

Verschiebe den Tabellen-Sektor um ein Feld nach rechts.

32		X R 33	X R 34				
33	X L 38	0 R 33	0 R 34	0 R 35	0 R 33	0 R 36	0 R 37
34		1 R 33	1 R 34	1 R 35	1 R 33	1 R 36	1 R 37
35		2 R 33	2 R 34		2 R 33	2 R 36	2 R 37
36		N R 33	N R 34	N R 35	N R 33	N R 36	N R 37
37		E R 33	E R 34	E R 35	E R 33	E R 36	E R 37

Kopiere den Namen des o-Folgezustands q_j aus dem aktuellen o-Wert in den Arbeitsspeicher.

38		0 L 38	1 L 38	2 L 38		N R 40	E R 40
39		0 R 39	1 R 39	2 R 40			
40		N L 42	E L 44	2 R 41	X L 46	N R 40	E R 40
41		0 L 46	1 L 46			N R 40	E R 40
42		0 L 42	1 L 42	2 L 42	X R 43	N L 42	E L 42
43		N R 39	N R 39			N R 43	E R 43
44		0 L 44	1 L 44	2 L 44	X R 45	N L 44	E L 44
45		E R 39	E R 39			N R 45	E R 45

Entferne die Marken, starte den neuen Makro-Zug.

46				2 L 46	X R 1	0 L 46	1 L 46

Finalisierung.

47		0 L 47	1 L 47	2 L 47	X R 48	0 L 47	1 L 47
48		0 L 0					

TM-Tabelle 12.1

Die Moduln von U . TM suchen, markieren, kopieren und verschieben die Zeichenketten, wie wir es in den Kapiteln 7 und 8 kennengelernt haben (siehe insbesondere die Aufgaben 7.2 und 8.5).

12.2

Diese UTM kann in der beiliegenden Software als Datei "U" (oder "U . TM") aufgerufen werden. Es empfiehlt sich, sie auf der gleichfalls beigegebenen Bandinschrift "UNADD" (entspricht Abbildung 12.4) zu starten und die folgenden Ausführungen im Detail mitzuverfolgen.

Der Lauf von U . TM beginnt, unserer Konvention entsprechend, in Zustand 1, Startfeld ist das Feld mit dem linken "X".

```
X00102001011010200111100120100000112010111010201110010021000010002100110100X||–||
* 1
```

Abbildung 12.5

In Zustand 1 ersetzt U.TM, nach rechts laufend, im Arbeitsspeicher die Zeichen "0" durch "N" und "1" durch "E". Beim Erreichen des Zeichens "2" haben wir

```
X00102001011010200111100120100000112010111010201110010021000010002100110100X||-||
R  11111
XNNEN2001011010200111100120100000112010111010201110010021000010002100110100X||-||
```

Abbildung 12.6

Die Zeichen im Arbeitsspeicher sind nun markiert, unmittelbar links vom aktuellen Feld findet sich der erwähnte Platzhalter für s_i, markiert durch "N". Was hier einzutragen ist, hängt davon ab, ob auf dem aktuellen o-Feld (dem ersten Feld des rechten Daten-Sektors) "–" oder " I " gelesen wird. Um das zu ermitteln, läuft U.TM in Zustand 2 nach rechts, bis sie ein o-Zeichen findet. Der Tabellen-Sektor wird dabei nicht weiter verändert.

```
XNNEN2001011010200111100120100000112010111010201110010021000010002100110100X||-||
R        2222222222222222222222222222222222222222222222222222222222222222
```

Abbildung 12.7

Zustand 3 ("–" gelesen) oder, wie im Beispiel, Zustand 4 (" I " gelesen) transportiert die auf dem aktuellen o-Feld vorgefundene Information nach links in den Arbeitsspeicher. Im Beispiel schreibt Zustand 4 ein "E" auf das letzte Feld des Arbeitsspeichers, geht weiter nach links und ruft Zustand 5.

```
XNNEN2001011010200111100120100000112010111010201110010021000010002100110100X||-||
L 5555444444444444444444444444444444444444444444444444444444444444444444444444444444444444
XNNEE2001011010200111100120100000112010111010201110010021000010002100110100X||-||
```

Abbildung 12.8

Im Arbeitsspeicher ist nun das erste o-Argument, nämlich (1 I), kodiert. Die nächste Aufgabe besteht darin, im Tabellen-Sektor das entsprechende Quintupel zu finden. Der Such-Modul (Zustände 6 bis 10) ersetzt (Zustand 6) das erste "N" ("E") im Arbeitsspeicher durch "0" ("1") und "sucht" das entsprechende Zeichen in der kodierten o-Tabelle (Zustände 7 beziehungsweise 8). Das für diesen Vergleich aufzusuchende Feld ist das erste rechts, das entweder "0" oder "1" trägt. Findet Zustand 7 ein "0" (beziehungsweise Zustand 8 ein "1"), so wird das Zeichen mit "N" ("E") markiert, und Zustand 9 läuft nach links in den Arbeitsspeicher zurück, um eine neue Vergleich-Schleife einzuleiten.

```
XNNEE2001011010200111100120100000112010111010201110010021000010002100110100X||-||
R  677777
X0NEE2N01011010200111100120100000112010111010201110010021000010002100110100X||-||
L  99999
X0NEE2N01011010200111100120100000112010111010201110010021000010002100110100X||-||
R  677777
```

```
  X00EE2NN10110102001111001201000001120101110102011100100210000100021001101l00XII–II
L    99999
  X00EE2NN10110102001111001201000001120101110102011100100210000100021001101l00XII–II
R    688888
  X001E2NNE0110102001111001201000001120101110102011100100210000100021001101l00XII–II
L    99999
```

Abbildung 12.9

Erfolg des Such-Moduls zeigt sich darin, daß Zustand 6 das Zeichen "2" liest (das
ist das Trennzeichen zwischen dem Arbeitsspeicher und dem übrigen Tabellen-
Sektor). Ist andererseits das von den Zuständen 7 oder 8 gefundene Zeichen vom
falschen Typ (Zustand 7 stößt auf "1" oder Zustand 8 auf "0"), so muß die Suche
im nächsten Quintupel rechts fortgesetzt werden. Im Beispiel tritt dieser Fall in
der vierten Vergleich-Schleife ein:

```
  X001E2NNE0110102001111001201000001120101110102011100100210000100021001101l00XII–II
         688888
  X00112NNE0110102001111001201000001120101110102011100100210000100021001101l00XII–II
```

Abbildung 12.10

Da die weitere Suche in diesem Quintupel sinnlos ist, sucht Zustand 10 das
nächste "2" rechts (die Trennmarke zum nächsten Quintupel). Anschließend
markiert Zustand 5 im Lauf nach links alle noch nicht markierten Zeichen des
eben bearbeiteten Quintupels, läuft über die anderen schon bearbeiteten Quintupel zurück in den Arbeitsspeicher und markiert dort die im eben vergangenen
Such-Lauf schon umgeschriebenen Zeichen, damit die Suche mit dem nächsten
Quintupel fortgesetzt werden kann.

Es kann indessen vorkommen, daß Zustand 10 auf das rechte "X" stößt. Dies
bedeutet, daß das gesuchte Argument in den o-Argumenten nicht vertreten ist.
In diesem Fall terminiert U.TM im Sinne der Konvention von Davis (siehe
Aufgabe 2.3), aber auch im Sinn der unsrigen, weil der Zustand 0 nie in einem
Argument vorkommt.

In Fortsetzung unseres Beispiels ergibt sich die folgende Situation:

```
  X00112NNE0110102001111001201000001120101110102011100100210000100021001101l00XII–II
*            10
  (...)
  X00112NNE0110102001111001201000001120101110102011100100210000100021001101l00XII–II
*            10
  X00112NNE0110102001111001201000001120101110102011100100210000100021001101l00XII–II
L 555555555555555
  XNNEE2NNENEENEN2001111001201000001120101110102011100100210000100021001101l00XII–II
   6
```

Abbildung 12.11

Der Arbeitsspeicher ist wieder so kodiert wie vor dem ersten Such-Zyklus; der
Kode des ersten o-Quintupels ist als in diesem Suchlauf vergeblich bearbeitet
markiert, der nächste Such-Zyklus wird den Kode des folgenden o-Quintupels
examinieren. Auf diese Weise kann U.TM offenbar beliebig lange Kodierungen
von Argumenten finden, was impliziert, daß sie mit beliebig langen o-Tabellen
arbeiten kann. Im Beispiel wird schon der zweite Such-Zyklus fündig:

    (...)

```
X00112NNENEENEN2NNEE1100120100000112010111010201110010021000010002100110100X||-||
       6
```

Abbildung 12.12

Die folgenden Moduln werden nun hintereinander die Komponenten s_j, d_j und q_j
des gefundenen o-Quintupels abarbeiten. Der Schreib-Modul (Zustände 11 bis
14) muß das nächste unmarkierte "0" oder "1" rechts (den Kode der Komponente s_j des aktuellen o-Werts) finden und markieren (Zustand 11), die in diesem
Zeichen kodierte Information zum aktuellen o-Feld transportieren und in Ge-
stalt eines "−" beziehungsweise eines " | " dort auf das Band schreiben (Zustand
12 beziehungsweise 13). Anschließend kehrt der Modul zu dem von ihm markier-
ten Zeichen zurück (Zustand 14). Im Beispiel wird das Zeichen " | " im aktuellen
o-Feld wieder durch " | " überschrieben:

```
X00112NNENEENEN2NNEE1100120100000112010111010201110010021000010002100110100X||-||
*       11
X00112NNENEENEN2NNEE1100120100000112010111010201110010021000010002100110100X||-||
        (...)
*                 11
X00112NNENEENEN2NNEEE100120100000112010111010201110010021000010002100110100X||-||
*                     13
        (...)
X00112NNENEENEN2NNEEE100120100000112010111010201110010021000010002100110100X||-||
*                                                                            13
X00112NNENEENEN2NNEEE100120100000112010111010201110010021000010002100110100X||-||
*                                                                             14
        (...)
X00112NNENEENEN2NNEEE100120100000112010111010201110010021000010002100110100X||-||
*                 14
```

Abbildung 12.13

Rechts vom erreichten Feld findet sich nun die aktuelle o-Bandbewegungsrich-
tung d_j kodiert. Zustand 15 markiert das vorgefundene Zeichen und ruft auf "0"
("die o-TM geht nach links") einen aus zwei Komponenten bestehenden Modul,
der den gesamten Tabellen-Sektor um ein Feld nach links verschiebt (Zustände
16 bis 26), auf "1" jedoch ("die o-TM geht nach rechts") das Gegenstück dazu,
Verschiebung nach rechts (Zustände 27 bis 37).

Die Aufgabe der Verschiebung besteht aus zwei Unteraufgaben:

(1) Im Fall der o-Bandbewegung nach links muß das letzte o-Zeichen im linken Daten-Sektor über den Tabellen-Sektor nach rechts in das aktuell werdende o-Feld (das in diesem Stadium noch mit dem rechten "x" beschriftet ist) gebracht werden (Zustände 16 bis 20); im anderen Fall muß die Information des aktuellen o-Felds über den Tabellen-Sektor nach links transportiert werden und auf das Feld des linken "x" geschrieben werden (Zustände 27 bis 31). In beiden Fällen löscht U.TM das zu transportierende Zeichen auf dem gelesenen Feld.

(2) Anschließend muß der Tabellen-Sektor nach links beziehungsweise nach rechts verschoben werden, wobei das jeweils fehlende "x" wieder eingefügt wird (Zustände 21 bis 26, beziehungsweise 32 bis 37).

In der in unserem Beispiel hergestellten Lage ist d_j durch "1" kodiert, Zustand 15 ruft also den Zustand 27.

```
X00112NNENEENEN2NNEEE100120100000112010111010201110010021000010002100110100X||-||
*               15
X00112NNENEENEN2NNEEEE00120100000112010111010201110010021000010002100110100X||-||
*                27
(...)

X00112NNENEENEN2NNEEEE00120100000112010111010201110010021000010002100110100X||-||
*                                                                          27
X00112NNENEENEN2NNEEEE00120100000112010111010201110010021000010002100110100X-|-||
*                                                                          30
X00112NNENEENEN2NNEEEE00120100000112010111010201110010021000010002100110100X-|-||
*                                                                          31
(...)

X00112NNENEENEN2NNEEEE00120100000112010111010201110010021000010002100110100X-|-||
*31
|00112NNENEENEN2NNEEEE00120100000112010111010201110010021000010002100110100X-|-||
```

Abbildung 12.14

Die nun einsetzende Verschiebung verläuft in Analogie zu Aufgabe 7.2:

```
|00112NNENEENEN2NNEEEE00120100000112010111010201110010021000010002100110100X-|-||
* 32
|X0112NNENEENEN2NNEEEE00120100000112010111010201110010021000010002100110100X-|-||
* 33
(...)

*                                                                          33
|X00112NNENEENEN2NNEEEE00120100000112010111010201110010021000010002100110100X|-||
```

Abbildung 12.15

Ein Letztes bleibt in diesem Makro-Zug der UTM noch zu tun: wir müssen den Kode des Folgezustands q_j im Wert des immer noch aktuellen o-Quintupels in den Arbeitsspeicher kopieren und die Marken im übrigen Tabellen-Sektor entfernen.

Das leistet der Kopier-Modul (Zustände 38 bis 46). Zunächst muß U . TM den aktuellen o-Wert finden, was im Beispiel in einem Suchlauf nach links in Zustand 38 geschieht.

```
 |X00112NNENEENEN2NNEEEE001201000000112010111010201110010021000010002100110100X|-||
*                                                                              38

 (...)

 |X00112NNENEENEN2NNEEEE001201000000112010111010201110010021000010002100110100X|-||
*                       38
```

Abbildung 12.16

Nun folgt der Kopier-Zyklus:

```
 |X00112NNENEENEN2NNEEEE001201000000112010111010201110010021000010002100110100X|-||
*                          40
 |X00112NNENEENEN2NNEEEEN01201000000112010111010201110010021000010002100110100X|-||
*                          42
 (...)

 |X00112NNENEENEN2NNEEEEN01201000000112010111010201110010021000010002100110100X|-||
* 42
 |X00112NNENEENEN2NNEEEEN01201000000112010111010201110010021000010002100110100X|-||
*  43
 |XN0112NNENEENEN2NNEEEEN01201000000112010111010201110010021000010002100110100X|-||
*  39

 (...)

*    39
 |XN0112NNENEENEN2NNEEEEN01201000000112010111010201110010021000010002100110100X|-||
*     40
 |XN0112NNENEENEN2NNEEEEN01201000000112010111010201110010021000010002100110100X|-||

 (...)

*             40
 |XN0112NNENEENEN2NNEEEENN1201000000112010111010201110010021000010002100110100X|-||
*                 42
 (...)

 |XNNE12NNENEENEN2NNEEEENNE201000000112010111010201110010021000010002100110100X|-||
*            40
 |XNNE12NNENEENEN2NNEEEENNE201000000112010111010201110010021000010002100110100X|-||
*            41
```

Abbildung 12.17

Der einzige Unterschied zu der in früheren Kapiteln vorgeführten Manier des Kopierens ist auf den Umstand zurückzuführen, daß der Arbeitsspeicher ein Feld mehr umfaßt, als für den Zustand-Kode erforderlich. Wir berücksichtigen das folgendermaßen: jedesmal, wenn Zustand 40 ein "2" liest, ruft er den Zustand 41. Steht Zustand 41 dann auf einem "N" oder "E", so kann der Kopier-Zyklus fortgesetzt werden und U.TM läuft, wieder in Zustand 40, weiter nach rechts. Liest Zustand 41 aber "0" oder "1", so ist das Kopieren von q_j beendet (ebenso, wenn Zustand 40 das rechte "X" liest); dann entfernt Zustand 46 alle Marken und startet den nächsten Makro-Zyklus.

Die Imitation des ersten o-Zugs durch den ersten Makro-Zug von U.TM hat zu folgender Lage geführt:

```
*  46
   |X00112001011010200111100120100000112010111010201110010021000010002100110100X|-||
*    1
```

Abbildung 12.18

In dieser Weise wird der gesamte o-Lauf o-Zug für o-Zug imitiert. Der Leser sollte sich während eines Laufs von U.TM durch Analysen zufällig gewählter Momentaufnahmen seines Verständnisses vergewissern.

Im vorletzten Makro-Zug kopiert U.TM den Kode für den Zustand 0, "000", in den Arbeitsspeicher. Im letzten Makro-Zug schließlich sucht sie – erfolglos – das entsprechende Argument im Tabellen-Sektor: Zustand 10 stößt auf das rechte "X", die Zustände 47 und 48 terminieren daraufhin den Lauf von U.TM. Die terminale Momentaufnahme:

```
U.TM
   (...)
   -X00012001011010200111100120100000112010111010201110010021000010002100110100X||||--
*   0
   Selbst-Stop
   20400 Züge
   Position des Lesekopfs: 1
```

Abbildung 12.19

Zum Vergleich die terminale Momentaufnahme des o-Laufs:

```
UNADD.TM
   (...)
   -||||--
*   0
   Selbst-Stop
   12 Züge
   Position des Lesekopfs: 1.
```

Abbildung 12.20

Aufgabe 12.1 ⟨1⟩ Der Leser kodiere eine andere 2-Zeichen-TM, wähle eine einfache o-Eingabe, lasse U.TM auf der entsprechend zusammengestellten Kette laufen, und verfolge dabei die Zusammenhänge zwischen Makro-Zügen und o-Zügen.

12.3

U.TM leistet alles, was wir von ihr verlangen, aber leider nicht nur das: sie akzeptiert auch Zeichenketten, die unsere Konvention nicht als Kodes von TMn anerkennt (zum Beispiel die Kette "X021X"). Der relativen Einfachheit unserer Darstellung zuliebe (und weil wir in diesem Kapitel von fertig und korrekt gegebenen o-Tabellen ausgegangen sind) nehmen wir das in Kauf. Da andererseits der Leser im Prinzip effektiv im Stande ist, eine TM-Tabelle nach unserer Konvention von allen anderen Zeichenketten zu unterscheiden, gibt es auch eine TM, die diese Effektivität verkörpert.

Aufgabe 12.2 ⟨3*⟩ Die Reihenfolge der kodierten Quintupeln im Tabellen-Sektor ist für U.TM an sich egal. Es empfiehlt sich aber aus mehreren Gründen, die Kodes für die Zustandsnamen q_i in lückenloser lexikalischer Reihenfolge zu vergeben und die kodierten Quintupel nach dieser Reihenfolge und innerhalb jedes Zustands auch noch nach s_i ("0" < "1") zu ordnen.

Diese Ordnung vorausgesetzt, baue der Leser eine Prüf-Maschine KODE-PRF.TM für Tabellen-Kodes wie in Abbildung 12.2. KODE-PRF.TM gewährleistet:

(a) Der Kode des ersten Quintupels beginnt mit "2". Es folgt eine Anzahl k von Nullen ($k = 0, 1, \ldots$); an der $(k + 1)$-ten Stelle steht das Zeichen "1" (diese $k + 1$ Stellen bilden den Kode für q_i im ersten Quintupel).

(b) Jeder Quintupel-Kode hat hinter dem Zeichen "2" genau $2 \cdot (k + 1) + 3$ Stellen (nämlich $k + 1$ Stellen für q_i, je eine Stelle für s_i, s_j und d_j, sowie $k + 1$ Stellen für q_j).

(c) Entweder kodieren zwei unmittelbar auf einander folgende Quintupel-Kodes die beiden Quintupel eines Zustands; dann stimmen die Kodes für q_i überein, der Kode für s_i in der ersten Zeichenkette ist "0" und in der zweiten "1". Oder es handelt sich um die Kodes von Quintupeln unmittelbar aufeinander folgender Zustände; dann ist der Kode für die Komponente q_i des zweiten Quintupels der unmittelbare Nachfolger (in lexikalischer Reihenfolge) des Kodes für q_i im ersten Quintupel; in diesem Fall ist über die beiden s_i-Kodes keine Entscheidung nötig. (Das heißt, wir lassen – wie wir es ja auch in der Praxis tun – TMn zu, die den vollen Satz von $2 \cdot n$ Quintupeln nicht ausnutzen. Ein Nachteil dieser Haltung ist, daß auch auf Inschriften über dem Alphabet {–, | } irreguläre Stops vorkommen können. Wir könnten freilich unsere KODE-PRF.TM ohne weiteres so einrichten, daß sie nur solche Tabellen anerkennt, die für jeden Zustand zwei Quintupel ausweisen.)

(d) Die jeweilige Länge der Kodes für die q_i (zugleich die Kode-Länge der q_j) ist minimal, das heißt $k + 1 = \text{BITS}(n)$, wenn insgesamt n Zustände kodiert sind.

Es ist nämlich sinnvoll, Ternärketten abzulehnen, die eine TM-Tabelle zwar korrekt, aber zu aufwendig kodieren; zum Beispiel kodieren die beiden Ternärketten

210000

und

20100000

dieselbe TM-Tabelle. Sind die Bedingungen (a) bis (c) schon geprüft, so ist die Prüfung (d) sehr leicht zu bewerkstelligen.

Hat KODE-PRF.TM auf einer vorgelegten Ternärkette Erfolg, so schreibt sie davor den initialen Arbeitsspeicher (k Nullen, dann "1" gefolgt von "0"), rahmt das Ganze mit zwei "X" ein und hält auf dem linken; sie stellt damit einen kompletten Tabellen-Sektor für U.TM her (wie in Abbildung 12.3 illustriert). Mißerfolg – die vorgelegte Kette ist, gemessen an den Kriterien (a) bis (d), keine für U.TM kodierte TM-Tabelle – zeigt KODE-PRF.TM durch Halten auf dem ersten Zeichen der Eingabe an. Es wäre schön, wenn das von KODE-PRF.TM gefundene unstimmige Zeichen in der Ausgabe markiert erschiene.

12.4

Die Läufe von U.TM mögen dem Leser monströs erscheinen, Computer funktionieren aber tatsächlich nach dem vorgeführten Prinzip. Die Hardware eines Computers ist eine Universelle Turing-Maschine (mit einem offensichtlichen Vorbehalt: die Vermehrung der Speicherplätze bei Bedarf ist nicht unbeschränkt garantiert). Ein Computer hat, der höheren Effizienz wegen, typischerweise noch sehr viel mehr Zustände als unsere U.TM (durch Vermehrung der Zustände kann auch eine nach unserer Konvention gebaute UTM bedeutend schneller als U.TM gemacht werden; wir empfehlen dem Leser einen Versuch in dieser Richtung).

Die dem Computer vorgelegten Programme sind Beschreibungen spezieller Maschinen, unseren TM-Tabellen analog. Auch diese Maschinen haben in der Regel sehr viel mehr Zustände als die in unserem Buch besprochenen. Ein Programm kann nun seinerseits wiederum eine Universelle Maschine beschreiben – man spricht dann von einem *Interpreter*. Ein Interpreter ist in der Lage, andere spezielle, insbesondere aber auch andere universelle Maschinen laufen zu lassen. Derart ergibt sich eine potentiell unendliche Hierarchie von universellen Maschinen – der Leser kann sich diesen Umstand an der Tatsache veranschaulichen, daß eine 2s-Version von U.TM ihre eigene Tabelle zusammen mit der entsprechend kodierten Tabelle einer beliebigen TM T und deren Eingabe-Inschrift in Makro-Makrozügen verarbeiten würde; sie würde (falls T auf ihrer Eingabe terminiert) mit einer Ausgabe halten, die nach den beschriebenen Prinzipien der Interpretation die Ausgabe von T enthält.

Derartige Hierarchien von UTMn erleichtern im günstigen Fall dem Benutzer die Konzentration auf spezielle Probleme erheblich, weil er nur mit einer „obersten Schicht" zu tun hat, deren „Sprache" auf die Art seiner Probleme zugeschnitten ist. Unsere Software stellt eine UTM zur Verfügung, die auf der Tabelle von U . TM (und auf den Tabellen aller anderen nach unserer Konvention gebauten TMn) läuft; diese Software stützt sich auf die Beschreibung einer UTM namens SCHEME (eine „höhere" Programmier-Sprache aus der Familie LISP – siehe etwa Clinger/Rees *1991*; Texas Instruments *1990*; Eisenberg *1990*); SCHEME stützt sich – je nach den Umständen der verwendeten Implementation – auf die Beschreibung einer UTM namens C, oder gleich auf eine ASSEMBLER genannte Beschreibung einer UTM; der ASSEMBLER stützt sich auf eine in „Maschinensprache" beschriebene UTM, auf deren Beschreibung schließlich die Hardware arbeitet (die selbst wieder „mikro-programmiert" sein kann).

Die Konventionen für TMn erweisen sich für die praktische Programmierung als viel zu unbequem. Zur Basis theoretischer Untersuchungen eignen sie sich andererseits besonders, da sie die elementaren Zusammenhänge ausdrücken. Deswegen interessiert man sich auch mehr für die kleinstmögliche UTM (im Hinblick auf die Anzahl der benötigten Quintupeln) als für die schnellste (gemessen an irgendeinem Durchschnitt der Anzahl der benötigten Züge pro o-Zug); denn die kleinste eine gegebene Spezifikation erfüllende TM verkörpert die für das vorgelegte Problem schlechthin unabdingbaren Zusammenhänge und *deren* Zusammenhang. Die zur Zeit als kleinste bekannte UTM wurde von dem US-amerikanischen Automatentheoretiker Marvin Minsky entdeckt; sie arbeitet mit sieben Zuständen über vier Zeichen (Minsky *1972* 276f). Sie setzt freilich eine Kodierung der TM-Tabellen voraus, die für den Anfänger weit weniger anschaulich ist als die in diesem Kapitel vorgestellte.

13. Menge, Cartesisches Produkt, Funktion, Relation

Wir haben im Vorangegangenen des öfteren mit mathematischen Begriffen operiert, ohne sie beim Namen zu nennen. Dieses Kapitel schieben wir ein, um einige von ihnen zu taufen und ein wenig zu erläutern. Das wird uns helfen, den Inhalt der folgenden Kapitel kürzer und klarer darzustellen.

13.1

Zunächst führen wir den Begriff der *Menge* in einer für unsere Zwecke ausreichenden Weise ein (der näher interessierte Leser sei auf Halmos *1976* verwiesen).

Eine Menge ist eine endliche oder unendliche Ansammlung von verschiedenen Gegenständen, die man *Elemente* der Menge nennt. Ein bestimmtes Element kommt in einer gegebenen Menge nur in einem Exemplar vor; das unterscheidet Mengen zum Beispiel von geordneten Tupeln, wie wir bereits in Kapitel 2 bemerkt haben. Die Elemente werden einem Vorrat von Gegenständen, einem *Universum* (einer „Grundgesamtheit"), entnommen. Über die allgemeine Beschaffenheit dieses Vorrats stellen wir hier keine besonderen Überlegungen an. Für unsere Zwecke setzen wir bloß voraus, daß das Universum im jeweiligen Zusammenhang ausreichend charakterisiert ist, und daß unsere Mengen aus ihm durch Anwendung zusätzlich einschränkender Kriterien gewonnen werden. Von einem dem jeweils charakterisierten Universum beliebig entnommenen Gegenstand läßt sich günstigenfalls nur sagen, ob er einer gegebenen Menge als Element angehört oder nicht.

Einfaches Beispiel eines Universums ist die Menge aller natürlichen Zahlen. Einfache Beispiele für Mengen, deren Elemente diesem Universum entstammen, sind die *leere Menge* { }, die Menge {1, 2, 3} und die Menge der geraden Zahlen {0, 2, 4, ...}. Die leere Menge enthält kein Element. Sie ist aber nicht nichts, sondern gewissermaßen ein Ort, der allen Denkzusammenhängen, in denen Mengen eine Rolle spielen, gemeinsam ist; das wird durch das Setzen der Klammern angedeutet. Die Menge {1, 2, 3} enthält drei Elemente, sie ist endlich. Die Menge der geraden Zahlen ist unendlich, wir können sie also nicht vollständig anschreiben. Die Reihenfolge, in der die Elemente einer Menge angeschrieben werden, spielt keine Rolle. Mit {1, 2, 3} ist also die selbe Menge gemeint wie mit {3, 2, 1} oder auch {1, 3, 2}. Da jedes Element einer Menge nur einmal auftritt, bezeichnet der Ausdruck {1, 2, 3, 2}, auf Mengen bezogen, einfach die Menge {1, 2, 3}. Das Universum der natürlichen Zahlen ist selbst eine Menge, und die Elemente jeder

Menge von natürlichen Zahlen lassen sich auf natürliche Weise ordnen; diese Eigenschaften sind jedoch in der allgemeinen Definition der Menge nicht vorausgesetzt.

Weitere Beispiele sind durch Mengen von binären Zeichenketten gegeben. Das Universum ist hier wieder eine (unendliche) Menge, die Menge aller Binärketten. Beispiele für Mengen über diesem Universum sind die leere Menge { }, die (endliche) Menge {1}, die nur das Element "1" enthält, oder die (unendliche) Menge aller Binärketten, die nur aus "0" bestehen, {0, 00, 000, ...}.

Schließlich seien noch Mengen von Tupeln natürlicher Zahlen erwähnt: etwa die leere Menge { } oder die Paar-Menge von Paaren {(1 2), (2 1)}. Wir sprechen auch bei Tupeln von Elementen. Da bei Tupeln die Reihenfolge ihrer Elemente sehr wohl eine Rolle spielt, sind die Elemente der letzten Menge voneinander verschieden.

Wenn die Elemente einer Menge B alle auch Elemente einer Menge A sind, so sagen wir, B sei eine *Teilmenge* von A. Die Menge aller Elemente von A, die nicht in B enthalten sind, heißt das *Komplement von B in A* (Schreibweise: $A - B$). Zum Beispiel ist das Komplement der Menge der geraden Zahlen in der Menge der natürlichen Zahlen die Menge der ungeraden Zahlen. Vom Komplement von B in A spricht man auch, wenn B nicht Teilmenge von A ist (wenn es Elemente von B gibt, die nicht zugleich Elemente von A sind). Zum Beispiel ist das Komplement der Menge aller durch 3 teilbaren Zahlen in der Menge aller geraden Zahlen die Menge aller geraden Zahlen, die nicht durch 3 teilbar sind. Die Menge aller Elemente, die sowohl in A als auch in B vorkommen, heißt die *Schnittmenge*, auch „Schnitt von A und B" (der Schnitt von A und B ist die leere Menge, wenn kein Element von A auch in B enthalten ist; kommt ein bestimmtes Element sowohl in A als auch in B vor, so erscheint es im Schnitt nur in einem Exemplar). Die aus zwei Mengen A und B gebildete *Vereinigungsmenge*, die „Vereinigung von A und B", besteht aus allen Elementen von A und allen Elementen von B (genauer: aus dem Schnitt von A und B, dem Komplement von B in A und dem Komplement von A in B). Ist B Teilmenge von A, so ist A die Vereinigung von A und B, B der Schnitt von A und B.

13.2

Die Zustandsnamen einer gegebenen TM-Tabelle bilden eine endliche Menge, ebenso ist ihr Alphabet eine endliche Menge (der Alphabet-Zeichen der beschriebenen TM). Jedes Argument einer TM-Tabelle ist ein geordnetes Paar, dessen erstes Element der ersten Menge, dessen zweites Element der zweiten Menge entstammt (wie bereits in Kapitel 2 dargelegt). Die Menge aller theoretisch möglichen Argumente bei gegebenen Zustand- und Zeichen-Anzahlen heißt das *Cartesische Produkt* der Menge der Zustandsnamen und der Menge der Alphabet-Zeichen. So bezeichnet man auch allgemein die Menge aller möglichen Tupel, die aus den Elementen mehrerer Mengen gebildet werden können. Hat, im Beispiel der Argumente einer TM-Tabelle, die erste Menge etwa n Elemente und die zweite m, so besteht das Cartesische Produkt der beiden Mengen offensichtlich aus $n \cdot m$ verschiedenen Elementen (Paaren). Analog dazu besteht das Cartesische Produkt von k endlichen Mengen aus einer Menge von k-Tupeln, wobei das erste Element jedes k-Tupels der ersten Menge entstammt, das zweite Element der zweiten Menge, und so weiter. Hat nun die erste Menge n_1 Elemente, die zweite n_2, ..., die letzte n_k Elemente, so hat das Cartesische Produkt $n_1 \cdot n_2 \cdot ... \cdot n_k$ Elemente (k-Tupel). Von der Reihenfolge, in die man die Ausgangsmengen stellt, hängt zwar nicht die Anzahl der Elemente eines Cartesischen Produkts, sehr wohl aber die Ordnung der Elemente eines Tupels (eines Elements des Cartesischen Produkts) ab. Bilden wir im übrigen das Cartesische Produkt aus k Mengen, die alle die gleiche Anzahl n von Elementen haben, so erhalten wir n^k Elemente. Insbesondere ist das Cartesische Produkt einer endlichen Anzahl endlicher Mengen immer eine endliche Menge.

Man kann auch das Cartesische Produkt unendlicher Mengen bilden, zum Beispiel die Menge aller Paare von natürlichen Zahlen. Aus diesem Beispiel ersieht man auch, daß die Mengen, aus denen sich ein Cartesisches Produkt bilden läßt, nicht notwendig von einander verschieden sein müssen.

13.3

Eine *Funktion* (auch „Abbildung" genannt) ist eine bestimmte Art der Zuordnung von Elementen einer gegebenen Menge zu Elementen einer anderen, nicht notwendig verschiedenen Menge. Man betrachtet die Zuordnung als gerichtet: einem Element der ersten Menge ist ein Element der zweiten zugeordnet. Die beiden Mengen heißen *Vorbereich* beziehungsweise *Nachbereich*. Damit eine Zuordnung „Funktion" heiße, darf einem Element des Vorbereichs höchstens ein Element des Nachbereichs zugeordnet sein.

Vorbereich und Nachbereich einer vorgelegten Funktion müssen zwar definiert sein, jedoch nicht unbedingt durch die Funktion selbst. Es kann Elemente des Vorbereichs geben, denen die Funktion kein Element des Nachbereichs zuordnet (die Funktion ist dann „aus" dem Vorbereich „in" den Nachbereich), und umgekehrt. Ist einem Element a des Vorbereichs ein Element b des Nachbereichs zugeordnet, so sagen wir, die betreffende Funktion sei *auf a definiert*; wir nennen a eben ein „Argument" der Funktion, und b einen „Wert". Funktionen, die nicht auf jedem Element des Vorbereichs definiert sind, heißen (in Bezug auf die gegebene Definition des Vorbereichs) *partielle* Funktionen. Ist eine Funktion auf jedem Element des Vorbereichs definiert, nennen wir diese Funktion *total* (sie ist dann „von" dem Vorbereich „in" den Nachbereich). Jene Teilmenge eines Vorbereichs, auf welcher die Funktion total ist, nennen wir den *Definitionsbereich* (englisch „domain"). Der Nachbereich heißt meist „Wertebereich" oder „Wertevorrat", auch wenn nicht alle seine Elemente ein Argument haben. Wir nennen *Bildbereich* („range") einer Funktion die Menge ihrer Werte (ist der Vorbereich einer Funktion ihr Definitionsbereich und der Nachbereich ihr Bildbereich, so ist sie „von" dem Vorbereich „auf" den Nachbereich).

Die Zuordnung eines Werts y zu einem Argument x schreiben wir in der Form $f(x) = y$. In dieser Schreibweise markiert die Variable x die *Argument-Stelle* der Funktion f, die Variable y den zugeordneten Wert; f ist eine Variable, die für den Namen einer konkret charakterisierten Funktion steht.

Eine gegebene Funktion ist stets durch eine Spezifikation bestimmt, welche die intendierte Zuordnung der Werte zu ihren Argumenten charakterisiert. Ist diese Spezifikation effektiv, so kann sie durch eine TM realisiert werden (Kapitel 11). Die betreffende Funktion heißt dann eben (Turing-)berechenbar.

Die für uns wichtigsten Beispiele totaler und partieller Funktionen sind die durch TMn realisierten Zuordnungen ihrer Ausgaben zu ihren Eingaben. Eine derartige Funktion ist partiell, wenn die betrachtete TM nicht auf allen Zeichenketten über ihrem Alphabet hält. Man kann jede partielle Funktion zu einer totalen machen, indem man den Vorbereich definitionsweise auf diejenigen Argumente einschränkt, auf denen die Funktion definiert ist. Das tun wir zum Beispiel, wenn wir als initiale Band-Inschriften für eine gegebene TM nicht alle Zeichenketten über ihrem Alphabet zulassen, sondern nur jene, von denen wir wissen, daß die TM auf ihnen terminieren wird. Wie wir jedoch im nächsten Kapitel sehen werden, gibt es kein effektives Verfahren, das uns für beliebige TMn die jeweilige Auswahl dieser Zeichenketten gestatten würde.

Mit *zahlentheoretischen Funktionen* haben wir bereits gearbeitet, sie haben Mengen natürlicher Zahlen zum Vor- wie auch zum Nachbereich. So ordnet die Nachfolger-Funktion jeder natürlichen Zahl die nächstgrößere natürliche Zahl zu, die Quadrat-Funktion jeder natürlichen Zahl ihr Quadrat, die Fakultät-Funktion jeder natürlichen Zahl ihre Fakultät (Kapitel 5).

Setzen wir an der Argument-Stelle einer berechenbaren totalen Funktion konkret ein Element ihres Vorbereichs ein, so liefert die Berechnung den zugehörigen konkreten Wert. Beispielsweise gilt NACHFOLGER(5) = 6, QUADRAT(5) = 25 oder FAKULTÄT(5) = 120. Für häufig vorkommende Funktionen haben sich spezielle Schreibweisen eingebürgert, für die Quadrat-Funktion etwa $x^2 = y$ oder für die Fakultät-Funktion $x! = y$; hier sind also das Hochstellen der 2 oder das Ausrufungszeichen als Namen bestimmter Funktionen aufzufassen.

Auch die Addition ist eine Funktion, allerdings eine *zweistellige*, das jeweilige Argument ist aus zwei Zahlen zu bilden. Um unserer Definition zu genügen, die ja als Argument einer Funktion jeweils nur ein einziges Element des Vorbereichs zuläßt, müssen wir die beiden Summanden zu einem Element zusammenfassen. Wir verstehen die Argumente der Addition als Zahlen-Paare: SUMME ((2 3)) = 5, kürzer SUMME(2 3) = 5, noch kürzer 2 + 3 = 5 ("+" ist der gängige Name der Additions-Funktion, aus historischen Gründen meist zwischen die beiden Elemente des Paar-Arguments geschrieben). Ein weiteres Beispiel einer zweistelligen Funktion ist die Potenz: POTENZ((2 3)) = 8, kürzer $2^3 = 8$. Diese Konstruktion läßt sich auf Funktionen beliebiger Stellenzahl fortsetzen; man spricht dann von *mehrstelligen* Funktionen. Im übrigen verschlägt es nichts, wenn man, dem üblichen Sprachgebrauch folgend, von einer n-stelligen Funktion sagt, sie habe n Argumente. Der Vorbereich einer mehrstelligen Funktion ist dann das Cartesische Produkt der Mengen, denen die so verstandenen einzelnen Argumente entstammen, oder eine Teilmenge davon.

Nichtsdestoweniger wollen wir die Auffassung beibehalten, daß jede Funktion nur eine einzige Argument-Stelle hat. Dieser Auffassung entspricht die Forderung, daß auch die Werte einer beliebigen Funktion stets als je einzelne Elemente des jeweiligen Nachbereichs auftreten. Beispielsweise sind die TM-

Tabellen selbst als Funktionen zu interpretieren: In jeder Tabelle ist jedem in ihr vorkommenden Argument, das heißt jedem vorkommenden Paar $(q_i\,s_i)$, genau ein Tripel $(s_j\,d_j\,q_j)$ zugeordnet. In diesem Sinn beschreibt die Tabelle einer TM mit n Zuständen und m Zeichen genau dann eine totale Funktion, wenn in ihr alle $n \cdot m$ überhaupt möglichen Paare $(q_i\,s_i)$ vorkommen. Alternativ könnten wir in einer TM-Tabelle drei verschiedene Funktionen beschrieben sehen: eine Funktion S ordnet einem gegebenen Argument das zu schreibende Zeichen zu: $S(q_i\,s_i) = s_j$; eine zweite Funktion D liefert das Zeichen der zugehörigen Bewegungsrichtung: $D(q_i\,s_i) = d_j$; die dritte Funktion Q hat als Wert des Arguments den Namen des Folgezustands: $Q(q_i\,s_i) = q_j$.

Eine Funktion läßt sich auch ohne Rückgriff auf effektive Vorschriften fassen. Von einem abstrakteren Standpunkt aus betrachtet man die besprochenen Zuordnungen als Mengen von Paaren; das erste Element jedes Paars repräsentiert ein Argument, das zweite den zugeordneten Wert. So ist zum Beispiel die Nachfolger-Funktion durch die Menge $\{(0\ 1),\ (1\ 2),\ (2\ 3),\ ...\}$ beschrieben, die Additions-Funktion durch die Menge $\{((0\ 0)\ 0),\ ((0\ 1)\ 1),\ ((1\ 0)\ 1),\ ((0\ 2)\ 2),\ ((1\ 1)\ 2),\ ...\}$. Da jedenfalls die Vor- und Nachbereiche als eindeutig erfaßt vorausgesetzt sind, lassen sich auf diese Weise Funktionen charakterisieren, von denen nicht von vornherein offensichtlich ist, welche Vorschriften ihnen zugrundeliegen. Wir werden in den nächsten Kapiteln sehen, daß man sinnvoll auch mit solchen Funktionen operieren kann, für die keine effektive Zuordnungsvorschrift existiert.

In der Definition des Funktions-Begriffs haben wir gefordert, daß einem Element des Vorbereichs höchstens ein Wert zugeordnet sei. Wenn, zusätzlich, die umgekehrte Forderung erfüllt ist, daß ein Element des Nachbereichs höchstens einem Argument zugeordnet sein soll, heißt die betreffende Funktion *injektiv*. Wenn überhaupt jedes Element des Nachbereichs mindestens einem Argument zugeordnet ist, spricht man von einer *surjektiven* Funktion. Man beachte, daß „surjektiv" nicht einfach das Gegenteil von „injektiv" ist. Eine Funktion, die sowohl injektiv wie auch surjektiv ist, nennt man *bijektiv*. Beispielsweise ist auf den natürlichen Zahlen die Quadrat-Funktion injektiv, aber nicht surjektiv, die Additions-Funktion surjektiv, aber nicht injektiv.

Aufgabe 13.1

(a) ⟨1⟩ Ist die Nachfolger-Funktion surjektiv, wenn ihr Nachbereich als die Menge aller natürlichen Zahlen definiert ist?

(b) ⟨1⟩ Ist die zweistellige Funktion GGT (größter gemeinsamer Teiler) injektiv?

(c) ⟨1⟩ Wie muß man den Nachbereich der Funktion DOPPEL (die jeder natürlichen Zahl ihre Verdoppelung zuordnet) definieren, damit DOPPEL bijektiv wird?

Wir haben erwähnt, daß die Elemente einer Menge als solche keiner natürlichen Ordnungsbeziehung unterliegen müssen. Bei den zahlentheoretischen Funktionen läßt sich jedoch auf dem Vorbereich ebenso wie auf dem Nachbereich eine Ordnung definieren, eben die durch die Größe der Zahlen gegebene „natürliche"

Ordnung. Wir ordnen die Argumente, auf denen eine zahlentheoretische Funktion definiert ist, nach ihrer Größe, und betrachten die derart induzierte Folge der zugeordneten Werte. Wenn die Folge der Werte steigt, wenn also in dieser Folge auf einen Wert stets ein Wert folgt, der nicht kleiner ist als der vorangehende, so heißt diese Funktion *monoton steigend*; ist der folgende Wert immer größer als sein Vorgänger, so handelt es sich um eine *streng monoton steigende* Funktion. Analog sind *monoton fallend* und *streng monoton fallend* definiert.

Aufgabe 13.2 ⟨1⟩ Die Nachfolger-Funktion steigt streng monoton. Man betrachte die Vorgänger-Funktion, die jeder natürlichen Zahl ihren unmittelbaren Vorgänger zuordnet. Wenn man für diese Funktion dem Argument 0 den Wert 0 zuordnet – ist die Funktion (streng) monoton?

13.4

Eine Zuordnung zwischen den Elementen zweier nicht notwendig verschiedener Mengen nennt man allgemeiner eine *Relation*, wenn die für den Funktionsbegriff entscheidende Forderung, daß jedem Element des Vorbereichs höchstens ein Element des Nachbereichs zugeordnet sei, keine Rolle spielt. Es ist also zwar jede Funktion eine Relation, das Umgekehrte gilt aber nicht. Beispielsweise ist die Beziehung „größer als" eine Relation auf den natürlichen Zahlen, aber keine Funktion: für jede Zahl n gibt es (unendlich) viele Zahlen, die größer als n sind, und jede Zahl (außer 0 und 1) hat mehrere Vorgänger, ist also größer als diese.

Zwei natürliche Zahlen können entweder in dieser Relation zu einander stehen oder nicht. 5 ist größer als 2, aber nicht größer als 5 oder 7. Formal ist die zahlentheoretische Relation „größer als" die Menge aller Paare von natürlichen Zahlen, die dieser Relation genügen: {(1 0), (2 0), (2 1), ...}.

Eine zweistellige Relation ist also eine Teilmenge des Cartesischen Produkts der beiden ihr zugrunde gelegten Mengen. Um auszudrücken, daß ein Paar ein Element einer bestimmten Relation ist, schreibt man üblicherweise den Namen der Relation zwischen die Elemente des Paars: 6 > 4.

Der Begriff der Relation läßt sich sowohl auf einstellige wie auch auf mehrstellige Zuordnungen erweitern. Einstellige Relationen nennt man *Prädikate*. So ist etwa „ungerade" ein Prädikat auf den natürlichen Zahlen, nämlich die Menge {1, 3, 5, ...}. Ein Beispiel für eine dreistellige zahlentheoretische Relation ist die Menge aller Tripel natürlicher Zahlen, mit denen man die Seitenlängen von rechtwinkeligen Dreiecken angeben kann, die also zueinander in der durch den Satz des Pythagoras definierten Beziehung $a^2 + b^2 = c^2$ stehen: {(3 4 5), (4 3 5), (6 8 10), ...}.

Jede Relation läßt sich durch eine Funktion beschreiben, durch jene nämlich, die einem gegebenen Element des zugrundeliegenden Cartesischen Produkts (des Universums der Relation) die Zahl 1 zuordnet, wenn es Element der Relation ist, die Zahl 0 aber, wenn das nicht der Fall ist (oder, nach Vereinbarung, umgekehrt). Diese Funktion nennt man die *charakteristische Funktion* der Relation. Ist etwa $\chi_{\text{Pythagoras}}$ die charakteristische Funktion der im vorigen Absatz letztgenannten Relation, so haben wir beispielsweise $\chi_{\text{Pythagoras}}(4\ 5\ 6) = 0$, und wir interpretieren: „Es trifft nicht zu, daß $4^2 + 5^2 = 6^2$".

Eine Definition einer bestimmten Relation kann man als eine Spezifikation für die Konstruktion von TMn betrachten, die ihre charakteristische Funktion berechnen. Läßt sich diese Spezifikation überhaupt erfüllen, so existieren (siehe Kapitel 4) unendlich viele verschiedene TMn, die diese Funktion berechnen. Relationen, deren charakteristische Funktion berechenbar ist, nennt man *entscheidbar*. Alle in diesem Abschnitt erwähnten Prädikate und Relationen sind entscheidbar (für die Relation "$\geq$" haben wir mit den Lösungen von Aufgabe 6.12 auch schon verschiedene TMn zur Hand, die ihre charakteristische Funktion berechnen).

Aufgabe 13.3

(a) $\langle 1 \rangle$ Ist das Prädikat „prim" entscheidbar?
(b) $\langle 2 \rangle$ Man überlege, wie die Moduln einer TM zur Berechnung der charakteristischen Funktion χ_{prim} dieses Prädikats auf Binärzahlen aussehen müßten.

14. Das Halteproblem

Wir weisen noch einmal darauf hin, daß uns die Ergebnisse von Kapitel 9 gestatten, jede beliebige erfüllbare Spezifikation als erfüllbar durch eine TM mit bloß zwei Zeichen vorauszusetzen. Wir werden zwar immer wieder einmal von umfangreicheren Alphabeten sprechen (wie das in Kapitel 12 geschehen ist), doch nur, um die Darstellung der jeweils wesentlichen Ebene einer Interpretation von Komplikationen zu befreien, die niedrigeren Ebenen angehören; in solchen Fällen ist stets eine 2s-Version mitzudenken.

Zur Vereinfachung unserer Ausdrucksweise nennen wir, wo Verwechslungen nicht zu befürchten sind, die Zeichen des Alphabets $\{-, \mathrm{I}\}$ „Leerzeichen" und „Zeichen" (schlechthin).

Aufgabe 14.1 $\langle 2T \rangle$ Der Leser konstruiere eine TM mit zwei Zuständen auf diesem Alphabet, die auf dem leeren Band startet. Nach dem Halten sollen vier Zeichen auf dem sonst leer gebliebenen Band stehen.

Aufgabe 14.2 $\langle 2T \rangle$

(a) Man programmiere eine TM mit drei Zuständen auf diesem Alphabet, die auf dem leeren Band startet. Die Maschine soll halten, und die Ausgabe soll aus möglichst vielen Zeichen bestehen. Zwischen den Zeichen können beliebig viele Leerzeichen stehen. Das Terminieren ist natürlich wesentlich für die Nicht-Trivialität der Aufgabe.
(b) Man entwerfe eine entsprechende TM mit vier Zuständen.

14.1

Wir wollen uns vorerst die Frage vorlegen, wie viele verschiedene Tabellen von Maschinen mit genau n Zuständen es über einem Alphabet mit m Zeichen gibt. Uns interessiert die theoretische Anzahl solcher TM-Tabellen insgesamt, daher behandeln wir diese Frage rein formal und lassen jede „sinnvolle" Abhängigkeit der Quintupeln einer gegebenen TM voneinander, wie sie sich allein in der Interpretation zeigen könnte, außer acht.

Einem beliebig herausgegriffenen Argument einer beliebigen TM mit n Zuständen über einem Alphabet von m Zeichen kann jeder von insgesamt $m \cdot 2 \cdot (n + 1)$ möglichen Werten zugeordnet sein. Denn das im Wert eines beliebigen Quintupels $(q_i \, s_i \, s_j \, d_j \, q_j)$ angegebene Zeichen s_j ist eines der m Alphabet-Zeichen; unabhängig vom konkret eingesetzten Zeichen kann d_j eine der beiden Anweisungen "L" oder "R" sein; unabhängig von diesen beiden Elementen kann q_j ein beliebiger der n Zustandsnamen oder der Zustandsname "0" sein. Für das Errechnen der Gesamtzahl der zur Auswahl verfügbaren Werte sind unsere Ausführungen zum Cartesischen Produkt in Abschnitt 13.2 relevant.

Die Tabelle einer TM mit n Zuständen und m Zeichen hat maximal $m \cdot n$ Quintupel, und das ist zugleich die maximale Anzahl ihrer (paarweise verschiedenen) Argumente $(q_i\, s_i)$. Da jedes Quintupel einen der möglichen $m \cdot 2 \cdot (n + 1)$ Werte enthält und da der Wert eines Quintupels formal unabhängig von allen anderen der betrachteten TM ist, erhalten wir (in neuerlicher Anwendung der Ergebnisse aus Kapitel 13, insbesondere der Bemerkungen über die Potenz) insgesamt $(m \cdot 2 \cdot (n + 1))^{m \cdot n}$ verschiedene vollbelegte Tabellen von TMn mit n Zuständen und m Zeichen („vollbelegt" soll heißen, daß jeder Zustand m Quintupel hat).

Die zuletzt erhaltene Formel beschreibt eine berechenbare Funktion, denn Addition, Multiplikation und Potenz sind berechenbar, wie wir durch den Aufweis entsprechender TMn festgestellt haben, und ferner führt das Koppeln von TMn wieder zu einer TM, also das Hintereinander-Schalten von berechenbaren Funktionen wieder zu einer berechenbaren Funktion. Wir wollen unsere Funktion „ANZ" nennen; ANZ($m\, n$) („die Gesamtanzahl der verschiedenen TM-Tabellen mit m Zeichen und n Zuständen") ist für alle endlichen m und n eine natürliche Zahl, das heißt endlich. Im Hinblick auf das eingangs Gesagte konzentrieren wir uns auf Alphabete von zwei Zeichen und schreiben einfacher ANZ(n) für ANZ($2\, n$). Durch Einsetzen von 2 für m ergibt sich

$$\mathrm{ANZ}(n) = (4 \cdot (n + 1))^{2 \cdot n}$$

als Anzahl aller verschiedenen Tabellen von TMn mit n Zuständen über einem Alphabet mit zwei Zeichen. Beispielsweise gibt es ANZ(1) $= 8^2 = 64$ verschiedene Tabellen von TMn mit einem einzigen Zustand, ANZ(2) $= 12^4 = 20\,736$ verschiedene Tabellen von TMn mit maximal zwei Zuständen, und ANZ(3) $= 16^6 = 16\,777\,216$ verschiedene Tabellen von TMn mit maximal drei Zuständen über binärem Alphabet.

Gewiß erfaßt unsere oberflächlich formal vorgehende Zählweise viele überflüssige Tabellen. Manche dieser Tabellen werden die selbe TM beschreiben (siehe Ende Abschnitt 2.3). Viele müssen uns sogar sinnlos erscheinen – zum Beispiel sind Maschinen darunter, deren Werte sämtlich den Folgezustand 0 ausweisen (wie viele für gegebenes n?); viele werden Zustände enthalten, die in keinem Lauf zum Einsatz kommen können, etwa weil ihr Name in keinem Wert als Name des Folgezustands erscheint. In den ANZ(n) TM-Tabellen sind also auch alle Tabellen der 2-Zeichen-Maschinen mit weniger als dem vollen Satz von $2 \cdot n$ Quintupeln enthalten, sowie alle Tabellen der TMn mit weniger als n Zuständen. Wir könnten unsere Bausch-und-Bogen-Zählung formal verfeinern, um effektiv zu kleineren und sinnvolleren Zahlen zu kommen (siehe auch Abschnitt 16.4). Für unsere vorläufigen Absichten kommt es uns indessen allein auf die Existenz einer jeweiligen oberen Schranke für die Anzahlen an.

14.2

Wir wenden uns wieder den Aufgaben aus 14.1 zu. Jedenfalls ist die Menge der TMn für jedes n endlich. Viele dieser n-Zustände-TMn werden, auf dem leeren Band angesetzt, nicht halten; die anderen aber halten, und so dürfen wir nach jener n-Zustände-TM fragen, welche die meisten Zeichen auf das anfänglich leere Band schreibt, bevor sie hält (es können für gegebenes n natürlich auch mehrere unter diesem Kriterium gleich leistungsfähige sein). Den oder die „Sieger" in diesem „Wettbewerb" für TMn der Klasse n über zwei Zeichen nennt man den (beziehungsweise die) „n-Biber" (Rado *1962*; siehe auch Dewdney *1984*).

Es wird sich für den Leser lohnen, einige Beispiele speziell unter diesem Gesichtspunkt zu studieren. Wir geben hier einen 2-Biber (Aufgabe 14.1):

```
2BIBER.TM
              -              |
   1      | R 2      | L 2
   2      | L 1      | L 0
```

TM-Tabelle 14.1

Ein 3-Biber findet sich in Aufgabe 7.8 beschrieben, die beiden 4-Biber in Aufgabe 2.4.

Der tiefere Sinn dieses Spiels ist der folgende: Da die Menge der auf dem leeren Band haltenden n-Zustände-TMn endlich ist, und da es demnach einen (oder mehrere) n-Biber geben muß, so scheint es zunächst nicht ausgeschlossen, ein effektives Verfahren zu finden, das wenigstens die Anzahl der Zeichen in der Ausgabe des jeweiligen n-Bibers zu bestimmen gestattet. Wir fragen noch nicht einmal nach der genaueren Beschaffenheit der n-Biber, aber auch zur Lösung unseres bescheideneren Problems existiert kein effektives Verfahren! Wir müssen uns klar machen, warum das so ist, denn Einsicht in diese Tatsache führt uns nun endlich in den Kern der Automatentheorie ein.

Wir vereinbaren abkürzende Bezeichnungen:

- $\Sigma(n)$ sei die Anzahl der Zeichen, die in den Ausgaben der n-Biber erscheinen;
- $Z(n)$ sei die Anzahl der Züge, die eine auf dem leeren Band gestartete TM mit n Zuständen maximal tun kann, bevor sie stehenbleibt.
- MAXBIZK(n) sei die größte Binärkette, die eine 2-Zeichen-TM mit n Zuständen auf dem leeren Band generieren kann. Die in der generierten Kette auftretenden Leerzeichen werden als Nullen, die Zeichen als Einsen interpretiert. Die Größe solcher Binärketten ist durch ihre Position in der halb-lexikalischen Ordnung (Abschnitt 6.4) eindeutig bestimmt.

Σ und Z sind zahlentheoretische Funktionen in dem in Kapitel 13 eingeführten Sinn; MAXBIZK kann leicht zu einer solchen gemacht werden. Alle drei sind insofern definiert, als für jedes n die natürlichen Zahlen $\Sigma(n)$ und $Z(n)$, beziehungsweise die Binärkette MAXBIZK(n) existieren (wie wir uns soeben klargemacht haben) und ferner für alle natürlichen Zahlen n und m und für jede Binärkette k entweder $m = \Sigma(n)$ gilt oder nicht (entsprechend für Z und MAXBIZK). Zum Beispiel gilt:

$$\Sigma(1) = 1$$
$$\Sigma(2) = 4$$
$$\Sigma(3) = 6$$
$$\Sigma(4) = 13$$

Die Werte von $\Sigma(n)$ für alle $n > 4$ sind heute noch unbekannt. Die angegebenen Werte gelten bewiesenermaßen, doch können wir hier – wie gleich verständlich werden wird – die Beweise nicht wiedergeben. Wir machen uns vielmehr an einen Beweis für unsere Behauptung, daß die Werte von Σ nicht in einem effektiven Verfahren ermittelt werden können. Wir sprechen, wohlgemerkt, von einem Verfahren, das für jedes beliebige n funktionieren würde.

Zunächst stellen wir fest, daß stets

$$\Sigma(n + 1) > \Sigma(n)$$

sein muß: die Funktion Σ steigt streng monoton. Denn der n-Biber hält, seine Tabelle enthält also aktuell werdende Quintupel der Form $(q_i \, s_i \, s_j \, d_j \, 0)$. Fügen wir der Tabelle einen weiteren Zustand an, so fällt die neue Maschine in die Klasse der $(n + 1)$-Zustände-TMn. Wir ersetzen in der alten Maschine überall "0" durch den Namen des neuen Zustands; wir wählen als Namen "$n + 1$" und legen diesen Zustand fest:

$$n + 1 \qquad | \; \text{R} \; 0 \qquad | \; \text{R} \; n + 1$$

Wir haben eine $(n + 1)$-Zustände-TM konstruiert, die ein Zeichen mehr als der n-Biber auf das anfänglich leere Band schreibt, bevor sie hält.

Nun zum Kern unseres Beweises. Den Beweis führen wir indirekt: Wir nehmen an, das gemeinte effektive Verfahren existiere, und führen diese Annahme zu einem Widerspruch. Gibt es nämlich so ein Verfahren, dann existiert gemäß der Church-Turing-These auch eine TM, die dieses Verfahren durchführt, also $\Sigma(n)$ für jedes n berechnet. Wir wählen eine 2s-Version einer dieser TMn und nennen sie RADO.TM zu Ehren des ungarisch-amerikanischen Erfinders unseres Beweises (Tibor Rado, 1895–1965). In groben Zügen können wir angeben, wie RADO.TM arbeitet. Als TM hätte sie eine endliche Anzahl von Zuständen, etwa r Zustände. Man würde sie auf ein Band ansetzen, das als einzige Inschrift n trägt – in irgendeiner Zahlen-Darstellung, zum Beispiel als Unärzahl. Nach dem Selbst-Stop von RADO.TM stünde dann $\Sigma(n)$ in Unär-Darstellung auf dem sonst leeren Band (sollte die von uns gewählte RADO.TM auf dem 2s-Kode eines Stellenwertsystems arbeiten, so könnten wir sie in jedem Fall um die entsprechenden Zähler und Entzähler ergänzen; die Zählung dieser zusätzlichen Zustände betrachten wir als in r schon enthalten). Ein Lauf von RADO.TM auf der Eingabe $n = 4$ sähe in diesen groben Hinsichten folgendermaßen aus:

```
RADO.TM
I I I I
1

(...)
```

−...(endlich viele Leerzeichen)...−I I I I I I I I I I I I I−...(endlich viele Leerzeichen)
$$0$$

```
Selbst—Stop
```
p Züge
```
Position des Lesekopfs: k.
```

Abbildung 14.1

Dann können wir aber RADO.TM auch als Modul umfassenderer SIGMA-TMn verwenden. Für jede frei wählbare natürliche Zahl n gibt es eine solche SIGMAn.TM. Jede SIGMAn.TM enthält neben dem fixen Bestandteil RADO.TM zwei weitere Moduln, nämlich als weiteren fixen Bestandteil den Automaten DOPPEL.TM (Aufgabe 3.9(a), siehe Lösungen-Anhang) mit vier Zuständen, und eine PnI.TM (siehe Aufgabe 4.5) mit n Zuständen. Die Funktion der beiden neuen Moduln im gegenwärtigen Zusammenhang werden wir sogleich charakterisieren.

Insgesamt besteht eine SIGMAn.TM jedenfalls aus

PnI.TM	n	Zustände
DOPPEL.TM	4	Zustände
RADO.TM	r	Zustände
SIGMAn.TM	$n + 4 + r$	Zustände

Für unseren Beweis wählen wir eine SIGMAn.TM, für die $2 \cdot n > n + 4 + r$, oder, was das selbe ist, $n > 4 + r$. Ein Beispiel wäre $n = 5 + r$. SIGMA5+r.TM arbeitet folgendermaßen: Zuerst schreibt PnI.TM (also P5+rI.TM) die Unärzahl $5 + r$ auf das leere Band. Sodann verdoppelt DOPPEL.TM die Anzahl der "I". Schließlich errechnet RADO.TM daraus $\Sigma(2 \cdot (5 + r))$ und bleibt stehen.

Das kann aber nicht sein. Unsere SIGMA5+r.TM hat $(5 + r) + 4 + r = 2 \cdot r + 9$ Zustände, startet auf dem leeren Band und schreibt mindestens $\Sigma(2 \cdot r + 10)$ Zeichen (genau $\Sigma(2 \cdot r + 10)$ Zeichen, wenn RADO.TM, wie in Abbildung 14.1 angenommen, die Eingabe löscht). Selbst wenn SIGMA5+r.TM ein $(2 \cdot r + 9)$-Biber wäre, könnte diese Maschine nur $\Sigma(2 \cdot r + 9)$ Zeichen auf das leere Band schreiben, bevor sie hält. Der Widerspruch ergibt sich für jedes $n > 5 + r$ aus unserer vorhin getroffenen Feststellung, daß $\Sigma(n + 1)$ notwendig größer ist als $\Sigma(n)$.

Der Beweis mag anfänglich wie ein Trick aussehen, und es ist ein Trick im Spiel, wenn auch ein durchaus legaler. Wir haben uns der Maschinen P5+rI.TM und DOPPEL.TM nur bedient, um die Gesamtmaschine, in der die supponierte RADO.TM der wesentliche Modul ist, auf dem leeren Band starten zu können (RADO.TM allein startet auf einem "I"-Block); da RADO.TM das selbe leisten soll wie jeder beliebige n-Biber, nämlich $\Sigma(n)$ berechnen, wird die Gesamtmaschine mit den n-Bibern vergleichbar. Der Einsatz von DOPPEL.TM ermöglicht eine primitive Komprimierung (siehe Abschnitt 6.5).

Die PnI.TMn und DOPPEL.TM existieren evidenterweise. Der aufgewiesene Widerspruch kann nur in unserer Annahme liegen, daß RADO.TM existiert. Wir sind nunmehr gezwungen, diese Annahme zu verwerfen.

Was bedeutet unser Ergebnis? Wir haben *nicht* bewiesen, daß für ein konkret gegebenes n kein effektives Verfahren existiert, $\Sigma(n)$ zu berechnen. Wir haben *nichts* bewiesen für $n \le 4 + r$. Wir *haben* bewiesen, daß es kein effektives Verfahren gibt, das auf alle n gleicherweise angewendet werden könnte. Haben wir ein Verfahren für ein gegebenes n_0, so sind darin auch Verfahren für alle $n < n_0$ enthalten. Jedoch haben wir bewiesen, daß ein Verfahren, das gerade für n genügt, für $n + 1$ nicht mehr ausreicht; ihrem Gehalt nach bedeutet diese Feststellung, daß für jedes größere n neue Erfindungen gemacht werden müssen.

Wir können die Funktion Σ als eine Funktion charakterisieren, die schneller wächst als jede berechenbare Funktion. Damit ist gemeint: für jede berechenbare (durch TMn darstellbare) Funktion f gibt es eine natürliche Zahl n_0 derart, daß $\Sigma(n) > f(n)$ für jedes $n > n_0$.

Aufgabe 14.3 $\langle 2* \rangle$ Unter Benutzung der eben angestellten Überlegung beweise man, daß zur Berechnung von MAXBIZK(n) für beliebiges n kein effektives Verfahren existiert.

Aufgabe 14.4 $\langle 3 \rangle$ Man bewerte die Behauptung: Die TM, die Z(n) liefert, ist auch ein n-Biber.

Die oben angegebenen Werte von Σ für $n = 1$ (evidentes Resultat) bis $n = 3$ stammen von Tibor Rado und seinen Mitarbeitern (siehe Lin/Rado *1965*). Der US-Amerikaner Allen Brady hat mit Computern und Ingenuität jahrelang gearbeitet, um die Gleichung $\Sigma(4) = 13$ zu etablieren (Brady *1983*). Er hat die beiden 4-Biber gefunden, das heißt er hat bewiesen, daß jede andere auf dem leeren Band haltende 4-Zustände-TM weniger als dreizehn Zeichen schreibt. Die bisher besten Kandidaten für 5-Biber und „Z(5)-Biber" hat der Amerikaner George Uhing vorgelegt (Dewdney *1984*, *1985a,b*; Brady *1988*). In der Hoffnung, den Leser für diese mysteriösen Naturgegenstände interessieren zu können, führen wir die Tabellen der beiden Maschinen an. UHING1.TM (TM-Tabelle 14.2) schreibt vor dem Halten 1915 Zeichen auf das anfangs leere Band und benötigt dafür 2 133 493 Züge. UHING2.TM (TM-Tabelle 14.3) schreibt immerhin 1471 Zeichen, das aber in 2 358 065 Zügen!

```
UHING1.TM
             –              |
1      |  R  2       |  L  3
2      –  L  1       –  L  4
3      |  L  1       |  R  0
4      |  L  2       |  R  5
5      –  R  4       –  R  2
```

TM-Tabelle 14.2

```
UHING2.TM
                 —              |
1         |  R 2          |  R 0
2         |  L 3          |  R 3
3         —  R 5          —  L 4
4         |  L 3          —  L 2
5         |  R 4          |  R 1
```

TM-Tabelle 14.3

Der einzig gangbare Weg solcher Untersuchungen scheint, das Verhalten jeder einzelnen TM mit n Zuständen auf dem leeren Band getrennt zu studieren, das heißt im Fall $n = 4$ eben schon $20^8 = 25\,600\,000\,000$ Maschinen einzeln zu untersuchen. Durch relativ einfache Überlegungen kann man diese Zahlen freilich um Größenordnungen reduzieren, aber das wirkliche Problem liegt nicht in der Anzahl, sondern an der Notwendigkeit, *für eine beliebig gegebene TM festzustellen, ob sie auf dem leeren Band hält.*

14.3

Das *spezielle Halteproblem für TMn* ist das Problem, von einer vorgelegten Maschine zu entscheiden, ob sie, angesetzt auf das leere Band, mit Selbst-Stop halten wird. Man macht sich leicht klar, daß das im allgemeinen durch naive Beobachtung des Verhaltens der TM nicht möglich ist: Bleibt die TM irgendwann einmal stehen, so ist ihr *Halte-Prädikat* freilich entschieden, aber ohne Interpretation der Maschine sind keine Aussagen möglich, solange sie läuft. Wir werden sehen, daß sich geeignete Interpretationen aus der TM-Tabelle nicht effektiv ableiten lassen.

Ein effektives Verfahren, das spezielle Halteproblem zu entscheiden, ließe sich (wiederum die Church-Turing-These) als konkrete TM darstellen. Dieser HÄLT?.TM würde man die Tabelle einer beliebigen zur Prüfung vorgelegten TM auf das Band schreiben (etwa in der Form, die wir in Kapitel 12 zur Demonstration einer UTM verwendet haben). HÄLT?.TM würde nach einiger Zeit halten, nachdem sie auf ein vorher festgelegtes Bandfeld entweder das Zeichen gedruckt hat (wenn die geprüfte TM auf dem leeren Band hält), oder aber das Leerzeichen (wenn diese TM nicht hält). Gäbe es HÄLT?.TMn, also auch effektive Verfahren zu Entscheidung des Halte-Prädikats, so wären Σ und die anderen oben definierten Funktionen allerdings berechenbar und RADO.TM existierte. HÄLT?.TM wäre der entscheidende Modul von RADO.TM; denn man müßte HÄLT?.TM bloß eine nach der anderen alle Tabellen der TMn mit n Zuständen vorlegen. Die Prüfung dieser ja nur ANZ(n) vielen Tabellen ist nach einer endlichen Anzahl der Züge von HÄLT?.TM abgeschlossen. Man startet dann eine nach der anderen die von HÄLT?.TM mit dem Zeichen charakterisierten Maschinen auf dem leeren Band, und auch das kann in einem einfachen Verfahren geschehen, da alle diese Maschinen halten. Schließlich findet sich der (oder die) n-Biber als jene TM(n), die die meisten Zeichen auf das Band geschrieben hat (haben).

Wir haben aber bereits eingesehen, daß Σ *nicht* berechenbar ist. Zusammen mit den gerade angestellten Überlegungen haben wir demnach den Satz bewiesen:

Das spezielle Halteproblem für Turing-Maschinen ist nicht entscheidbar.

Der Leser hat nun schon ein kleines Arsenal von Denkweisen, das ihm ermöglichen sollte, die folgende Aufgabe zu lösen:

Aufgabe 14.5 ⟨2⟩ Man beweise die Behauptung: Die Funktion Z ist nicht berechenbar.

Ist das spezielle Halteproblem irgendwie ausgezeichnet vor dem *allgemeinen Halteproblem* für TMn, nämlich vor dem Problem, zu entscheiden, ob eine beliebig vorgelegte TM auf einer zugleich beliebig vorgelegten Bandinschrift halten wird? Wir beweisen die Äquivalenz der beiden Halteprobleme wie folgt.

(1) Könnten wir das spezielle Halteproblem entscheiden, so wäre damit auch das allgemeine Halteproblem entscheidbar. Denn wenn wir bei dieser Lage der Dinge wissen wollen, ob eine vorgelegte TM T auf der vorgelegten Inschrift k halten wird, müssen wir nur eine zusätzliche Hilfs-Maschine Pk.TM bauen, die k auf das leere Band schreibt, und das kann stets auf effektive Weise geschehen (zum Beispiel in der Art einer Lösung von Aufgabe 4.2(b)).

Wenn wir Pk.TM mit T koppeln, würde der Modul Pk.TM zunächst k auf das leere Band schreiben und sodann den Modul *T* rufen – die Gesamtmaschine fiele unter die Kompetenz von HÄLT?.TM. Schreibt HÄLT?.TM nach Prüfung der Gesamt-Tabelle das Zeichen, so ist damit entschieden, daß *T* auf k hält; schreibt sie das Leerzeichen, so hält *T* auf k nicht.

(2) Wäre andererseits das allgemeine Halteproblem entscheidbar, so wäre evidenterweise auch das spezielle entscheidbar. Denn das leere Band ist nur ein Spezialfall beliebiger Eingabe.

Fazit: *Spezielles Halteproblem und allgemeines Halteproblem sind äquivalent.*

14.4

Wir haben uns bemüht, den Beweis für die Nicht-Entscheidbarkeit des Halteproblems in einer möglichst anschaulichen Form zu geben, und dabei das in der Literatur übliche Beweisverfahren umgangen. Nicht nur der Vollständigkeit halber, sondern vor allem, um dem Leser bei diesem wichtigen Ergebnis zu demonstrieren, daß verschiedenartige Beweise möglich sind, skizzieren wir nun noch die „Selbst-Anwendung" einer als existent angenommenen HÄLT?.TM.

Auch dieser Beweis beruht auf dem Herausarbeiten eines Widerspruchs. Wir arbeiten mit 2s-Versionen aller beteiligten Maschinen. Unsere HÄLT?.TM soll für jede beliebige TM *T* und für jede beliebige Bandinschrift k entscheiden, ob *T* auf k hält. HÄLT?.TM findet auf ihrem Band die 2s-Version der TM-Tabelle von

T, und darüber hinaus den entsprechenden 2s-Kode der Inschrift k. Der Rest bleibt wie in Abschnitt 14.3 beschrieben. HÄLT?.TM schreibt das Zeichen auf ein vorbestimmtes Feld, wenn T auf k hält, und das Leerzeichen, wenn nicht; unmittelbar anschließend hält HÄLT?.TM. Wir können ohne Beschränkung der Allgemeinheit annehmen, daß ein bestimmter Zustand von HÄLT?.TM das entscheidende Zeichen, und ein davon verschiedener das entscheidende Leerzeichen schreibt.

Wir richten unsere Aufmerksamkeit nun auf die spezielle Frage, ob T auf einer Eingabe hält, die gerade ihre eigene Tabelle kodiert. Dies bedeutet, daß HÄLT?.TM auf einem Band startet, das zwei identische Kopien der Tabelle von T trägt. Immer im Hinblick auf diese spezielle Fragestellung modifizieren wir HÄLT?.TM, ohne ihre Leistungsfähigkeit zu verändern.

In einem ersten Schritt koppeln wir HÄLT?.TM mit einem Kopier-Modul KOPIER.TM. Die so entstandene Maschine startet mit dem Kopier-Modul auf einem Band, das nur die Tabelle von T enthält; der Kopier-Modul kopiert die Tabelle und ruft sodann den Modul HÄLT?.TM, der entscheidet, ob T auf der Tabelle von T hält.

In einem zweiten Schritt konstruieren wir einen weiteren Modul ENDLOS.TM. ENDLOS.TM hat zwei Zustände, die sich unabhängig von der jeweiligen Bandinschrift endlos wechselseitig aufrufen. ENDLOS.TM wird schließlich an jenen Zustand von HÄLT?.TM gekoppelt, der das entscheidende Zeichen schreibt.

Die gesamte TM mit ihren drei Moduln HÄLT?.TM, KOPIER.TM und ENDLOS.TM soll HÄLT-T-AUF-T?.TM heißen. HÄLT-T-AUF-T?.TM startet auf der TM-Tabelle einer beliebigen Maschine T, schreibt neben diese Tabelle eine exakte Kopie, und entscheidet schließlich, ob T auf der Tabelle von T hält. Fällt die Entscheidung negativ aus, so wird das Leerzeichen auf das vorgesehene Feld geschrieben, und HÄLT-T-AUF-T?.TM hält; fällt sie positiv aus, so kommt HÄLT-T-AUF-T?.TM nach dem Anschreiben des entscheidenden Zeichens nicht zum Halten.

Wir sind hiermit gerüstet für den ausschlaggebenden Versuch. Wir legen HÄLT-T-AUF-T?.TM ihre eigene Tabelle als Eingabe vor. Wie wird sich HÄLT-T-AUF-T?.TM verhalten? Angenommen, sie entscheidet, daß HÄLT-T-AUF-T?.TM auf der Tabelle von HÄLT-T-AUF-T?.TM nicht hält. In diesem Fall schreibt sie das entscheidende Leerzeichen und hält. Das kann aber nicht sein! Denn HÄLT-T-AUF-T?.TM hält ja auf der Tabelle von HÄLT-T-AUF-T?.TM, nachdem sie ihren negativen Befund protokolliert hat. Es bleibt nur die andere Möglichkeit: HÄLT-T-AUF-T?.TM entscheidet, daß HÄLT-T-AUF-T?.TM auf der Tabelle von HÄLT-T-AUF-T?.TM terminiert. Das kann aber auch nicht sein. Denn HÄLT-T-AUF-T?.TM hält ja eben nicht, wenn sie zu einem positiven Befund kommt. Zusammenfassend können wir feststellen, daß HÄLT-T-AUF-T?.TM auf der Tabelle von HÄLT-T-AUF-T?.TM hält, wenn HÄLT-T-AUF-T?.TM auf der Tabelle von HÄLT-T-AUF-T?.TM nicht hält, daß sie aber auf der Tabelle von HÄLT-T-AUF-T?.TM nicht hält, wenn HÄLT-T-AUF-T?.TM auf der Tabelle von HÄLT-T-AUF-T?.TM hält. Da die beiden Moduln KOPIER.TM und ENDLOS.TM effektiv konstruierbar sind und ferner die beschriebenen Kopplungen effektiv bewerkstelligt werden können, sind wir zu dem Schluß gezwungen, daß die Annahme der Existenz von HÄLT?.TM falsch war.

Würde jemand ein Entscheidungsverfahren konkret vorlegen und seine allgemeine Gültigkeit behaupten, so könnten wir mit der angegebenen Methode ein konkretes Beispiel konstruieren, an dem das Verfahren versagen muß.

15. Einige Erscheinungsformen des Halteproblems

Man denke ja nicht, das Halteproblem liege der Praxis fern: Schon für mäßig komplizierte Computer-Programme sind dokumentierte Beweise vonnöten, daß sie ihre Spezifikation erfüllen und in jedem Fall spezifikationsverträglich terminieren. Wir führen einige Entscheidungsprobleme an, hinter denen sich das Halteproblem versteckt.

15.1

Aufgabe 15.1 ⟨2*⟩ Es sei q der Name eines beliebigen Zustands einer beliebig vorgelegten TM T; s sei ein beliebiges Zeichen aus dem Alphabet von T.

(a) Kann effektiv entschieden werden, ob T, gestartet auf dem leeren Band, den Zustand q je rufen wird?
(b) Kann effektiv entschieden werden, ob T, gestartet auf dem leeren Band, je das Zeichen s schreiben wird?

Hinweise: Der Name "0" steht für einen bestimmten Zustand; jene Zustände, die den Zustand 0 rufen, schreiben unmittelbar davor ein Zeichen.

Ein interessantes und praxisnahes Problem stellt sich in der Frage, ob man von einer beliebig vorgelegten TM effektiv entscheiden könne, ob sie auf jeder Zeichenkette über ihrem Alphabet hält (ob sie eine totale Funktion berechnet). Das Problem ist nicht entscheidbar. Denn angenommen, wir könnten die Frage für jede Maschine T effektiv beantworten, dann könnten wir mit der in Aufgabe 7.8 benutzten Konstruktion (siehe Lösungen-Anhang) T so einrichten, daß sie sich auf jeder Inschrift so verhält wie auf dem leeren Band – das spezielle Halteproblem wäre für beliebige Maschinen entscheidbar (Minsky *1972* 150f).

15.2

Eine andere wichtige, zugleich praxisnahe und theoretisch bedeutsame Frage ist die nach der kleinsten Maschine (dem kürzesten Programm) zur Erfüllung einer gegebenen Spezifikation.

Wir messen die Größe einer TM an dem Produkt

(Anzahl ihrer Zeichen) · *(Anzahl ihrer Zustände)*.

Ohne Beschränkung der Allgemeinheit konzentrieren wir unsere Überlegungen auf die Frage nach der kleinsten 2s-TM, die eine gegebene 2s-kodierte Binärkette auf dem leeren Band generiert. Diese Reduktion bringt eine Reihe von bedeutenden Vereinfachungen mit sich – zum Beispiel genügen zum Größenvergleich die Anzahlen der Zustände.

Allgemein ist zunächst festzustellen, daß es für das Generieren einer jeden Zeichenkette, also auch einer jeden Binärkette k, eine (oder mehrere gleich große) kleinste Maschine(n) geben muß; wir wollen eine solche TM einen „k-Zwerg" nennen. Der Beweis für die Existenz der k-Zwerge unter den 2-Zeichen-TMn ergibt sich unmittelbar aus der Existenz der MAXBIZK(n)-Maschinen (siehe Abschnitt 14.2): jene n-Zustände-TM, die die Binärkette MAXBIZK(n) generiert, ist ein MAXBIZK(n)-Zwerg. Anders ausgedrückt: eine TM, die MAXBIZK(n) generiert, muß mindestens n Zustände haben.

Der Church-Turing-These eingedenk fragen wir also:

Die Funktion MIN ordne jeder Binärkette k die Anzahl der Zustände des k-Zwergs zu – ist MIN berechenbar? Gibt es eine MIN.TM?

Die Antwort lautet „Nein", wie der Leser wohl antizipiert haben wird. Bevor wir sie durch einen Beweis stützen, wollen wir einen Blick auf die allgemeinen Umstände werfen, die unser Problem begleiten.

Wir wissen bereits, daß die Funktion Σ schneller wächst als jede berechenbare Funktion. Das trifft auch auf MAXBIZK zu (siehe Lösungsteil, Aufgabe 14.3). Wie wir ferner in Abschnitt 14.1 festgestellt haben, ist ANZ eine berechenbare Funktion. Also gibt es eine natürliche Zahl n_0, derart, daß

$$\textit{(Anzahl der Binärketten von "0" bis } \mathrm{MAXBIZK}(n)) > \mathrm{ANZ}(n)$$

für alle $n > n_0$. Spätestens ab diesem n_0 können wir auf dem leeren Band mit den n-Zustände-TMn gar nicht alle Binärketten von "0" bis MAXBIZK(n) generieren. Da jede TM auf dem leeren Band höchstens eine einzige Binärkette generiert (genau eine, falls sie hält), können wir mit der Menge der n-Zustände-TMn höchstens ANZ(n) verschiedene Binärketten erzeugen (tatsächlich sehr viel weniger). Es gibt also Lücken in der Reihe der generierbaren Binärketten von "0" bis MAXBIZK(n), zu deren Ausfüllung wir TMn mit mehr als n Zuständen heranziehen müßten. Im Gegensatz zu Σ oder MAXBIZK ist MIN – wie aus diesen Erwägungen hervorgeht – keine monotone Funktion; Vorgänger und Nachfolger einer Binärkette k können Zwerge haben, die mehr, oder weniger, oder auch gleich viele Zustände wie der k-Zwerg haben. Nichtsdestoweniger muß die untere Schranke der Zustand-Anzahlen der k-Zwerge mit dem Wachsen von k monoton ansteigen: für alle Binärketten größer als MAXBIZK(n) müssen die Zwerge mehr als n Zustände haben. Wenn unser Beweis gelingt, haben wir zugleich auch gezeigt, daß diese Verhältnisse in ihren Einzelheiten nicht durch eine endliche Regel erfaßt werden können.

Zum Beweis nehmen wir an, MIN.TM existiere, und führen diese Annahme zu einem Widerspruch.

Wir betrachten eine 2s-Version von MIN.TM; sie akzeptiert jede 2s-kodierte Binärkette. Es wäre stets möglich, diese Maschine so einzurichten, daß sie, angesetzt auf dem letzten Zeichen einer Binärkette k, rechts vom unverändert gebliebenen k den 2s-Kode des Leerzeichens setzt, daneben die 2s-kodierte Binärzahl MIN(k) anschreibt, und schließlich auf dem 2s-kodierten Leerzeichen rechts von dieser hält (Interpretation: zum Generieren von k wird eine 2s-TM mit mindestens MIN(k) Zuständen benötigt). Diese 2s-Version von MIN.TM habe z Zustände.

Sie kann mit anderen TMn gekoppelt werden. Wir benötigen deren drei, die gleichfalls in 2s-Versionen gegeben sein sollen. Eingabe und Ausgabe aller Maschinen erfolgen in einem 2s-Kode mit der Kode-Länge 2, die ja zur Darstellung von Binärzahlen und Binärketten ausreicht. Die drei zusätzlichen TMn sind:

- BIZKNF.TM (Aufgabe 6.14(a)), die jede endliche Binärkette in ihren Nachfolger umschreibt: in der 2s-Version x Zustände;
- BIVL.TM (etwa in Gestalt der BIVL–01.TM aus Aufgabe 6.12(c)), die zwei Binärzahlen miteinander vergleicht und dabei löscht. BIVL.TM wird jetzt so eingerichtet, daß sie ihre Entscheidungszeichen ("0" oder "1" unmittelbar links von der linken Binärzahl) nicht, sondern in beiden Fällen ein Leerzeichen anschreibt; wie sie ihre Entscheidungen bekanntgibt, beschreiben wir unten. In der 2s-Version habe BIVL.TM y Zustände;
- eine triviale TM Pw.TM. Pw.TM schreibt eine (ebenfalls gleich noch zu bestimmende) Binärzahl w mit einer Länge von höchstens BITS($x + y + z$) + 1 Stellen auf das leere Band und hält rechts daneben. Die 2s-Version von Pw.TM schreibt w 2s-kodiert an, und kommt demnach mit $2 \cdot ($BITS$(x + y + z)$ + 1$)$ Zuständen aus.

Die Koppelung von MIN.TM, BIZKNF.TM, BIVL.TM und Pw.TM heiße MÜNCHHAUSEN.TM.

Die Gesamtmaschine hat unserer Aufstellung gemäß

$$x + y + z + 2 \cdot ($BITS$(x + y + z) + 1)$$

Zustände. Wir ernten nun die Früchte unserer Vorarbeit in Abschnitt 6.5. Setzen wir nämlich das noch nicht festgelegte $w = x + y + z + 2 \cdot ($BITS$(x + y + z) + 1)$, so haben wir (für $x + y + z \geq 16$)

$$\text{BITS}(w) \leq \text{BITS}(x + y + z) + 1,$$

– das heißt, wir können mit dem Modul Pw.TM die Gesamtanzahl w der Zustände von MÜNCHHAUSEN.TM in Form einer 2s-kodierten Binärzahl anschreiben.

Die Kopplung der Moduln erklären wir an der Arbeitsweise von MÜNCHHAUSEN.TM.

Die Maschine startet auf dem leeren Band. BIZKNF.TM schreibt den Kode für die Binärkette "0" an und übergibt die Steuerung an MIN.TM. MIN.TM berechnet die Anzahl der Zustände, die eine 2s-TM mindestens haben muß, um den 2s-Kode für "0" zu generieren.

Die ursprüngliche MIN.TM mag über einem großen Alphabet arbeiten und die Länge der 2s-Kodes für ihre Zeichen könnte weit größer als 2 sein; nichtsdestoweniger können wir es stets so einrichten, daß die Ergebnisse ihrer Berechnungen, MIN(k), wiederum mit der Kode-Länge 2 auf dem Band erscheinen.

MIN.TM schreibt also die Anzahl der mindestens benötigten Zustände, 2s-kodiert binär, rechts neben die Ausgabe von BIZKNF.TM.

Die Steuerung geht an Pw.TM über, die die kodierte Binärzahl w rechts neben die Ausgabe von MIN.TM schreibt und ihrerseits BIVL.TM ruft.

BIVL.TM vergleicht die Ausgaben von MIN.TM und Pw.TM und löscht sie. War die Ausgabe von MIN.TM kleiner oder gleich w, so ruft BIVL.TM wieder BIZKNF.TM und ein neuer Zyklus beginnt. War die Ausgabe von MIN.TM aber größer als w, so terminiert BIVL.TM den Lauf von MÜNCHHAUSEN.TM.

Wir illustrieren einen Ausschnitt des Laufs; zur besseren Lesbarkeit schreiben wir die 2s-Ketten, auf denen die Moduln von MÜNCHHAUSEN.TM starten, als Ketten über dem Alphabet {–, 0, 1}, die Namen der Moduln stehen rechtsbündig unter ihren jeweiligen Startfeldern:

```
MÜNCHHAUSEN.TM
                              ‾
                           BIZKNF
(....)
001..(Binärkette k).......00-----------------------...
                       BIZKNF
(....)
001..(Kette BIZKNF(k))....01--------------------------...
                    MIN
(....)
001..(BIZKNF(k)).........01-1..(MIN(BIZKNF(k)))...-----...
                                                 Pw
(....)
001..(BIZKNF(k)).........01-1..(MIN(BIZKNF(k)))...-1..(w̲).................‾
                                                                        BIVL
(....)
001..(BIZKNF(K)).........01----------------------------------------------
                    BIZKNF
(....)
001..(BIZKNF(BIZKNF(k)))..10---------------------------------------------
                    MIN
(....)
```

Abbildung 15.1

Nach vielen Zyklen wird BIZKNF.TM schließlich eine so große Binärkette m geschrieben haben, daß der m-Zwerg mehr als w Zustände haben muß. Es ist also gewiß, daß MÜNCHHAUSEN.TM halten wird. Dann gilt aber: MÜNCHHAUSEN.TM hat eine Binärkette generiert, die nach der „Aussage" von MIN.TM nur von einer 2s-TM mit mehr Zuständen als MÜNCHHAUSEN.TM generiert werden kann!

Alle benutzten Moduln außer MIN.TM konnten wir konkret angeben, und die beschriebene Kopplung wäre effektiv ausführbar. Wir müssen schließen, daß MIN.TM nicht existiert.

15.3

Wie nennen zwei TMn A und B *funktional äquivalent* bezüglich einer gegebenen Menge K von Zeichenketten, wenn gilt: falls A auf einer Kette k aus K hält, so hält auch B auf k mit der gleichen Ausgabe; hält A auf k nicht, so hält auch B nicht auf k.

Für die Praxis des Programmierens wäre ein effektives Verfahren zur Entscheidung des Äquivalenz-Prädikats über TM-Tabellen äußerst nützlich (man könnte beispielsweise nach jeder „Optimierung" eines Programms auf mechanische Art prüfen, ob die Spezifikation noch erfüllt ist).

Ein solches Verfahren existiert jedoch nicht, denn man könnte seine Darstellung als ÄQU.TM zu einer TM ausbauen, die sogar stärker als MIN.TM wäre. Die Menge K, bezüglich derer zwei TMn äquivalent sein sollen, kann je nach Problemstellung endlich sein, ja aus einer einzigen Zeichenkette oder überhaupt nur aus dem Leerzeichen bestehen. Fragen wir nun nach der kleinsten Maschine, die eine gegebene Zeichenkette k (mit der Länge l) generiert, so könnten wir ÄQU.TM an der Stelle der Tabelle von A die Tabelle jener trivialen Pk.TM vorlegen, die mit l Zuständen k generiert (und die in jedem Fall effektiv konstruierbar ist). An der Stelle der Tabelle von B schreiben wir eine nach der andern die Tabellen aller TMn mit weniger als l Zuständen, indem wir mit den Ein-Zustand-Maschinen beginnen (ein effektives Verfahren dafür beschreiben wir im nächsten Kapitel). Die kleinste Tabelle, für die ÄQU.TM die funktionale Äquivalenz mit Pk.TM signalisiert, wäre die Tabelle der gesuchten minimalen Maschine für k. ÄQU.TM würde also nicht bloß, wie MIN.TM, die minimale Anzahl der Zustände ermitteln.

15.4

Wieso ist gerade der Selbst-Stop einer TM so bedeutsam? Eine TM ist nicht schon deswegen sinnlos, weil sie nicht hält. Zum Beispiel hält eine TM, die $\sqrt{2}$ berechnet, nie. Um das zu wissen, müssen wir noch nicht einmal die Tabelle oder das Verhalten einer entsprechenden TM studieren – wir können von zahlentheoretischen Überlegungen her zeigen, daß $\sqrt{2}$ nicht als endlicher Bruch dargestellt werden kann. Nicht haltende TMn können nützlich sein, wenn wir aus irgendeinem Rahmen abgeleitete, dem eigentlichen Berechnungsproblem vielleicht fremde, jedenfalls effektive Abbruchbedingungen angeben können. Es ist das Problem der effektiven Abbruchbedingungen, für das das Halteproblem eintritt.

Vielleicht können wir beweisen, daß eine gegebene TM T, gestartet auf den Zeichenketten irgendeiner bestimmten Art, ab einem bestimmten Zug ein bestimmtes Feld nicht mehr aufsuchen wird, allgemeiner: daß T die bisher von ihr geschriebenen Zeichen zwischen zwei (vom jeweils gegebenen Fall abhängigen) „Grenzfeldern" des Bands im Verlauf der Berechnung nicht mehr verändert. Beispielsweise verändert M.TM ein einmal geschriebenes Zeichen des Produkts später nicht mehr. Die Kette dieser ein für allemal geschriebenen Zeichen kann für die Interpretation sinnvoll sein, auch wenn T nie zum Stehen kommen sollte. Das trifft auch zu, wenn bewiesen werden kann, daß T die beiden Grenzfelder (oder eines davon) immer weiter verschiebt (was unserer Erklärung gemäß natürlich nur „nach außen" geschehen darf). Derartige Berechnungen nennen wir *konvergent.* Wir können aus solchem Beweis eine effektive Abbruchbedingung ableiten und (der Church-Turing-These gemäß) in T einbauen, also die Maschine zu einer haltenden machen.

Zur Illustration stellen wir die

Aufgabe 15.2

(a) $\langle 2* \rangle$ Unter Verwendung einer Lösung von Aufgabe 6.14 programmiere man eine TM, die, auf dem leeren Band gestartet, eine nach der anderen „alle" binären Zeichenketten anschreibt. Die einzelnen Binärketten sollen nach rechts hin nebeneinander geschrieben werden, jeweils durch ein Leerzeichen voneinander getrennt. Anhalten durch Fremd-Stop.

(b) $\langle 3* \rangle$ Man verwende die für (a) entworfene Maschine als Modul einer auf jeder Binärzahl haltenden TM. Die Binärzahl gibt an, mit welcher Binärkette die TM halten soll (siehe die Bemerkung zu Aufgabe 6.15). Die Eingabe wird gelöscht, Halt auf dem ersten Zeichen der letzten Kette. Die im Anhang beschriebene Lösung, beispielsweise, errechnet aus

```
--1010
1
```

die Zeichenkette

```
--0-1-00-01-10-11-000-001-010-011---
                                  0
```

(c) $\langle 3* \rangle$ Man entwerfe eine TM, die, gestartet auf einer beliebigen Binärzahl n auf dem sonst leeren Band, das Zeichen auf dem n-ten Feld in der Folge aller Binärketten (wie in (a)) ermittelt. Als erstes Feld gilt jenes, das die Binärkette "0" trägt; das gesuchte Zeichen ist entweder "–", "0" oder "1".

Voraussetzung eines erfolgreichen Entwurfs ist völlige Klarheit darüber, ab welchem Stadium der Berechnung die ins Auge gefaßte TM die Inschrift eines gegebenen Feldes nicht mehr verändern wird (für unsere Aufgabe wird diese Klarheit nicht schwer zu erlangen sein).

Die im Anhang beschriebene A152c.TM stützt sich auf unsere Lösung von (b); sie errechnet zum Beispiel aus der Eingabe

```
--100001.      (100001₂ = 33)
1
```

die Ausgabe

```
--0-1-00-01-10-11-000-001-010-011-1---
                                   0
```

– das dreiunddreißigste Zeichen in der Kette ist also "1".

Dieser Ansatz (der mehr liefert als in der Spezifikation verlangt) ist natürlich nicht der einzig mögliche.

Selbst-Stop ist ein spezieller Fall von Konvergenz. Aus unseren Überlegungen folgt, daß das Konvergenz-Prädikat für TMn nicht effektiv entscheidbar ist.

Bedeutet diese Verallgemeinerung, daß wir unsere Erörterungen des Halteproblems umständlicher führen müssen? Glücklicherweise läßt sich das vermeiden. Ein Beweis der Konvergenz einer unendlichen Berechnung durch eine beliebige Maschine T enthält die effektiven Mittel, den Lauf von T nach der Berechnung einer beliebig vorausbestimmten Anzahl von Stellen des Ergebnisses zu terminieren (oder auch nach der Berechnung einer beliebig vorherbestimmten Stelle; beides ist in unserer Lösung von Aufgabe 15.2(c) illustriert). Können wir also für eine Berechnung durch T einen Konvergenz-Beweis führen, so können wir für unsere theoretischen Überlegungen die nicht-haltende Maschine T durch eine entsprechend ausgebaute, auf jeder Binärzahl haltende Version T' ersetzen: wir dürfen uns auf das Halteproblem beschränken. (Sollte dem Leser dabei unbehaglich zumute werden, so überlege er, daß wir T' durch Einbau zusätzlicher Moduln – BIplus1.TM, Verschiebe- und Kopier-Maschinen – wieder zu einer zu T äquivalenten Maschine T'' machen können; sollte ihn nun T'' als eine überflüssigerweise aufgeblasene Version von T anmuten, so schiene eher die umgekehrte Meinung berechtigt, T sei eine allzu komprimierte Version von T''! Wir kommen auf das Konvergenzproblem in Abschnitt 17.6 noch einmal zurück.

<h1 style="text-align:center">15.5</h1>

Da die erzielten Ergebnisse tief reichen, wollen wir versuchen, ihren Kern zu erfassen. Wir haben ja einsehen müssen, daß sich fundamentale Unbestimmtheiten gerade aus der Voraussetzung eines vollkommenen Determinismus ableiten!

Zunächst unterstreichen wir noch einmal: unsere bisherigen Ergebnisse schließen nicht aus, daß für eine einzelne beliebig vorgelegte TM das Halteproblem entschieden werden könnte. Im Gegenteil wissen wir von sehr vielen konkreten Maschinen, ja von umfangreichen Klassen von TMn, ganz eindeutig, auf welchen Zeichenketten sie halten und auf welchen nicht (wir wissen zum Beispiel aus der Interpretation in Kapitel 3, daß M.TM auf jeder 2s-Inschrift hält – siehe Aufgabe 3.4). Wir handeln sogar in der Überzeugung, daß es stets gelingen müßte, ein individuelles Halteproblem zu entscheiden – könnten wir für eine vorgelegte TM und eine gegebene Eingabe beweisen, daß dieses Halteproblem nicht entschieden werden kann, so hätten wir damit das Halte-Prädikat des Falls negativ entschieden. Im Fall eines Erfolgs stellt sich immer heraus, daß das Mittel zur Entscheidung eine glücklich gewählte Interpretation gewesen ist, ein „Modell" dessen, was die betreffende Maschine „macht". Diese Interpretation kann relativ oberflächlich sein (zum Beispiel wenn wir schon an der Tabelle bemerken, daß die terminalen Zustände nicht gerufen werden können, weil kein Wert sie als Folgezustand enthält), sie mag aber in Bereichen zu suchen sein, die von der Tabelle nicht effektiv abzulesen sind. Die erfolgreiche Interpretation ist „glücklich", insofern kein effektives Verfahren zu ihrer Konstruktion existiert.

Die wichtigste allgemeine Einsicht, die wir aus unseren bisherigen Ergebnissen folgern müssen, ist die überraschende, daß im allgemeinen eine endliche Tabelle das Verhalten einer gegebenen Maschine *nicht bis ins Letzte abzuleiten gestattet.* Gäbe es HÄLT?.TM, so bestünde die vollkommene Beschreibung des Verhaltens einer beliebigen TM aus deren Tabelle und der Tabelle von HÄLT?.TM, welch letztere wir uns dann immer nur „hinzudenken" müßten. Haben wir ein effektives Entscheidungsverfahren für eine konkret vorgelegte TM T, dann besteht die vollkommene Beschreibung aus der Tabelle von T zusammen mit der Tabelle einer TM, die das spezielle Entscheidungsverfahren verkörpert (und in der Praxis reicht es uns meist, diese Tabelle hinzuzudenken). In allen anderen Fällen aber müßte eine vollkommene Beschreibung aus der Tabelle bestehen, an die sich eine unendliche Folge aus "0" und "1" anschlösse; diese Folge wäre der halb-lexikalisch geordneten Folge aller Ketten über dem Alphabet dieser Maschine (siehe Abschnitt 6.4) zugeordnet – ein "1" an einer Stelle der Folge wäre zu interpretieren als „T hält auf der zugeordneten Zeichenkette", "0" als „T hält auf dieser Zeichenkette nicht". Wir haben bewiesen, daß wir allgemein diese „Ja/Nein"-Folge nicht generieren können.

Wir können auch so formulieren: Es existiert kein effektives Verfahren, das es gestattete, die Auswirkung der Veränderung eines Zeichens in einer beliebigen TM-Tabelle auf das Verhalten der in ihr beschriebenen TM vorauszusagen.

Eine wohldefinierende Spezifikation kann man als die Beschreibung einer TM betrachten, die „Leerstellen" aufweist: die Lücken sollen durch einen Modul geschlossen werden. Wir konnten entscheiden, daß die Spezifikation von Σ nicht erfüllt werden kann. Im allgemeinen aber können wir weder effektiv entscheiden, ob ein vorgelegtes Programm eine vorgelegte Spezifikation erfüllt, noch können wir effektiv entscheiden, ob ein wohldefiniertes Problem durch ein effektives Verfahren gelöst werden kann.

Schließlich: Wenn das Verhalten einer TM nicht in allgemein effektiver Weise vorhergesagt werden kann, so existieren also auch Sinn-Kriterien, die nicht effektiv zu machen sind. Solche Kriterien müssen nicht einmal tief liegen. Wird etwa eine TM-Tabelle erst „sinnvoll", wenn feststeht, daß sie keine überflüssigen Quintupel enthält (nämlich solche, die nie zum Zug kommen, siehe Aufgabe 15.1(a)), so können wir zum Beispiel die unter diesem Kriterium unsinnigen Maschinen nicht effektiv kennzeichnen.

16. Aufzählen und Abzählen

16.1

In Kapitel 4 haben wir den Ausdruck „generieren" eingeführt: Eine TM T generiert eine Zeichenkette g auf der Zeichenkette a, wenn T alle Zeichen von a liest und g genau jene Felder der terminalen Bandinschrift einnimmt, die T während ihres Laufs besucht hat. Wenn T g generiert, sagen wir im Hinblick auf Kapitel 11 jetzt auch, T *berechne* g. Wir wollen ferner auch die Redeweise zulassen, T berechne eine Teilkette g' von g, wenn für T ein effektives Verfahren zur Aussonderung aller g' aus allen g existiert; dann gestatten wir uns auch, zu sagen, T *generiere* g'.

Weiterhin setzen wir nun fest:

(1) Eine TM T *generiert eine Menge B von Zeichenketten auf der Menge V von Zeichenketten*, wenn es für jedes Element g von B mindestens ein Element a von V gibt, auf dem T g generiert. Wir sagen dann im Einklang mit Abschnitt 13.3, daß T eine surjektive Funktion berechnet, deren Vorbereich durch V, und deren Bildbereich durch B dargestellt ist. Dabei setzen wir nicht voraus, daß T auf jedem v aus V ein g generiert (daß die berechnete Funktion total ist); gibt es ein Element von V, auf dem die Berechnung von T nicht konvergiert, so sagen wir eben, daß die von T berechnete Funktion auf diesem Element nicht definiert ist – wir qualifizieren die Funktion als partiell.

Für jede TM T, die auf mindestens einer Zeichenkette hält, gibt es demnach zwei ausgezeichnete Mengen von Zeichenketten: die Menge, deren Elemente T akzeptiert, und die Menge, deren Elemente sie generiert. Im allgemeinen werden das zwei verschiedene Mengen sein.

Eine TM kann als ein formales Merkmal der von ihr akzeptierten oder generierten Menge betrachtet werden. Dieser Gesichtspunkt gestattet es, auch unendliche Mengen von Zeichenketten durch eine endliche Zeichenkette, nämlich durch die Beschreibung einer jeweiligen akzeptierenden oder generierenden TM, zu charakterisieren (in der philosophischen Logik nennt man diesen Gesichtspunkt den der „Intension" einer Menge).

Wir werden uns vorwiegend mit Fällen beschäftigen, in denen eine TM im Verlauf einer konvergenten Berechnung endliche Zeichenketten eine nach der anderen auf das Band schreibt. „Der hier relevante intuitive Begriff ist der der *generierten Menge*. Eine *generierte Menge*, etwa von natürlichen Zahlen, wird durch einen Prozeß hergestellt, der von Zeit zu Zeit eine natürliche Zahl auswirft. Sobald eine Zahl ausgeworfen ist, wird sie in die Menge aufgenommen und bleibt dort. Wir mögen freilich im Unklaren über das Schicksal einer Zahl bleiben, solange sie nicht ausgeworfen worden ist.

Tatsächlich steht in keinem Stadium fest, ob in der Folge neue Zahlen ausgeworfen werden, ja daß insgesamt überhaupt eine Zahl ausgeworfen wird" (Davis *1982* 75). Der von Davis beschriebene intuitive Begriff führt zu der folgenden Definition:

(2a) Eine Menge M von Zeichenketten heißt *rekursiv aufzählbar*, wenn es eine TM gibt, die M generiert – mit anderen Worten:wenn es eine berechenbare Funktion gibt, deren Bildbereich durch M dargestellt wird.

Wir werden zeigen (Lösung zu Aufgabe 17.1), daß für jede rekursiv aufzählbare Menge M eine TM existiert, die alle Elemente von M und nur Elemente von M akzeptiert. Im Vorgriff darauf definieren wir alternativ:

(2b) Eine Menge M von Zeichenketten heißt *rekursiv aufzählbar*, wenn es eine TM gibt, die jedes Element von M und nur Elemente von M akzeptiert – mit anderen Worten: wenn es eine berechenbare Funktion gibt, deren Definitionsbereich durch M dargestellt wird.

Im einfachsten Fall wird man sich den aufzählenden Prozeß zunächst durch eine TM T verkörpert denken, die eine totale Funktion berechnet: Angesetzt auf eine Zeichenkette a (die ein Element des Definitionsbereichs darstellt) hält T jeweils mit der Ausgabe einer Zeichenkette g. Die Umgebung kann g „in eine Menge aufnehmen" und T auf einem neuen a starten, um das nächste g zu gewinnen.

Was aber, wenn die berechnete Funktion partiell ist, wenn also die berechnende TM auf einer Zeichenkette (die ein Element des Vorbereichs darstellt) nicht stehenbleibt? Im nächsten Kapitel werden wir sehen, daß diese Schwierigkeit nicht unüberwindlich ist.

Wir reden von generierten *Mengen*: ein im Verlauf des Aufzähl-Prozesses neu „ausgeworfenes" Element bleibt unberücksichtigt, wenn es in der aufzuzählenden Menge bereits vorhanden ist (einschlägige Überprüfung ist stets effektiv durchführbar, da die generierte Menge zu jedem Zeitpunkt endlich ist). Ist M eine Menge von natürlichen Zahlen, die von einer TM aufgezählt wird, so werden wir von einer *natürlichen Reihenfolge* in der Aufzählung der Elemente von M sprechen, wenn jedes früher ausgeworfene Element von M kleiner ist als jedes später ausgeworfene. Eine TM etwa, die eine monotone Funktion berechnet, zählt ihre Ausgabe-Zeichenketten in natürlicher Reihenfolge auf, wenn die Eingabe in natürlicher Reihenfolge erfolgt. Eine Lösung von Aufgabe 15.2(a) oder (b) zählt die Menge der binären Zeichenketten in natürlicher Reihenfolge auf (denn die Menge der binären Zeichenketten ist bijektiv auf die Menge der Binärzahlen abbildbar, wodurch eine Vergleichbarkeit größer/kleiner – eben die halb-lexikalische Anordnung – induziert wird).

16.2

Eine nicht-leere Menge M heißt *abzählbar*, wenn es eine surjektive Abbildung der Menge der natürlichen Zahlen auf M gibt. Das heißt nichts anderes als: Die

Elemente einer abzählbaren Menge kann man in eine lineare Reihenfolge bringen.

Offenbar ist jede rekursiv aufzählbare Menge endlicher Zeichenketten abzählbar – man muß ja nur die Reihenfolge durchnumerieren, in der ihre Elemente generiert (oder akzeptiert) werden. Das Umgekehrte muß nicht stimmen; zum Beispiel ist die Menge der $\Sigma(n)$ klarerweise abzählbar, doch es gibt keine TM, die sie aufzählt.

Wir führen zu dem Verhältnis „rekursiv aufzählbar" / „abzählbar" einige Beispiele an.

(a) Die Menge der natürlichen Zahlen ist rekursiv aufzählbar (Aufgabe 6.7) und daher abzählbar (die hier relevante surjektive Funktion ist die bijektive sogenannte „identische Abbildung", die jeder natürlichen Zahl n die Zahl n zuordnet). Diese Menge läßt sich, was weiter nicht überrascht, in der natürlichen Reihenfolge aufzählen.

(b) Die Menge aller endlichen Mengen von natürlichen Zahlen ist rekursiv aufzählbar und daher abzählbar.

Beweis: Man interpretiere jede endliche Binärkette als Darstellung einer Menge von natürlichen Zahlen. Die erste Stelle der Binärkette wird der Zahl 0 zugeordnet, die zweite der 1, und so weiter. Erscheint an einer Stelle der Binärkette das Zeichen "1", so ist die der Stelle zugeordnete natürliche Zahl Element der durch die Binärkette dargestellten Menge; tritt dort "0" auf, so ist die der Stelle zugeordnete natürliche Zahl in der Menge nicht enthalten.

Beispiel:

0 0 0 1 0 1 1 0 1   (Binärkette "000101101")
0 1 2 3 4 5 6 7 8 ... (nach rechts fortschreitende Folge der natürlichen Zahlen)

Abbildung 16.1

– "000101101" stellt in unserer Interpretation die Menge {3, 5, 6, 8} dar. Die Menge der endlichen Binärketten ist rekursiv aufzählbar, also auch die Menge der endlichen Mengen von natürlichen Zahlen.

(c) Die Menge aller unendlichen Mengen natürlicher Zahlen ist nicht abzählbar und demnach auch nicht rekursiv aufzählbar.

Beweis: Als „unendliche Binärkette" bezeichnen wir eine sich von einer ersten Stelle nach rechts hin ohne Ende fortsetzende Folge der Zeichen "0" und "1". In Analogie zu (b) kann man jede unendliche binäre Zeichenkette als Darstellung einer unendlichen Menge von natürlichen Zahlen interpretieren.

Sei nun irgendeine lineare Reihenfolge aller unendlichen binären Zeichenketten vorgelegt (es liegt auf der Hand – wie? – daß die Anordnung nicht halblexikalisch sein kann). Wir zeigen, daß sich durch ein effektives Verfahren aus jeder vorgelegten Anordnung eine unendliche binäre Zeichenkette gewinnen läßt, die in der Liste nicht vorkommt. Man fasse die erste Stelle der ersten Kette ins Auge. Steht hier "0", so soll das erste Zeichen der neuen Kette "1" sein, und umgekehrt. Ist weiter das zweite Zeichen der zweiten Kette "0", so wird das zweite Zeichen der neuen Kette "1", andernfalls eben "0". Allgemein setzen wir das n-te Zeichen der neuen Kette "1", wenn das n-te Zeichen der n-ten Kette "0" ist, und "0", wenn es "1" ist.

Offenbar unterscheidet sich die neue Kette von jeder Kette in der unendlichen Liste an mindestens einer Stelle. Zur Illustration sei ein Anfangsstück der Anordnung etwa

```
0 0 0 0 0 ...
 \
0 1 0 0 1 ...
   \
1 0 0 1 0 ...
     \

(....)
```

Neue Kette:

```
1 0 1 ...
```

Abbildung 16.2

Die Liste war also nicht vollständig, und sie wird auch nicht vollständig durch Hinzufügen der neuen Kette, denn das Verfahren kann unbeschränkt wiederholt werden, um immer eine weitere Kette herzustellen, die in allen früheren Listen fehlt.

Diese Beweisidee stammt von dem deutschen Mathematiker Georg Cantor (1845–1918), dem Begründer der Mengenlehre. Das Verfahren ist als (Cantorsches) *Diagonalverfahre*n bekannt. Unsere Darlegung beweist, daß man die Elemente der Menge aller unendlichen Mengen von natürlichen Zahlen nicht in eine lineare Reihenfolge bringen kann: diese Menge ist also nicht abzählbar (sie ist „überabzählbar"). Einen Fall wie den eben vorgebrachten charakterisiert man mit der Feststellung, daß das Diagonalverfahren aus der untersuchten Menge hinausführt: solche Mengen sind gegenüber dem Diagonalverfahren nicht abgeschlossen, das Verfahren erzeugt Elemente, die in der ursprünglichen Menge nicht enthalten sind.

(d) Die unendlichen Binärketten können auch als Darstellungen von echten *unendlichen Binärbrüchen* (siehe Abschnitt 6.1) interpretiert werden, wenn man sich vor der ersten Stelle jeder Kette den Binärpunkt denkt. Schon im Verlauf der Division in einem Stellenwertsystem kann sich ein unendlicher Binärbruch ergeben, wenn man die Division nach dem üblichen Verfahren restlos durchführen will: $1 : 111_2 = .001\,001\,001\,0..._2$ (Aufgabe 6.6), oder dezimal $1 : 7 = .142\,857\,142\,857\,1 \ldots$ In solchen Fällen liefert die Berechnung immer eine effektiv erkennbare, ständig sich unmittelbar wiederholende *Periode* im Quotienten. Andere Operationen, wie zum Beispiel $\sqrt{2} = 1.414\,213\,5 \ldots$, führen zu einem unendlichen Bruch ohne derartige Periodizität. Zahlen wie $\sqrt{2}$ nennt man *irrationale Zahlen*, weil sie sich nicht als Resultat einer Division, nämlich nicht als Verhältnis („Ratio") zweier natürlicher Zahlen darstellen lassen. Die Menge der unendlichen Binärbrüche ist überabzählbar, es handelt sich ja nur um eine andere Interpretation der in (c) betrachteten Menge. Die Vereinigung der Menge aller endlichen Binärketten mit der Menge aller unendlichen heißt in der Interpretation als Menge von Binärbrüchen die Menge der (binär dargestellten) *reellen Zahlen* zwischen 0 und 1 (Näheres beispielsweise in Oberschelp *1976*).

(e) Die Menge der geordneten Paare von natürlichen Zahlen $(x\,y)$ ist abzählbar.

Wir machen uns dies anhand der folgenden Abbildung klar.

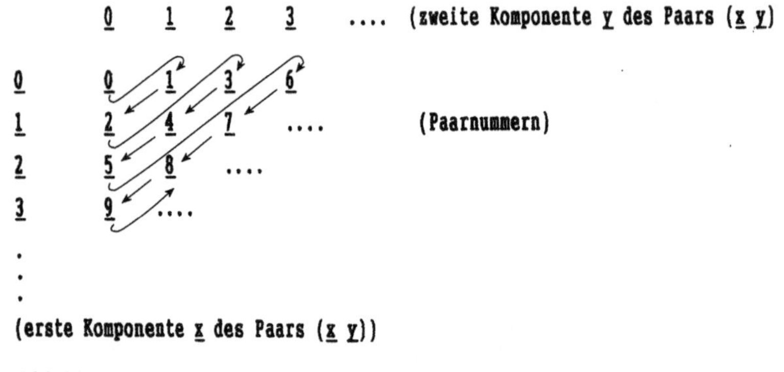

Abbildung 16.3

Wir betrachten einen Schnittpunkt von Zeile und Spalte in der Tabelle als Repräsentanten eines Paars, dessen erste Komponente durch die Zeile und dessen zweite Komponente durch die Spalte festgelegt wird. Statt der solcherart indirekt ablesbaren Paare haben wir in Abbildung 16.3 eine fortlaufende Numerierung eingetragen, deren Fortschreiten durch die Pfeile angezeigt wird. Es entsteht eine effektive Zuordnung von natürlichen Zahlen zu den geordneten Paaren natürlicher Zahlen. Beispielsweise wird dem Paar (1 2) die Zahl 7, dem Paar (2 1) indessen die Zahl 8 zugeordnet. Wie eine Betrachtung der Abbildung deutlich macht, ist diese Zuordnung bijektiv: Jedem Paar entspricht genau eine natürliche Zahl, und umgekehrt jeder Zahl genau ein Paar.

Aufgabe 16.1 ⟨2⟩ Der Leser mache sich klar, daß durch das angegebene Verfahren dem Paar $(x\,y)$ die natürliche Zahl $n = \frac{(x+y)\cdot(x+y+1)}{2} + x$ zugeordnet wird.

Die Formel faßt das Zuordnungsverfahren (in der Richtung: Paar von Zahlen $\rightarrow$ Zahl) in einem *geschlossenen Ausdruck* zusammen: Zur Ermittlung der einem Paar zugeordneten Zahl muß man das Verfahren nicht schrittweise bis zum Schnittpunkt der entsprechenden Zeile mit der entsprechenden Spalte verfolgen. Es existiert auch ein geschlossener Ausdruck für die Richtung: Zahl $\rightarrow$ Paar. In der Tat ergeben sich aus der natürlichen Zahl n die Komponenten des zugeordneten Paars aus den Formeln

$$x = n - \frac{k\cdot(k+1)}{2}$$

$$y = k - x$$

wobei $k = $ ABRUNDUNG $(\sqrt{2 \cdot n + \frac{1}{4}} - \frac{1}{2})$, also die größte natürliche Zahl, die kleiner als der oder gleich dem jeweiligen Wert des Klammer-Ausdrucks ist. Zur Berechnung von k genügt die Berechnung der Wurzel auf eine Stelle hinter dem Dezimalpunkt.

Das eben dargelegte Verfahren des Mäanderns in einer nach zwei Dimensionen potentiell unendlichen Tabelle heiße hier, aus Gründen, die in Kapitel 17 verständlich werden, *das Aufzählverfahren* schlechthin. Es wurde von Cantor zum Nachweis verwendet, daß die Menge der rationalen Zahlen (Abschnitt 5.1) abzählbar ist (die x-Werte werden als Zähler, die y-Werte als Nenner aufgefaßt, oder umgekehrt). Wir halten fest, daß die geordneten Paare natürlicher Zahlen nicht nur abzählbar sind, sondern auch rekursiv aufzählbar – der Beweis liegt in der Effektivität des Aufzählverfahrens, insbesondere in der Berechenbarkeit der Funktion (Zahl → Zahlenpaar).

Das Aufzählverfahren kann unmittelbar auf Tripel, Quadrupel und so weiter ausgedehnt werden. Denn da nun die Paare in eine Reihenfolge gebracht sind, kann man sie in die Kopfspalte (oder auch Kopfzeile) einer neuen Tabelle eintragen, deren Kopfzeile (beziehungsweise Kopfspalte) wieder durch die Folge der natürlichen Zahlen gegeben ist:

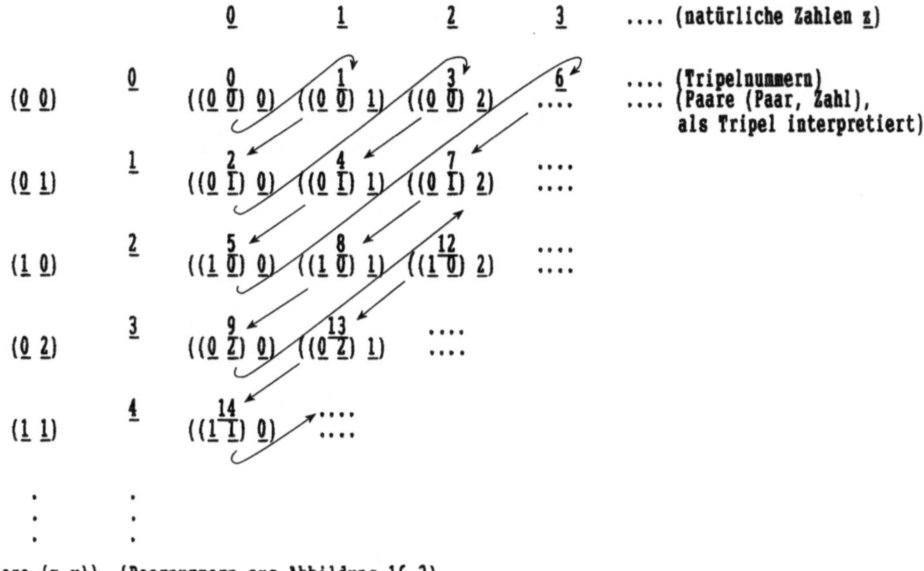

Abbildung 16.4

Jetzt entspricht der natürlichen Zahl im Schnittpunkt von Zeile und Spalte stets bijektiv ein geordnetes Paar ((geordnetes Zahlenpaar), Zahl), also $((x\ y)\ z)$, das als das Tripel $(x\ y\ z)$ interpretiert wird. Da die selbe natürliche Zahl einmal als Paar, ein andermal als Tripel, Quadrupel, … interpretiert werden kann, muß aus

dem jeweiligen Zusammenhang klar hervorgehen, welche dieser Möglichkeiten
gelten soll. Ebenso muß feststehen, in welcher Weise das Aufzählverfahren
angewendet wurde, das heißt ob bei den Iterierungen die jeweils in der vorhergehenden Aufzählung erhaltene Reihenfolge von Tupeln als Kopfzeile oder als
Kopfspalte verwendet worden ist. Für diese Tripel und so weiter leiten sich dann
die geschlossenen Ausdrücke aus den Formeln für die Paare ab.

16.3

Die Existenz des Aufzählverfahrens macht deutlich, daß jede Anordnung von
endlichen Inschriften in endlich vielen Dimensionen (auf einer Ebene, im
Raum, ...) im Prinzip durch eine lineare Anordnung (auf einem Band) ersetzt
werden kann (vergleiche Abschnitt 2.2). Die Anordnung der Inschriften in
mehreren Dimensionen kann – geeignete Hardware vorausgesetzt – die Berechnungen bestenfalls beschleunigen. In der Tat setzen die üblichen Computer nur einen verhältnismäßig kleinen Teil ihrer Speicherkapazität als mehr-
dimensional organisierten Arbeitsspeicher beiseite. In diesem Arbeitsspeicher
aufbewahrte Inschriften können direkt, in *wahlfreiem Zugriff*, aktiviert werden
(„random access memory": RAM). Der größte Teil der Speicherkapazität liegt
in linear organisierten Medien (Platten, Bänder, Disketten, ...); der Zugriff auf
dort aufbewahrte Inschriften wird freilich durch allerlei ingeniöse Tricks erleichtert.

Auch eine endliche Vermehrung der Bandstationen einer TM bringt keinen
prinzipiellen Vorteil mit sich. Eine TM mit mehreren Bändern und den entsprechenden Leseköpfen organisieren wir im einfachsten Fall so, daß ein bestimmter
Lesekopf bestimmten Zuständen zugeordnet ist. Beispielsweise könnte M.TM als
Drei-Bänder-TM so aussehen:

```
3B-M.TM
                 Tabelle                 Zuordnung der Bandstationen

                   -             |

     1      - L 11      | R   2           Bandstation 1
    11      - R 31      | L  11           Bandstation 1

     2      - L 21      | R   3           Bandstation 2
    21      - R  1      | L  21           Bandstation 2

     3      | R   2                       Bandstation 3
    31      - L 32                        Bandstation 3
    32      - R   0     | L  32           Bandstation 3
```

Abbildung 16.5

Der aktuelle Zustand liest sein aktuelles Feld und schreibt ein Zeichen darauf
zurück, dann führt er die entsprechende Bandbewegung durch; mit dem Folgezustand aber ist auch bestimmt, welche Bandstation nunmehr aktuell wird.

Wenn wir die Positionen der Leseköpfe auf ihren Bändern durch Punkte andeuten, haben wir zum Beispiel für die Multiplikation 2 · 3 als Ausgangsstellung:

```
          Band 1          Band 2          Band 3
          | |             | | |           –
          ·               ·               ·
```

Die „Mehrfach-Spur" des Laufs:

```
          | |             | | |           –
   *      1               ·               ·
          | |             | | |           –
   *      ·               2               ·
          | |             | | |           –
   *      ·               ·               3
          | |             | | |           |–
   *      ·               2               ·
          | |             | | |           |–
   *      ·               ·               3
          | |             | | |–          | |–
   *      ·               2               ·
          | |             | | |–          | |–
   *      ·               ·               3
          | |             | | |–          | | |–
   *      ·               2               ·
          | |             | | |–          | | |–
   *      ·               21              ·
          | |             | | |–          | | |–
   *      ·               21              ·
          | |             | | |–          | | |–
   *      ·               21              ·
          | |             –| | |–         | | |–
   *      ·               21              ·
          | |             –| | |–         | | |–
   *      1               ·               ·
          | |–            –| | |–         | | |–
   *      ·               2               ·
          | |–            –| | |–         | | |–
   *      ·               ·               3
          | |–            –| | |–         | | | |–
   *      ·               2               ·
          | |–            –| | |–         | | | |–
   *      ·               ·               3
          | |–            –| | |–         | | | | |–
   *      ·               2               ·
          | |–            –| | |–         | | | | |–
   *      ·               ·               3
```

```
      I I-              -I I I-            I I I I I I-
*         .                 2                        .
      I I-              -I I I-            I I I I I I-
*         .                 21                       .
      I I-              -I I I-            I I I I I I-
*         .                 21                       .
      I I-              -I I I-            I I I I I I-
*         .                 21                       .
      I I-              -I I I-            I I I I I I-
*         .                 21                       .
      I I-              -I I I-            I I I I I I-
*         1                  .                        .
      I I-              -I I I-            I I I I I I-
*        11                  .                        .
      I I-              -I I I-            I I I I I I-
*        11                  .                        .
     -I I-              -I I I-            I I I I I I-
*        11                  .                        .
     -I I-              -I I I-            I I I I I I-
*         .                  .                      31
     -I I-              -I I I-            I I I I I I-
*         .                  .                      32
     -I I-              -I I I-            I I I I I I-
*         .                  .                      32
     -I I-              -I I I-            I I I I I I-
*         .                  .                      32
     -I I-              -I I I-            I I I I I I-
*         .                  .                      32
     -I I-              -I I I-            I I I I I I-
*         .                  .                      32
     -I I-              -I I I-            I I I I I I-
*         .                  .                      32
     -I I-              -I I I-           -I I I I I I-
*         .                  .                      32
     -I I-              -I I I-           -I I I I I I-
*         .                  .                       0
```

Abbildung 16.6

Allgemein läßt sich jede TM mit endlich vielen Bandstationen durch eine Ein-Band-TM ersetzen, und zwar mit Hilfe eines effektiven Verfahrens, das die diversen Bandinschriften nebeneinander schreibt und die jeweiligen Positionen der verschiedenen Leseköpfe durch Marken kennzeichnet (Genaueres etwa bei Hopcroft/Ullman *1994* 172f oder Lewis/Papadimitriou *1981* 198f). Damit die Läufe der Ein-Band-Maschinen eindeutig den o-Läufen entsprechen, müssen natürlich geeignete Verschiebe-Moduln eingebaut sein. Wir stellen dem Leser anheim, 3B-M.TM (und auch andere, anders vorgestellte Mehrband-Maschinen) durch eine derartige Maschine zu imitieren.

Ist für die Automatentheorie also die Frage der Anzahl von Bandstationen unerheblich, so ist doch bei gewissen Sachlagen die Vorstellung einer Maschine mit mehreren Bändern und Leseköpfen hilfreich. Zum Beispiel könnten die Elemente einer rekursiv aufgezählten Menge auf einem eigenen Band gesammelt werden.

Die beschriebene Anlage ist nichts anderes als ein Verband von mehreren TMn, die einander in geeigneter Weise die Steuerung übergeben. Derart leitet die Frage mehrfacher Bandstationen zu der Frage *paralleler* Operationen über. Wir gehen auf letztere nicht näher ein und unterstreichen hier bloß, daß jede effektive Parallel-Verarbeitung durch eine sequentielle TM imitiert werden kann. Auch den in Laienkreisen anzutreffenden Mythen der Analog-Maschinen treten wir hier nur mit der globalen Bemerkung entgegen, daß es für jede effektive Operation einer beliebigen Analog-Maschine *digitale* (diskrete und sequentielle) Maschinen gibt, die diese Operationen in jedem verlangten Grad der Annäherung imitieren.

16.4

Wie aus unseren Ausführungen zu der Funktion ANZ in Kapitel 14 hervorgeht, ist die Menge der TM-Tabellen abzählbar. Sie ist auch rekursiv aufzählbar.

In allgemeinster Weise sieht man das am Charakter der für unsere U.TM kodierten Tabellen. Diese Kodes sind nichts anderes als Ternärketten von bestimmter Form (Abbildung 12.2), nämlich von der Länge $(2 \cdot k + 4) \cdot n$, wo k und n natürliche Zahlen ≥ 1 sind und 2^{k-1} (die minimale Anzahl der Zustandsnamen) $\leq n \leq 2^{k+1} - 2$ (die maximale Anzahl der Quintupeln), in denen ferner das Zeichen "2" nur an den Stellen mit der Nummer $(2 \cdot k + 4) \cdot m + 1$ mit $m = 0, 1, ..., n - 1$ vorkommt und vorkommen muß. Auf der Menge aller endlichen Ternärketten als Universum berechnet eine leicht modifizierte KODE-PRF.TM (Aufgabe 12.2) eine charakteristische Funktion, die alle als Tabelle von U.TM zulässigen Ternärketten von allen übrigen unterscheidet. Um die Menge der zulässigen Kodes rekursiv aufzuzählen, ist nur vonnöten, eine Ternärkette nach der anderen zu generieren (TERZKNF.TM, Aufgabe 6.14(c)) und über jede von ihnen KODE-PRF.TM zu befragen.

Mit Hilfe einer zusätzlichen Kopier-Maschine können die zulässigen Ketten auf dem Band gesammelt werden. Wir wollen diese Kombination „TERTAB.TM" nennen. In ihr ist KODE-PRF.TM um jenen Modul verkleinert, der die beiden "X" und den Arbeitsspeicher für U.TM liefert (auch die Markierung unstimmiger Stellen fällt weg). TERZKNF.TM wird etwa so eingerichtet, daß die Ternärketten linksbündig nach rechts wachsen, solange KODE-PRF.TM sie ablehnt. TERTAB.TM startet mit TERZKNF.TM auf dem leeren Band. TERZKNF.TM und KODE-PRF.TM rufen einander wechselseitig, bis eine zulässige Kette gefunden wird. Diese Kette bleibt erhalten und wird nach rechts kopiert, wo sich der Aufzählprozeß mit TERZKNF.TM fortsetzt. TERTAB.TM schreibt also in konvergenter Berechnung „alle" Tabellen-Kodes hintereinander, halb-lexikalisch geordnet, auf das anfänglich leere Band, etwa wie es eine Lösung von Aufgabe 15.2(a) mit den Binärketten tut.

Es erheben sich verschiedene Fragen. Eine TM-Tabelle ist keine TM – müssen wir sogar im alleinigen Bezug auf die Aufzählung zwischen den aufgezählten Ternärketten einerseits, den TM-Tabellen andererseits, und drittens den beschriebenen TMn unterscheiden? Bedenken wir, mit TERTAB.TM als Beispiel, einige der obwaltenden Umstände.

Die von TERTAB.TM aufgezählte Menge von Ternärketten enthält für jede nach unserer Konvention formal zulässige TM-Tabelle genau einen Kode. Indessen ist immer noch nicht jede dieser Ternärketten Kode einer formal zulässigen TM-Tabelle: KODE-PRF.TM in der Ausbaustufe von Aufgabe 12.2 schließt zum Beispiel nicht aus, daß an den Stellen q_j der kodierten Werte neben "0" auch noch andere Zustandsnamen auftreten, die in keinem Argument der kodierten Tabelle vorkommen (zum Beispiel "11" in Tabellen-Kodes für TMn mit zwei Zuständen). U.TM reagiert in diesen Fällen wie auf den Kode des Zustands 0, aber strikt unserer Konvention gemäß müßte sie irregulär halten. Im Grund ist dieser Schönheitsfehler nur eine Erscheinungsform der „Überproduktion" von TERTAB.TM; er könnte durch eine kleine Änderung unserer Konvention behoben werden, oder durch Einbau eines zusätzlichen Prüf-Moduls.

Es mag uns weiterhin immer wieder gelingen, neue allgemeine und effektive Maßnahmen zur Reduktion unserer Tabellen-Menge zu entwickeln. Gewisse Möglichkeiten springen sofort ins Auge:

In Abschnitt 2.3 haben wir festgestellt, daß zwei TM-Tabellen die selbe Maschine beschreiben, wenn sie durch systematische Umbenennung der Zustände und Umordnung der Zeilen ineinander übergeführt werden können. Mit Bezug auf unsere Festsetzung, daß Zustand 1 immer der Start-Zustand sein soll, generiert TERTAB.TM also $(n-1)!$ verschiedene Beschreibungen für jede n-Zustände-TM. Man sieht leicht ein, daß ein weiterer Modul für KODE-PRF.TM auch diese Multiplizität effektiv verhindern würde.

Wir könnten ferner sicherstellen wollen, daß jeder Zustandsname (möglicherweise außer 1), der in einem Argument auftritt, auch in mindestens einem Wert der selben Tabelle vorkommt (beispielsweise sind es von den ANZ(4) = 25 600 000 000 Tabellen von 2-Zeichen-TMn mit 4 Zuständen immerhin nur mehr 13 988 265 984, in denen jeder der Zustandsnamen 2, 3 und 4 mindestens ein Mal in einer Position q_j auftritt – die Namen 0 und 1 können, müssen aber nicht vorkommen). Eine Tabelle, die diese Voraussetzung nicht erfüllt, beschreibt eine kleinere Maschine, als es vordergründig den Anschein hat. Man kann, in gedanklich einfacher Weise, TERTAB.TM so einrichten, daß auch dieser Forderung entsprochen ist.

– Und dergleichen mehr.

Es mag uns befriedigen, daß wir mit jeder dieser Maßnahmen unendlich viele „wirklich überflüssige" Elemente der Aufzählung eliminieren, aber wir können im allgemeinen nicht effektiv entscheiden, was in unserer Aufzählung wirklich überflüssig ist. Wir müssen uns immer wieder vor Augen halten, daß wir (Kodes für) Tabellen aufzählen, also Zeichenketten. Aus der Tatsache, daß eine formal einwandfreie Zeichenkette generiert wurde, schließen wir auf die Existenz einer TM, die von dieser Zeichenkette beschrieben wird, aber wir können aus der

Beschaffenheit der Zeichenkette nicht alle relevanten Eigenschaften der TM ableiten. Zum Beispiel müßte die zuletzt angeführte Prüfung durch einen Modul ergänzt werden, der gewährleistet, daß für jeden Zustand q einer nach den vorangehenden Kriterien beschriebenen TM T eine Bandinschrift existiert, auf der, in Zustand 1 gestartet, T früher oder später q ruft. Man vergleiche etwa

```
ZUVIELEq.TM
            -         |
1     | R 2       | R 2
2     - L 3       | L 3
3     | R 4       | R 1
4     - L 0       | R 2
```

TM-Tabelle 16.1

mit

```
EINFACHERE.TM
            -         |
1     | R 2       | R 2
2     - L 3       | L 3
3                 | R 1
```

TM-Tabelle 16.2

– Zustand 4 von ZUVIELEq.TM kann nicht gerufen werden, denn Zustand 3 wird nie "–" lesen. Im Fall der TM-Tabelle 16.1 ist die Entscheidung nicht schwierig, aber es ist eben – wovon wir uns in den beiden vorangehenden Kapiteln überzeugt haben – nicht möglich, die Aussonderung derartiger Fälle in einem effektiven Verfahren zu bündeln.

Wenn die durch zwei verschiedene TM-Tabellen beschriebenen beiden Maschinen auf jeder Eingabe Zug für Zug das Selbe machen, werden wir versucht sein zu sagen, es handle sich um ein-und-die-selbe Maschine. Und wie sollen wir die Fälle einstufen, in denen zwei Maschinen „Makro-Zug für o-Zug das Selbe machen"? Die EINFACHERE.TM (TM-Tabelle 16.2) entspricht in dieser Hinsicht der TM

```
EINFACHE.TM
            -         |
1     | R 1       | R 1
```

TM-Tabelle 16.3

Wir mögen immer wieder auf Interpretationen stoßen, unter deren Gesichtspunkt TERTAB.TM viel zu viele Tabellen(-Kodes) generiert. Wenn uns dann vielleicht der Wunsch anwandelt, der anscheinenden Verschwendung zu steuern, sollten wir diesen Anschein selbst unter die Lupe nehmen. Wir wissen nämlich, daß die jeweilige Interpretation nicht effektiv zu haben ist, und das bedeutet, daß die eine, umfassende Interpretation nicht existiert, die unsere Intuition von

Sparsamkeit oder Eleganz im Fall TERTAB.TM rechtfertigen könnte. Nicht zuletzt aus diesem Grund haben wir von Anfang an alle auf Ökonomie sich berufenden Argumente beiseite gesetzt: Ein ökonomischer Gesichtspunkt, unter dem eine Maschine zu betrachten wäre, ist ein Gesichtspunkt einer Interpretation, und die Interpretation kann sich mit der Umgebung der betrachteten Maschine ändern (harmloses Beispiel: wiegt die Reduktion der aufgezählten Menge die Verlängerung des Aufzählprozesses durch die zusätzlichen Prüfungen auf?).

Eine bedeutende Reduktion scheint von vornherein ja durch die Beschränkung auf die Kodes von 2-Zeichen-Maschinen gegeben, wie sie in unserer Verwendung der Ternärketten vorausgesetzt ist. Da jede beliebige TM-Tabelle unserer Konvention effektiv in ihre kanonische 2s-Version umgeschrieben werden kann, geht, für unsere Interpretation, in der Beschränkung auf 2-Zeichen-TMn nichts verloren. Wir konnten eine Duplizität vermeiden, die anderen rekursiven Aufzählungen aller TM-Tabellen zur Last fällt – weil wir so glücklich gewesen waren, einen ganz allgemeinen und zugleich effektiven Aspekt der Äquivalenz zu finden. Wenn wir unsere Aufmerksamkeit nun auf das Wörtchen „kanonisch" richten, wird klar, daß die erreichte Reduktion so gut wie nichts bedeutet: Jede beliebige Tabelle ist in der Menge der Tabellen aller 2-Zeichen-Maschinen durch ihre kanonische Version vertreten, daneben aber noch unendlich oft durch „quasi-kanonische" Versionen mit nicht-minimalen Kode-Längen für die Zeichen, und abermals unendlich oft (man möchte sagen: „noch öfter") durch nicht-kanonische „Versionen", nämlich durch 2-Zeichen-Maschinen, die – im Licht einer gelungenen Interpretation – jeden Lauf der o-TM Makro-Zug für o-Zug imitieren (eine 2s-Version von U.TM, gekoppelt mit einer trivialen TM, die den geeigneten 2s-Kode der gerade betrachteten Maschine auf das leere Band schreibt, ist nur das nächstliegende Beispiel).

Für unsere Zwecke ist es das beste, unseren Ehrgeiz zu zügeln – uns mit der Leistung von TERTAB.TM zufrieden zu geben. Mit der Tatsache, daß die von TERTAB.TM aufgezählte Menge mit jeder einzelnen TM-Tabelle unendlich viele weitere Tabellen von Maschinen enthält, deren Band-Verhalten auf jeder Eingabe Zug für Zug das selbe, oder, unter jeweiliger konsistenter Interpretation, auf entsprechenden Eingaben Makro-Zug für o-Zug äquivalent ist – mit dieser Tatsache können wir leben, und wir werden aus dieser Fülle auch gewisse Vorteile ziehen.

Der angedeutete TERTAB-Prozeß ist leicht zu verstehen, aber empörend umständlich – ein üblicher PC mit unserer Software braucht einen Tag, um zum Kode der ersten vollbelegten Tabelle ("210000211000") vorzustoßen, und der Zeitverbrauch wird mit jedem zusätzlichen Quintupel immer ungeheuerlicher (er wächst „exponentiell"). Wesentlich effizientere Verfahren wären unschwer zu haben, der Umweg über die Kodierung durch Ternärketten ist überflüssig, und so weiter – auch dieserhalb müssen wir uns nicht grämen, denn es geht allein um die prinzipielle Möglichkeit, einem umfassenderen Prozeß „die nächste" TM-Tabelle zuzuliefern, wenn er es verlangt.

Mit solchen Prozessen werden wir uns im folgenden Kapitel befassen. Was „die nächste" angeht, so zählt TERTAB.TM die Menge aller unserer Ternär-

Kodes ja sogar in natürlicher Reihenfolge auf. Statt aber einer gegebenen Tabelle die Nummer jener Ternärkette zuzuordnen, die sie kodiert, numerieren wir die Tabellen einfach in der Reihenfolge des Erscheinens ihres Kodes in diesem Aufzähl-Prozeß. Dann ist es sinnvoll, von der ersten, zweiten, k-ten TM-Tabelle zu sprechen (der Kode der – wenn wir nicht nur vollbelegte Tabellen zulassen – ersten TM-Tabelle, (1 − − L 0), nämlich "210000", ist die 931. Ternärkette; die zuvor angeführte Ternärkette ist die 1211098., sie kodiert die 17. Tabelle).

Wir sprechen kürzer auch von der „k-ten TM" als von jener Maschine, die durch die k-te Tabelle beschrieben wird. Natürliche Zahlen, die Beschreibungen (Zeichenketten) bijektiv und berechenbar zugeordnet sind, heißen (nach dem österreichisch-amerikanischen Mathematiker Kurt Gödel, 1906–1978) *Gödelnummern*. Wir unterstreichen: Betrachtet man eine natürliche Zahl als die Gödelnummer einer Zeichenkette, so ist dabei stets ein bestimmtes, jeweils konkret gegebenes Verfahren der „Gödelisierung" vorausgesetzt. Wie wir gesehen haben, gibt es sehr einfache Verfahren zur Gödelisierung der Menge aller Ketten über gegebenem endlichen Alphabet. Verfahren zur Gödel-Numerierung bestimmter Teilmengen solcher Mengen können verwickelter sein – dafür geben die Überlegungen in diesem Abschnitt ein Beispiel.

TERTAB.TM (oder auch jedes andere Verfahren zum Aufzählen aller zulässigen TM-Tabellen) kann unschwer zu einer Maschine GN-TAB.TM ergänzt werden, die auf der Eingabe einer beliebigen natürlichen Zahl k den Kode der k-ten TM-Tabelle generiert. In umgekehrter Richtung ist TERTAB.TM als Modul einer TAB-GN.TM verwendbar, die aus der Eingabe einer beliebigen korrekten TM-Tabelle (in Gestalt ihres Ternär-Kodes) deren Gödelnummer ermittelt.

Aufgabe 16.2 ⟨2*⟩ Unter der Voraussetzung binär gegebener Gödelnummern spezifiziere man die Moduln von GN-TAB.TM und TAB-GN.TM und skizziere die Arbeitsweise der beiden Maschinen.

Der Leser bedenke, daß derart *jede natürliche Zahl als Kode einer TM-Tabelle aufgefaßt werden kann* – oder gleich als eine TM-Tabelle (man denke an eine Kopplung von U.TM mit der entsprechend modifizierten GN-TAB.TM). Auf der Grundlage unserer Gödelisierung ist also zum Beispiel die Zahl 101_2 nicht einfach ein Name, sondern darüber hinaus eine Beschreibung jener TM, deren Tabelle in unserer Konvention eben als "(1 − 1 L 0)" gesetzt ist. Die effektive Rekonstruierbarkeit der Tabellen aus diesen Namen betrifft nämlich eine unendliche Menge, sie ist intensionaler Art. Jede Binärzahl ist unter diesem Gesichtspunkt ein in einer höheren Programmiersprache formuliertes Programm, das *kompiliert* werden muß (GN-TAB.TM), um lauffähig zu werden. Zu beachten ist weiters, daß diese Programme die zugeordneten Tabellen komprimiert darstellen. Unsere Gödelnummern sind kürzer als die Tabellen, die sie beschreiben (von einem bestimmten Punkt an sind die Ternär-Kodes sogar länger als die Konkatenation ihrer Gödelnummer mit der Tabelle von GN-TAB.TM).

17. Rekursive Mengen, rekursiv aufzählbare und rekursiv nicht aufzählbare Mengen

17.1

Wie in Abschnitt 16.1 bereits angemerkt, bietet die rekursive Aufzählung einer Menge M von Zeichenketten durch eine TM T keinerlei gedankliche Schwierigkeit, wenn T eine totale Funktion berechnet. Der Fall liegt anders, wenn die Funktion partiell ist, denn T wird auf der Darstellung jener Elemente nicht halten, auf denen die Funktion nicht definiert ist. Wegen der Unentscheidbarkeit des allgemeinen Halteproblems wissen wir im allgemeinen nicht, wie lange wir auf die Anlieferung eines neuen Elements warten sollen; mit jedem Unterbrechen eines Laufs von T riskieren wir, ein Element von M zu verfehlen, mit jedem Entschluß zum Ausharren riskieren wir gleich alle späteren Elemente insgesamt.

Hier kommt uns eine ingeniöse Anwendung des Aufzählverfahrens zur Hilfe. Es stellt sich als ein Verfahren heraus, eine beliebige TM ohne solche willkürlichen Entscheidungen der Umgebung sukzessive auf „allen" Bandinschriften über ihrem Alphabet laufen zu lassen.

Es genügt, das Verfahren am Beispiel des Universums aller Binärketten zu illustrieren. Sei EINE.TM eine 2-Zeichen-TM. Wir wollen (gemäß Definition (2b), Kapitel 16) die Menge D all jener Binärketten rekursiv aufzählen, die EINE.TM akzeptiert. Dabei interpretieren wir jedes "−" in der Eingabe als "0" und jedes "I" als "1"; auf Marken können wir verzichten, denn wir werden die Spuren zu Rate ziehen. Um sicherzustellen, daß EINE.TM „alle" Zeichenketten zu lesen bekommt, die sie auf Grund ihrer individuellen Beschaffenheit lesen *kann*, starten wir sie (natürlich in Zustand 1) stets in der Mitte einer neuen Eingabe-Kette, genauer auf dem n-ten Feld der Eingabe, wenn diese $2 \cdot n - 1$ oder $2 \cdot n$ Felder einnimmt ($n = 1, 2, \ldots$).

Im ersten Schritt lassen wir EINE.TM ihren ersten Zug auf der ersten Binärkette ("−") tun. Wir halten die Maschine an und nehmen sie vom Band. Auf ein anderes Band schreiben wir jetzt die zweite Kette ("I"), und lassen EINE.TM den ersten Zug auf dieser Kette tun. Dann kehren wir zum ersten Band zurück, setzen die Maschine in dem im ersten Zug gerufenen Folgezustand auf das im ersten Zug erreichte Feld an und lassen sie einen zweiten Zug durchführen. Wir folgen dieser Methode, wie in Abbildung 17.1 veranschaulicht, indem wir bei Bedarf (Zeile 1 wird erreicht) die nächste Binärkette auf ein neues Band schreiben.

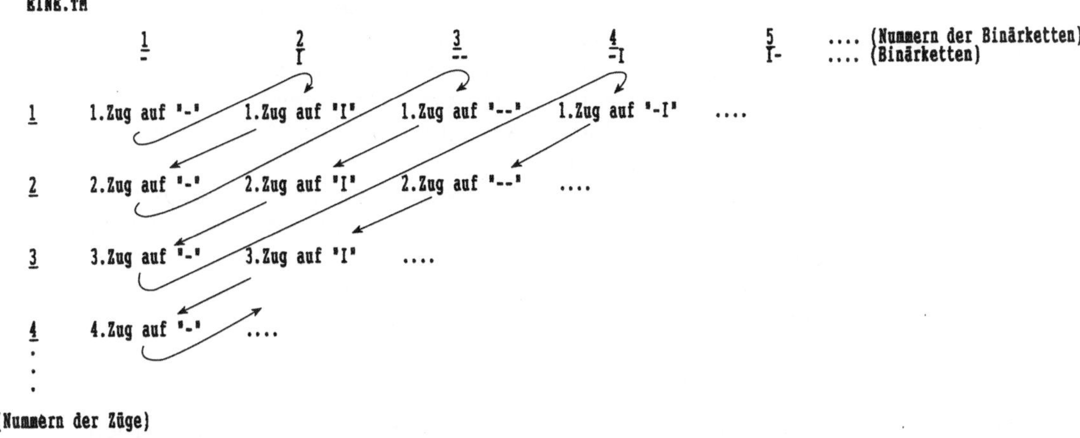

Abbildung 17.1

Wir kopieren jede Momentaufnahme in eine Datei, die der betreffenden Spalte dieser Tabelle zugeordnet ist; derart sammeln sich die Momentaufnahmen systematisch zu Spuren. Gelegentlich wird EINE.TM den Zustand 0 rufen. Dann können wir effektiv feststellen, welcher Spalte dieses Ereignis zugeordnet ist. Aus der betreffenden Spur ermitteln wir, welche Zeichen der Eingabe EINE.TM gelesen hat; wir nehmen diese Kette als Element von D in eine gesonderte Liste auf, falls sie sich dort nicht schon befindet. Sodann streichen wir die Spalte aus unserer Tabelle Abbildung 17.1, und setzen schließlich EINE.TM im vorgeschriebenen Zustand auf das vorgeschriebene Feld jenes Bandes an, das unserem Verfahren gemäß nun an der Reihe ist – alle nötigen Informationen finden wir in der entsprechend fortgeschriebenen Tabelle des Verfahrens, in der jeweils letzten Momentaufnahme jener Spur, die der aktuell gewordenen Spalte zugeordnet ist, und in der Tabelle von EINE.TM. (Lassen wir nicht nur Maschinen mit vollbelegter Tabelle zu, so mag EINE.TM gelegentlich irregulär halten. In solchen – effektiv erkennbaren – Fällen streichen wir bloß die zugehörige Spalte und setzen den Prozeß fort, als wäre nichts geschehen.)

In dieser Weise sammeln sich nach und nach alle Elemente der durch EINE.TM aufgezählten Menge D, auch wenn die Maschine eine partielle Funktion berechnet. Wir dürfen freilich nicht allgemein erwarten, daß D in der natürlichen Reihenfolge aufgezählt wird; es könnte durchaus sein, daß ein in der natürlichen Reihenfolge frühes Element sehr spät ausgeworfen wird – im allgemeinen ist jede effektive Ordnung (außer der durch das Aufzählverfahren selbst gesetzten) provisorisch.

Das Verfahren nach Abbildung 17.1 ist effektiv, also gibt es (Church-Turing-These) eine TM, die es realisiert (und damit unendlich viele derartige Maschinen). Wir empfehlen dem Leser, sich zu überlegen, wie man zur Automatisierung des Aufzählens eine UTM erweitern müßte – Modul zur Aufzählung der Eingabe-Ketten; Zähler zur Herstellung einer potentiell unendlichen Anzahl verschiedener Marken in Gestalt von Darstellungen der natürlichen Zahlen; Such-, Kopier- und Verschiebe-Moduln unter anderem zum Kopieren der vorgelegten

TM-Tabelle und zur systematischen Sammlung der Momentaufnahmen zu Spuren (Indizierung der jeweiligen Folgezustände und Folgefelder); Sammeln der akzeptierten Ketten auf einem bestimmten Bandbereich. Solche Überlegungen werden sehr viel einfacher, wenn man sich die Gesamtmaschine mit mehreren Bandstationen ausgestattet denkt (deren Anzahl und Verwendung ebenso wie das Alphabet ein für allemal festgelegt wird).

Offensichtlich existiert eine effektive Interpretation dieser Gesamtmaschine, unter deren Gesichtspunkt sie die Menge aller jener Zeichenketten *generiert*, die EINE.TM *akzeptiert* (in Abschnitt 16.4 haben wir bereits einen einfacheren Fall dieser Art kennengelernt – TERTAB.TM generiert gerade jene Menge, deren Elemente die modifizierte KODE-PRF.TM akzeptiert).

Aufgabe 17.1 ⟨2*⟩

(a) Wie muß das in Abbildung 17.1 illustrierte Verfahren modifiziert werden, damit die Menge der von EINE.TM *generierten* Zeichenketten aufgezählt wird?

(b) Unter der Voraussetzung, daß eine „Verkörperung" des in (a) gesuchten Verfahrens in Gestalt einer TM als Modul zur Verfügung steht: Wie müßte eine Maschine aussehen, die genau jene Zeichenketten akzeptiert, die EINE.TM generiert? Die neue Maschine soll genau dann halten, wenn sie eine beliebige Inschrift aus der Menge der von EINE.TM generierten Zeichenketten vollständig gelesen (und sonst vielleicht noch allerlei geschrieben) hat; wenn die vorgelegte Inschrift Element des Komplements jener Menge ist, hält die neue Maschine nicht.

Existiert ein effektives Verfahren zur jeweiligen Aussonderung der „intendierten Ausgabe" aus den von EINE.TM generierten Zeichenketten, so ist es schon Teil des in (a) gesuchten Verfahrens – die neue Maschine wird also die „intendierten Ausgaben" von EINE.TM und nur diese akzeptieren.

Im übrigen werden wir angesichts der Ergebnisse dieses Abschnitts nicht immer anzeigen, ob eine gegebene TM eine Menge von Zeichenketten durch Akzeptieren oder durch Generieren aufzählt, sondern kürzer von der durch diese Maschine aufgezählten Menge reden.

17.2

Aufgabe 17.2 ⟨2*⟩ Man beweise:

(a) Die Vereinigung zweier rekursiv aufzählbarer Mengen ist rekursiv aufzählbar.
(b) Der Schnitt zweier rekursiv aufzählbarer Mengen ist rekursiv aufzählbar.
(c) Vereinigung und Schnitt endlich vieler rekursiv aufzählbarer Mengen sind rekursiv aufzählbar.

Mit einer Lösung dieser Aufgabe steht unter anderem auch fest, daß wir die Vereinigung der Menge aller Zeichenketten, die eine gegebene Maschine akzeptiert, mit der Menge aller Zeichenketten, die sie generiert, auch durch Akzeptieren allein, oder nur durch Generieren aufzählen können.

Wir ergänzen die Definitionen in Abschnitt 16.1 durch die folgenden Festsetzungen:

- Eine Menge heißt *rekursiv*, wenn sie rekursiv aufzählbar ist und wenn auch ihr Komplement in der vorgegebenen Grundgesamtheit (Abschnitt 13.1) rekursiv aufzählbar ist.

Diese Definition ist äquivalent mit der Aussage:

- Eine Menge heißt rekursiv, wenn ihre charakteristische Funktion berechenbar ist.

Denn offenbar gilt: Ist die Menge A, ausgesondert aus dem Universum U, rekursiv, so ist auch ihr Komplement $U-A$ rekursiv; die charakteristische Funktion χ_A von A wird durch Vertauschen ihrer beiden Werte zur charakteristischen Funktion des Komplements χ_{U-A}. Nun können wir eine gegebene CHI-A.TM, welche die charakteristische Funktion χ_A berechnet, stets zur rekursiven Aufzählung der beiden Mengen A und $U-A$ verwenden. Denn CHI-A.TM hält – definitionsgemäß – auf jeder Zeichenkette aus U; „bejaht" CHI-A.TM eine Kette aus U, so nehmen wir diese Kette in A auf, „negiert" sie die Kette, so ist diese Element von $U-A$. Um die beiden Mengen rekursiv aufzuzählen, müssen wir nur die Elemente von U aufzählen und jeweils CHI-A.TM vorlegen.

Ist umgekehrt A rekursiv, so existiert sowohl eine A.TM zur rekursiven Aufzählung von A als auch eine U-A.TM zur rekursiven Aufzählung von $U-A$. Dann können wir die beiden Maschinen effektiv zu einer TM koppeln, die die charakteristische Funktion von A berechnet. Diese CHI-A.TM arbeitet wie folgt. Wollen wir von einem beliebigen Element k von U wissen, ob es zu A gehört oder nicht, so lassen wir, etwa mit A.TM beginnend, die beiden Maschinen abwechselnd je ein Element der von ihnen aufgezählten Menge auswerfen. Da A rekursiv ist, wird früher oder später eine der beiden Maschinen k auswerfen; wir können den Vorgang abbrechen, denn wir haben die Garantie, daß die andere Maschine k nicht auswerfen wird.

Ist eine Menge von natürlichen Zahlen oder Binärketten rekursiv, so können ihre Elemente in natürlicher Reihenfolge aufgezählt werden (da die Elemente dieser Grundgesamtheiten in natürlicher Reihenfolge aufgezählt werden können).

Aufgabe 17.3 ⟨1*⟩ Der Leser beweise den umgekehrten Satz: Gibt es eine TM, die die Elemente einer Menge M von Binärzahlen oder Binärketten streng monoton (folglich in natürlicher Reihenfolge) aufzählt, so ist M rekursiv.

Offensichtlich ist jede endliche Menge rekursiv.

17.3

Es ist sehr wichtig, sich klarzumachen, daß die beiden Begriffe „rekursiv" und „rekursiv aufzählbar" verwandt, aber keineswegs identisch sind. Zwar ist jede rekursive Menge rekursiv aufzählbar, aber nicht jede rekursiv aufzählbare Menge ist rekursiv. Mit anderen Worten: Es gibt definierbare Mengen, die nicht einmal rekursiv aufzählbar sind, nämlich die Komplemente von rekursiv aufzählbaren, aber nicht rekursiven Mengen. Das Komplement einer rekursiv aufzählbaren Menge M ist nicht rekursiv aufzählbar, wenn es keine Maschine zur Aufzählung von M gibt, deren allgemeines Halteproblem entscheidbar ist. Solche Mengen sind definierbar, insofern das jeweils zugrunde liegende Universum rekursiv aufzählbar ist, und weil jedes Element des Universums, das ihnen *nicht* angehört, in einem effektiven Verfahren erreichbar ist (man könnte die Lage mit einem Verhältnis Figur/Umfeld vergleichen, in dem die Figur nie fertig wird; im übrigen sind auch im Alltag die Fälle selten, in denen der eine Figur umrahmende Hintergrund ohne Bezugnahme auf die Figur bestimmt werden kann).

Beispiele für rekursive Mengen anzuführen, ist leicht – die meisten in der Elementarmathematik betrachteten Mengen sind rekursiv. Konkret nennen wir die Menge aller TM-Tabellen (für den Fall der Tabellen von 2-Zeichen-TMn haben wir in Kapitel 16 bereits gezeigt, daß die charakteristische Funktion berechenbar ist).

Beispiele für rekursiv aufzählbare, aber nicht rekursive Mengen entnehmen wir dem in Abbildung 17.1 dargelegten Verfahren: die Menge aller Zeichenketten, auf denen eine beliebig gegebene TM regulär hält, ist rekursiv aufzählbar. Sie ist aber im allgemeinen nicht rekursiv – wäre jedes jeweilige Komplement in der Menge aller Zeichenketten über dem jeweiligen Alphabet (die Menge aller Zeichenketten, auf denen die jeweils gegebene TM nicht hält) rekursiv aufzählbar, so wäre damit eben das Halteproblem für jede TM entscheidbar. Rekursiv aufzählbare nicht-rekursive Mengen sind notwendigerweise unendlich.

Wir haben aber auch schon eine definierbare, jedoch nicht aufzählbare Menge kennengelernt, für die nicht einmal das Komplement in der Menge der natürlichen Zahlen rekursiv aufzählbar ist: der Bildbereich der Funktion Σ. Solche Mengen (und ihre Komplemente) sind definierbar, insofern ihre Elemente existieren und genau festgelegte Eigenschaften haben. Wie läßt sich der Sinn fassen, in welchem diese Elemente „existieren"? Fürs erste verweisen wir auf unsere Erwägungen in Abschnitt 14.2 (die Existenz von 1, 4, 6 und 13 als Werte der Funktion Σ ist darüber hinaus nicht zweifelhaft). Da der in Frage stehende Sinn von „Existenz" jedoch immerhin Gegenstand kontroverser Erörterungen gewesen ist und ist, ziehen wir uns auf den „klassischen" Standpunkt zurück: Ein mathematischer Gegenstand existiert, wenn die Annahme seiner Existenz nicht zu Widersprüchen mit dem anerkannten Vorrat an mathematischen Einsichten führt.

Die wichtigste Einsicht ist, daß wir vor einer Hierarchie von Beherrschbarkeiten stehen. Wenn wir im Besitz einer berechenbaren charakteristischen Funktion sind, so haben wir alle Voraussetzungen zum detaillierten weiteren Studium der betreffenden Menge. Wir können für jedes Element der Grundgesamtheit mit Sicherheit erwarten, daß eine die charakteristische Funktion berechnende TM auf seiner Darstellung terminiert – es kann zwar vorkommen, daß unsere Geduld erheblich strapaziert wird, wir wissen aber, daß sich der Zeitaufwand in jedem Fall bezahlt machen wird.

Sind wir nur im Besitz eines Aufzählverfahrens für die Menge allein, nicht jedoch für ihr Komplement, so können wir nicht wissen, ob unser Warten auf das Terminieren sinnvoll ist. Immerhin können wir uns beliebig viele Elemente dieser Menge verschaffen und sie konkret untersuchen – etwa in der Absicht, Hypothesen über noch unbekannte (in den bisher bekannten Aufzählverfahren noch nicht instrumentierte) Eigenschaften der Menge aufzustellen, und diese Hypothesen dann zu beweisen.

Über eine Menge, die zwar definierbar, aber nicht einmal rekursiv aufzählbar ist, können wir nur noch solche Aussagen machen, die wir aus der Definition ableiten können. Wir können keine strukturellen Erkenntnisse aus der Beobachtung ihrer Elemente gewinnen. Nichtsdestoweniger sind auch derartige Mengen als Gegenstände des mathematischen Denkens nützlich, denn wir können bisweilen aus ihrer Definition allein zu fundamentalen Einsichten gelangen – Beispiele dafür sind die Sätze zum Halteproblem.

Aufgabe 17.4 ⟨2⟩ Der Leser klassifiziere die folgenden Mengen nach den Gesichtspunkten Rekursivität, rekursive Aufzählbarkeit, bloße Definiertheit, Mängel der Definition.

(a) Die Menge der Primzahlen.
(b) Die Menge der Tabellen von TMn mit k Quintupeln ($k = 1, 2, \ldots$).
(c) Die Menge aller Tabellen von 2s-TMn, die auf allen 2s-Zeichenketten halten.
(d) Die Menge aller Paare natürlicher Zahlen ($m\ m$), wobei ein derartiges Paar interpretiert wird als „die m-te 2-Zeichen-TM akzeptiert die m-te Binärkette".
(e) Gegeben sei eine endliche Anzahl von rekursiv aufzählbaren, aber nicht rekursiven Mengen. Man klassifiziere die Menge der Tabellen aller jener TMn, die diese Mengen mit der geringsten Anzahl von Zügen aufzählen.
(f) Die Menge der Tabellen aller TMn, die auf keiner Zeichenkette halten.
(g) Gegeben sei eine rekursiv aufzählbare, aber nicht rekursive Menge M von Zeichenketten. Zu klassifizieren ist die Menge aller Tabellen von TMn, die M aufzählen.

17.4

In unserem Aufzählverfahren können wir auch die Zeichenkette konstant halten und statt dessen eine systematische Liste aller TM-Tabellen als Kopfzeile einsetzen. Für das leere Band wäre das Verfahren wie folgt illustriert:

Zeichenkette '-'

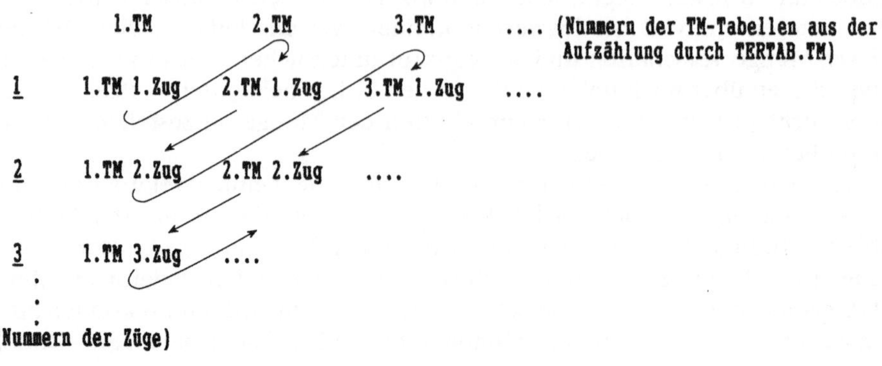

Abbildung 17.2

In diesem Verfahren gewinnen wir Schritt für Schritt eine Liste aller (Tabellen von) TMn, die auf dem leeren Band halten. Wir rufen uns ins Gedächtnis, daß jede systematische Anordnung dieser Liste in einer anderen Reihenfolge als der durch das jeweilige Aufzählverfahren gegebenen (Anordnung etwa nach der Länge der Tabellen) provisorisch bleiben muß.

Im Grunde enthält diese Menge auch schon überhaupt alles, was wir uns von einem Aufzählverfahren wünschen dürfen. Denn in ihr treten auch alle (Tabellen von) Maschinen auf, die wir uns mit Hilfe wie auch immer gearteter, aber jedenfalls effektiver Verfahren in zwei Moduln zerlegt denken können – derart nämlich, daß der erste eine Inschrift auf das leere Band schreibt, auf der der zweite seine Berechnungen durchführt. Das hätten wir aber auch schon mit der ersten Anwendung des Aufzählverfahrens (Abbildung 17.1) haben können, wenn wir an die Stelle von EINE.TM eine geeignete UTM gesetzt hätten. Wir sehen, daß wir eine äquivalente Aufzählung auch mit Hilfe einer geeigneten UTM in Kopplung mit BIZKNF.TM (und entsprechenden Buchhaltungs-Moduln) implementieren könnten, eine Maschine, die auf dem leeren Band startet.

Daher bringt der nächste Schritt nur scheinbar eine abermalige Erweiterung. Wir zählen die Menge aller geordneten Paare von natürlichen Zahlen $(m\ n)$ auf, von denen gilt: Die m-te TM akzeptiert die n-te Zeichenkette (in Abbildung 17.3 abgekürzt zu „ZK").

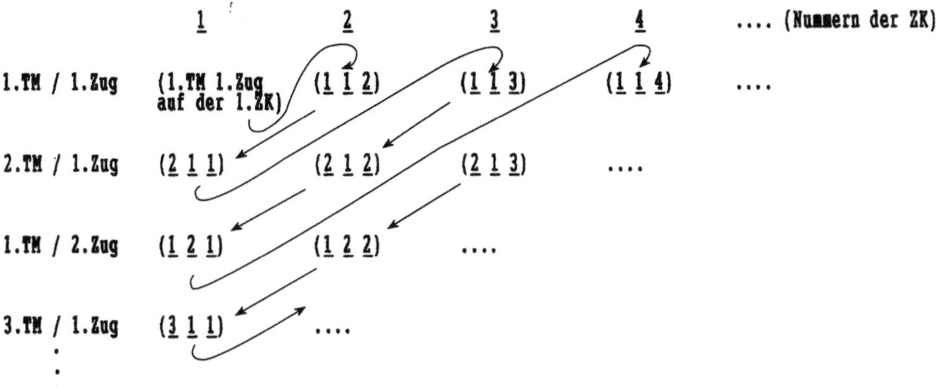

Abbildung 17.3

Diese Formulierung des Aufzählverfahrens scheint uns aber die anschaulichste.

17.5

In Kapitel 4 haben wir dem Leser einen Beweis dafür in Aussicht gestellt, daß die (wie wir gezeigt haben, unendliche) Menge aller Tabellen von TMn, die eine vorgelegte Spezifikation erfüllen, nicht nur solche Tabellen enthält, die im dort angegebenen banalen Verfahren hergestellt werden können. Mit den inzwischen erworbenen Begriffen ist dieser Beweis leicht zu führen. Es genügt, wenn wir uns auf den Fall des Akzeptierens einer Zeichenkette durch 2-Zeichen-Maschinen beschränken. Die Menge aller Tabellen von TMn, die eine vorgelegte Zeichenkette akzeptieren, ist rekursiv aufzählbar (siehe die Modifikation des Aufzählverfahrens Abbildung 17.2), aber nicht rekursiv. Das Verfahren von Abschnitt 4.4 führt aber zu einer rekursiven Menge von TM-Tabellen, und das gleiche trifft auf unendlich viele weitere Verfahren zu, die sich auf einen vorgefaßten Sinn stützen. Die betrachtete Menge ist nur durch unser „sinnloses" Aufzählverfahren zu gewinnen.

17.6

Im Einklang mit dem in Abschnitt 15.4 eingeführten Konvergenz-Begriff bezeichnen wir allgemein eine (gegebenenfalls unendliche) Zeichenkette k als berechenbar, wenn es eine TM gibt, die auf einer Darstellung der natürlichen Zahl n das n-te Zeichen (oder das n-te Anfangsstück) von k generiert. Berechenbare Zeichenketten in der Interpretation als reelle Zahlen (siehe Abschnitt 16.2(d)) heißen *berechenbare Zahlen*.

Offenbar ist jede endliche Zeichenkette berechenbar. Es gibt irrationale Zahlen, die berechenbar sind – zum Beispiel $\sqrt{2}$. Wir müssen uns aber vor Augen halten, daß nicht jede definierbare reelle Zahl berechenbar ist. Ein Beispiel ist jene unendliche Binärkette, die für jede natürliche Zahl, die ein $\Sigma(n)$ ist, ein "1" aufweist, andernfalls ein "0". Ein Anfangsstück dieser Binärkette ist "100101000000100":

1	0	0	1	0	1	0	0	0	0	0	0	0	1	0	0	…
1	2	3	4	5	6	7	8	9	10	11	12	13	14	15		…

Wie wir in Kapitel 14 gezeigt haben, kann keine TM die durch diese Binärkette dargestellte reelle Zahl berechnen.

Andererseits: Wenn wir das in Abbildung 17.3 angedeutete Verfahren im Hinblick auf die generierten Zeichenketten adaptieren, können wir für jede TM gesondert die Menge aller Zeichenketten aufzählen, die sie generiert. Da in der Menge aller TMn für jede berechenbare binäre Zeichenkette k eine Maschine enthalten ist, die auf den in lückenloser natürlicher Reihenfolge eingegebenen Binärzahlen die Anfangsstücke von k lückenlos generiert, könnte uns für einen Augenblick die Hoffnung anwandeln, ein allgemeines Verfahren zur Entscheidung des Konvergenz-Problems an der Hand zu haben. Das Konvergenz-Prädikat bleibt natürlich unentscheidbar – ohne speziellen Beweis für die jeweils betrachtete TM haben wir zu keinem Zeitpunkt die Garantie, daß die Aufzählung der Anfangsstücke in der erforderlichen Weise weitergehen wird. Wir kommen zu dem Schluß, daß die Menge aller TMn, deren auf dem leeren Band startende Berechnungen konvergent verlaufen, nicht aufzählbar ist. Wir können diese Maschinen nicht in eine feste Reihenfolge bringen – und damit auch die Zeichenketten nicht, die sie berechnen.

Wir könnten versucht sein, diesen Sachverhalt auch durch eine Anwendung des Cantorschen Diagonalverfahrens zu beweisen: Die Menge der berechenbaren Zeichenketten ist unendlich, und das Verfahren würde jede vorgelegte Liste unbeschränkt erweitern. Das Diagonalverfahren ist auf jeder Liste unendlicher Zeichenketten effektiv, daher gibt es eine TM T, die es verkörpert. T verschafft sich das erste Zeichen der ersten berechenbaren Kette, verändert es ("0" wird "1" oder umgekehrt), sie verschafft sich das zweite Zeichen der zweiten Kette, verändert es, und so weiter. Das ist bei einer Liste der berechenbaren Zahlen nur möglich, wenn T das Verhalten jeder einzelnen TM „inspizieren" kann: ein Modul von T muß das ganze Aufzählverfahren (oder ein äquivalentes Verfahren) „verkörpern". Im Fortschreiten von Tabelle zu Tabelle, vom n-ten Zeichen der n-ten Kette zum $(n+1)$-ten Zeichen der $(n+1)$-ten Kette würde T selbst eine konvergente Berechnung durchführen, und die von T berechnete Zeichenkette hätte eine Nummer in der Liste der berechenbaren Ketten, etwa die Nummer p. Man sieht, daß T über das $(p-1)$-te Zeichen der $(p-1)$-ten berechenbaren Zeichenkette nicht hinauskommen würde. Denn zur Berechnung des nächsten Zeichens muß T nun „sich selbst laufen lassen", das heißt sie muß das ganze Aufzählverfahren noch einmal von vorn beginnen und an der gleichen Stelle jedesmal aufs neue wiederholen (siehe Turing *1936* 246f). Der Fall läge freilich anders, wenn wir T einen Modul mitgeben könnten, der das allgemeine Halteproblem entscheidet!

Im übrigen formulieren die vorstehenden Überlegungen das „Paradoxon von Richard" im Rahmen der Automatentheorie, nämlich in einer präziseren Form, die alle (bei Richard unvermeidlichen) Fragen nach der Bedeutung von Worten umgeht. In seiner Darstellung (Richard *1905*) schlägt der französische Mathematiker vor, alle endlichen Zeichenketten über dem Alphabet der 26 Buchstaben in halb-lexikalischer Aufzählung zu betrachten (wir können auch das Spatium und andere Zeichen wie Punkt und Strichpunkt hinzunehmen). In dieser Liste finden sich unter anderem alle Definitionen von Zahlen, die mit einer endlichen Anzahl von Worten gegeben werden können. Alle derartigen Zeichenketten werden zu einer halb-lexikalisch geordneten Liste von Zahlen-Definitionen zusammengestellt, der eine Liste E der definierten Zahlen entspricht. Speziell findet sich in der Liste der Definitionen auch die folgende Zeichenkette: „Sei p die n-te Ziffer der n-ten Zahl in E; man bilde eine Zahl, deren Darstellung vor dem Dezimalpunkt eine Null aufweist, und an der n-ten Stelle hinter dem Dezimalpunkt die Ziffer für $(p + 1)$, wenn p weder 8 noch 9 ist, und 1 sonst". Richard stellt fest, daß die so definierte Zahl der Menge E nicht angehört: „Wäre sie die n-te Zahl in E, so müßte an ihrer n-ten Stelle die n-te Ziffer dieser Zahl stehen, was nicht der Fall ist" (*1905* 541; siehe dazu Poincaré *1973* 170, 174; über Poincarés „nicht-prädikative" Definitionen – Zeichenketten, die als Definitionen von unendlichen Mengen interpretiert werden, denen sie selbst angehören – siehe auch Kleene *1971* 42). Unsere Formulierung dieses „Paradoxons" im Rahmen der Automatentheorie legt alle „Definitionen" Richards als unmißverständliche Anweisungen zur Konstruktion von Zahlen vor – Anweisungen freilich, deren Effektivität nicht effektiv festgestellt werden kann, obgleich die Problematik von Wortbedeutungen keine Rolle spielt.

Unser Ergebnis besagt nur, daß wir das vom Cantorschen Verfahren verlangte n-te Zeichen der n-ten Kette nicht effektiv zur Verfügung stellen können (siehe auch Minsky *1972* 157f). In diesem Sinn spricht der amerikanische Philosoph Judson Webb (*1936) von den Konsequenzen des Halteproblems als von den „Schutzengeln" der Church-Turing-These: „sie bewahren die Church-Turing-These vor der Widerlegung durch das Diagonalverfahren" (Webb *1980* 208 und öfters). Das Cantorsche Verfahren ist hier nicht anwendbar, ein effektives Verfahren kann nicht aus der Klasse der effektiven Verfahren hinausführen.

18. Auf dem Weg zu Gödels „Unvollständigkeitssatz"

Wir erweitern unsere Erkenntnis durch das Erfinden neuer effektiver Verfahren und durch die Anwendung bereits bekannter effektiver Verfahren – effektive Verfahren sind nicht nur Gegenstände, sondern auch unverzichtbare Instrumente unserer Erkenntnis. Schon die allgemeinste Erfahrung lehrt, daß das *Finden* neuer effektiver Verfahren auf der Grundlage eines gegebenen effektiven Verfahrens nur zu einer bestimmten, vielleicht umfänglichen, doch begrifflich eng umrissenen Klasse von Verfahren führt: Die erzeugten Verfahren sind im erzeugenden vorgegeben. Im Rahmen unserer spezielleren Betrachtungen hat der Leser zum Beispiel eingesehen, daß das Aufzählverfahren, das mächtigste effektive Verfahren überhaupt, keine Antwort auf die Frage geben kann, ob eine vorgelegte TM eine totale Funktion berechnet. Auf vergleichbare Schwierigkeiten stößt die *Anwendung* bekannter effektiver Verfahren überall dort, wo Gegenstände des Verfahrens nicht ausschließlich uninterpretierte Zeichenketten, sondern auch Beschreibungen von Verfahren sein können. In diese Kategorie gehören insbesondere alle effektiven Methoden des Folgerns (Logiken), soweit sie sich auf die elementare Zahlentheorie (Gleichheit, Addition, Multiplikation) anwenden lassen. Das bekannteste Ergebnis einschlägiger Untersuchungen ist der sogenannte Unvollständigkeitssatz von Gödel (*1931*). Der Leser hat bereits alle Mittel, das Gödelsche Ergebnis zu verstehen. In diesem letzten Abschnitt unseres Buchs wollen wir das Wesentliche daran zusammenstellen, ohne den Begriff „Logik" ausführlich zu explizieren (wir folgen dabei Post *1944*).

Vorbereitend betrachten wir die Menge aller geordneten Paare von natürlichen Zahlen $(n\,n)$, von denen gilt: Die TM mit der Nummer n akzeptiert die Binärkette mit der Nummer n (mit geringen Modifikationen gelten alle unsere Aussagen natürlich auch für generierte Ketten). Wir setzen zwei irgendwie gegebene effektive Verfahren zur Aufzählung der Menge aller TM-Tabellen sowie der Menge aller Binärketten voraus (`TERTAB.TM` und `BIZKNF.TM` genügen) – die n-te Maschine hat mit der n-ten Kette nichts weiter zu tun, als daß die in Bezug auf die verwendeten Verfahren zugeordneten Nummern (Gödelnummern, siehe Abschnitt 16.4, Ende) die gleichen sind. Lassen wir zum Beispiel neben den vollbelegten auch alle nicht vollbelegten TM-Tabellen zu, so finden wir bei Verwendung von `TERTAB.TM`:

Die TM mit der Tabelle	Nummer	akzeptiert die Zeichenkette	Nummer
(1 – – L 0)	1	"–"	1
(1 – – L 0) (1 I I L 1)	22	"–I I I"	22

Abbildung 18.1

und so weiter (die dazwischen liegenden TMn akzeptieren die Zeichenketten mit ihrer eigenen Nummer nicht). Zählen wir nur die vollbelegten Tabellen auf, so ergibt sich:

Die TM mit der Tabelle	Nummer	akzeptiert die Zeichenkette	Nummer
(1 – – L 0) (1 I – L 0)	1	"–"	1
(1 – – L 0) (1 I – L 1)	2	"I"	2
(1 – – L 0) (1 I I L 1)	6	"I I"	6
(1 – – L 1) (1 I – R 0)	11	"I––"	11
(1 – – R 0) (1 I I L 1)	22	"–I I I"	22
(1 – I L 1) (1 I I R 0)	47	"I––––"	47

Abbildung 18.2

und so weiter (hier sind die 1. und die 22. Tabelle andere als zuvor!). Die folgenden Überlegungen setzen nur, in allgemeinster Weise, irgendeine systematische Zuordnung von irgendwie aber systematisch aufgezählten TM-Tabellen zu irgendwie aber systematisch aufgezählten Zeichenketten voraus; die gleichen Überlegungen gelten demnach auch für effektive Zuordnungen, denen eine Interpretation zugrundeliegt.

Mit einer gedanklich einfachen Modifikation des Aufzählverfahrens in Abbildung 17.3 können wir die Menge jener Paare (n n) rekursiv aufzählen, auf die unser Prädikat zutrifft. Offenbar können wir diese Modifikation als Modul einer TM zur Aufzählung aller Binärketten k verwenden, für die gilt: k hat die Nummer n und wird von der n-ten TM akzeptiert. Die rekursiv aufzählbare Menge all dieser Binärketten heiße V. Im ersten der angeführten Fälle ist V die Menge {–, –I I I, ...}, im zweiten die Menge {–, I, I I, I––, –I I I, I––––, ...}.

Wir wissen ja bereits, wie ein Beweis aussehen könnte, daß das Komplement von V im Universum U der Binärketten nicht rekursiv aufzählbar ist, daher wollen wir die Argumentation unter einem neuen Blickwinkel führen: Die Menge $U-V$ unterscheidet sich von jeder rekursiv aufzählbaren Menge von Binärketten in mindestens einem Element. Um das einzusehen, betrachten wir eine beliebige 2-Zeichen-TM BELIEBIGE.TM. Jede BELIEBIGE.TM zählt eine jeweils ganz bestimmte Menge M von Binärketten auf. Ist nun die Kette, die der Gödelnummer von BELIEBIGE.TM entspricht, Element von M, so ist sie zugleich Element von V und jedenfalls nicht Element von $U-V$; sie ist Element von $U-V$ genau dann, wenn sie nicht Element von M ist. $U-V$ unterscheidet sich also in mindestens einem Element von M. Nun ist aber die Menge aller 2-Zeichen-TMn zugleich (Church-Turing-These) die Menge aller effektiven Verfahren zur rekursiven Aufzählung von Mengen von Binärketten; mithin unterscheidet sich $U-V$ von jeder rekursiv aufzählbaren Menge überhaupt in mindestens einem

Element, denn die `BELIEBIGE.TM` war eben beliebig gewählt. Die rekursiv aufzählbare Menge V ist nicht rekursiv.

18.2

Der Gedanke, der uns zur Konstruktion dieser rekursiv aufzählbaren Menge V mit ihrem nicht aufzählbaren Komplement geführt hat, läßt sich verallgemeinern. Wir betrachten wieder die Grundgesamtheit aller Paare von natürlichen Zahlen, nennen wir sie P, und interpretieren ein beliebiges Paar $(m\ n)$ aus P als die Aussage „Die 2-Zeichen-TM mit der Nummer m akzeptiert die Binärkette mit der Nummer n". Diese Aussage kann wahr oder falsch sein. Beispielsweise steht, in jeder der beiden erwähnten Zuordnungen, (22 4) für eine wahre, (1 3) aber für eine falsche Aussage. Wie unsere erste Menge V ist auch die Menge W aller jener Paare, die wahren Aussagen entsprechen, rekursiv aufzählbar – das geht gleichermaßen aus den Erwägungen in Kapitel 17 (insbesondere in Bezug auf Abbildung 17.3) hervor.

Andererseits ist die Menge $P–W$, das Komplement von W in P, nicht aufzählbar. $P–W$ ist die Menge aller Paare $(m\ n)$, von denen gilt: Die TM mit der Nummer m akzeptiert die Binärkette Nummer n nicht. Unser altes Argument: Wäre $P–W$ rekursiv aufzählbar, so gäbe es eine `P-W.TM`, die das besorgt, und in Kopplung mit einer `W.TM` zur Aufzählung von W hätten wir eine Maschine zur Entscheidung des allgemeinen Halteproblems. Wollen wir nämlich wissen, ob die in einer vorgelegten Tabelle beschriebene TM auf einer vorgelegten Eingabe hält, so würden wir in einem ersten Schritt die unserer jeweiligen Zuordnung entspechende Gödelnummer der TM und die Gödelnummer der Zeichenkette ermitteln; dann würden wir uns von `W.TM` und `P-W.TM` abwechselnd ein Element der von ihnen aufgezählten Mengen von Paaren geben lassen – früher oder später würde das gesuchte Paar von einer der beiden Maschinen ausgeworfen werden (und wir hätten die Garantie, daß die andere dieses Paar nie auswerfen wird).

Interessieren wir uns für $P–W$, so können wir also bestenfalls nach einer echten Teilmenge F von $P–W$ Ausschau halten, die rekursiv aufzählbar ist. Solche Mengen existieren sicherlich. Beispielsweise hält eine TM auf keiner Zeichenkette regulär, wenn in ihrer Tabelle der Zustand 0 nicht vorkommt. Die Menge aller derartigen TM-Tabellen, also der Tabellen von TMn, die aus dem angegebenen Grund auf keiner Zeichenkette regulär halten, ist sogar rekursiv: Wir können von jeder vorgelegten TM-Tabelle effektiv entscheiden, ob sie zu dieser Kategorie gehört oder nicht. Hat eine Tabelle dieser Kategorie etwa die Nummer k, so steht fest, daß alle Paare $(k\ j)$ von natürlichen Zahlen $(j = 1, 2, \ldots)$ Elemente von $P–W$ sind; die Menge dieser Paare ist aufzählbar, und das trifft auch auf die Menge aller Paare $(i\ j)$ zu, deren erste Komponente i die Nummer einer Maschine der in Rede stehenden Kategorie ist (der Leser überlege, wie das Aufzählverfahren zu modifizieren wäre!).

Das bisher Gesagte zusammenfassend halten wir fest, daß es für *jede* rekursiv aufzählbare Menge F, deren Elemente zugleich Elemente von $P–W$ sind, Elemente von $P–W$ gibt, die nicht in F liegen. Welche Elemente das sind, hängt natürlich von der jeweils ins Auge gefaßten Menge *F* ab. Wir wollen nun zeigen, daß man für jedes beliebige *F* derartige – weder in *W* noch in *F*, aber in *P–W* liegende – Elemente der Grundgesamtheit *P* effektiv konstruieren kann.

Sei nun *F* eine beliebige, rekursiv aufzählbare Teilmenge von *P–W*. Es existiert also eine TM, die genau die Elemente von *F* aufzählt, sie heiße F.TM. Die Konstruktion geschieht in vier Schritten:

(1) Aus dieser F.TM und einer Vergleichsmaschine G.TM können wir eine neue TM zusammenstellen, GF.TM. GF.TM arbeitet wie folgt: Jedesmal, wenn F.TM ein Zahlenpaar geliefert hat, stellt G.TM fest, ob die beiden Komponenten des Paars gleich sind; sind sie es, so wird das Paar in eine Menge *GF* aufgenommen, andernfalls bleibt es unberücksichtigt. Die von GF.TM aufgezählte Menge besteht also aus Paaren (*n n*), deren beide Komponenten übereinstimmen, und alle diese Paare sind Elemente von *F*.

(2) Aus GF.TM und einer „Extraktionsmaschine" E.TM können wir nun eine neue TM zusammenstellen, EGF.TM. Aufgabe von E.TM ist es, aus jedem vorgelegten Zahlenpaar die erste Komponente zu extrahieren. Jedes Mal also, wenn GF.TM ein Paar (*n n*) aus *F* liefert (und andere Paare liefert sie nicht!), extrahiert E.TM die (Darstellung der) Zahl *n*; die von EGF.TM aufgezählte Menge *EGF* besteht also aus natürlichen Zahlen *n* mit der Eigenschaft: das Paar (*n n*) ist Element von *F*.

(3) Wir koppeln nun EGF.TM mit einer Maschine B.TM, die jede vorgelegte Binärzahl in jene Binärkette umschreibt, die ihr nach Maßgabe des verwendeten Aufzählverfahrens für die Ketten entspricht (haben wir die Binärketten unter Verwendung von BIZKNF.TM aufgezählt, so genügt BIZK.TM, Aufgabe 6.15). Die neue Maschine BEGF.TM zählt die Menge *BEGF* auf, deren Elemente die folgenden Eigenschaften haben: Ist *k* ein Element von *BEGF*, so ist das Paar (*n n*) Element von *F*, wobei *n* die Gödelnummer von *k* ist; ist umgekehrt ein Paar (*n n*) ein Element von *F*, so ist die der Zahl *n* zugeordnete Binärkette *k* in *BEGF*.

(4) Im letzten Schritt unserer Konstruktion bauen wir BEGF.TM zu einer Maschine um, die jedes Element von *BEGF*, und nur Elemente von *BEGF*, akzeptiert; diese TM heiße ABEGF.TM.

ABEGF.TM ist eine „ganz normale" TM, ihre Tabelle hat eine durch unser Tabellen-Aufzählverfahren bestimmte Gödelnummer *v*. Wir fragen: akzeptiert ABEGF.TM die Binärkette mit der Gödelnummer *v*?

Angenommen, ABEGF.TM akzeptiere diese *v*-te Binärkette. Aus dieser Annahme folgt, daß die *v*-te Binärkette ein Element von *BEGF* ist, denn ABEGF.TM akzeptiert nur Elemente aus *BEGF* – so haben wir, in Schritt 4, ABEGF.TM konstruiert! Element von *BEGF* kann indes nur eine Zeichenkette sein, deren Gödelnummer Element von *EGF* ist (Schritt 3). Es muß also das Paar (*v v*) Element von *GF* sein, denn wir haben EGF.TM gerade zur Vereinfachung der Paare aus *GF* konstruiert (Schritt 2). Da weiters jedes Paar aus *GF* auch Element von *F* ist (Schritt 1), so muß auch (*v v*) in *F* liegen. Jedes Paar aus *F* ist aber Element von *P–W* (unsere Voraussetzung für jede rekursiv aufzählbare Menge

F). Wenn schließlich (*v v*) ein Element von *P–W* ist, so können wir aus dieser Tatsache nur folgern, daß ABEGF.TM die Binärkette mit der Nummer *v* nicht akzeptiert. Denn *P – W* enthält nur solche Paare (*m n*), die im Aufzählverfahren für *W* nicht ausgeworfen werden, und das heißt eben, daß die TM mit der Gödelnummer *v* (das ist ABEGF.TM) die Kette mit der Nummer *v* nicht akzeptiert. Also können wir unsere erste Annahme nicht aufrechterhalten.

Wenden wir uns der zweiten Annahme zu: ABEGF.TM akzeptiert die *v*-te Binärkette nicht. Daraus folgt, daß diese Kette nicht Element der Menge *BEGF* ist (Schritt 4). Also ist *v* auch nicht Element von *EGF*, denn *BEGF* enthält nur jene Zeichenketten, deren Gödelnummern in *EGF* liegen (Schritt 3). Dann kann aber (*v v*) nicht in *GF* liegen, denn *EGF* ist die Menge der Vereinfachungen aller Paare aus *GF* (Schritt 2). Wenn nun (*v v*) nicht Element von *GF* ist, so kann das Paar auch nicht Element von *F* sein. Wäre es nämlich ein Element von *F*, dann müßte es zu *GF* gehören, da wir (Schritt 1) GF.TM gerade so konstruiert haben, daß sie alle Paare aus *F*, und keine anderen, vorgelegt bekommt und aus dieser Menge alle diejenigen auswählt, deren Komponenten gleich sind. Eine notwendige Folge unserer zweiten Annahme ist also, daß (*v v*) nicht in *F* liegt.

Da (*v v*), auf Grund der zweiten Annahme ebenso wie auf Grund unserer Überlegungen zur ersten, nicht in *W* liegen kann, bleibt nur ein Schluß übrig – dieses Paar ist ein Element von *P–W*, nicht aber von *F*; (*v v*) ist ein Element des Komplements von *F* in *P–W*.

Von der Menge *F* haben wir nur vorausgesetzt, daß sie rekursiv aufzählbar ist und daß alle ihre Elemente in *P–W* liegen. Rekursive Aufzählbarkeit einer beliebigen Menge *F* bedeutet, daß eine F.TM angegeben werden kann, die die betreffende Menge aufzählt. Mit dem konkreten Gegebensein einer derartigen Maschine ist aber unsere Konstruktionsmethode effektiv: Wir können für jede F.TM ein derartiges Element (*v v*) konkret angeben.

Das ist nicht die einzige wichtige Konsequenz unserer Überlegungen. Der Leser hat mit einer Lösung von Aufgabe 17.2 (a) bewiesen, daß die Vereinigung zweier rekursiv aufzählbarer Mengen rekursiv aufzählbar ist. Nun ist insbesondere eine Menge, die nur ein Element enthält, rekursiv aufzählbar. Wenn wir also unserer Menge *F* das Paar (*v v*) „als Ausnahme" beifügen, so ist die entstehende Menge *F'* wieder rekursiv aufzählbar. *F'* wird von einer TM F'.TM aufgezählt, die sich von F.TM unterscheidet. Also wird auch die Menge *GF'*, die zur Menge *F'* in dem selben Verhältnis steht wie *GF* zu *F*, von einer GF'.TM aufgezählt, die sich von GF.TM unterscheidet, und das gleiche gilt von *EGF'*, *BEGF'* und schließlich *ABEGF'*. Die Gödelnummer von ABEGF'.TM ist eine andere als die von ABEGF.TM, und wir können ein neues Paar (*v' v'*) konstruktiv angeben, das dem Komplement von *F'* in *P–W* angehört (und erst recht dem Komplement von *F* in *P–W*). Wir haben also ein effektives Verfahren an der Hand, nicht nur ein oder zwei Elemente dieses letztgenannten Komplements, sondern unendlich viele konkret zu ermitteln. Dieser Gedanke mündet in die Feststellung, daß das Komplement jeder rekursiv aufzählbaren Teilmenge von *P–W* unendlich ist, und zugleich wird klar, daß dieses Komplement nicht rekursiv aufzählbar ist (eine Formalisierung des ganzen Arguments findet der Leser in Davis *1982* 76f).

18.3

Wenn wir uns die geschilderten Verhältnisse klargemacht haben, so haben wir im Grunde bereits den Gödelschen Unvollständigkeitssatz bewiesen. In aller Kürze formulieren wir dazu im Rahmen unserer Begriffsbildungen:

In allgemeinster Weise kann man eine bestimmte Logik als eine bestimmte Menge von effektiven Verfahren zur Generierung einer bestimmten Menge von Zeichenketten auffassen. In dieser Sicht sind die beiden Maschinen W.TM und F.TM konstitutiv für eine rekursiv aufzählbare Logik über der Grundgesamtheit aller Paare von natürlichen Zahlen. Das Auftreten eines Paars $(m\ n)$ in W ist gleichbedeutend mit der Aussage „Die Zeichenkette mit der Gödelnummer n ist Element der von der Maschine mit der Gödelnummer m aufgezählten Menge". Liegt $(m\ n)$ aber in F, so ist das gleichbedeutend mit der Falschheit dieser Aussage. Die Vereinigung von W mit einer beliebigen rekursiv aufzählbaren Menge F aus $P–W$ kann die Grundgesamtheit aller Zahlenpaare nicht erschöpfen; man kann immer ein Paar $(m\ n)$ angeben, das weder in W noch in F liegt – in unserem Fall war das das Paar $(v\ v)$. Mit anderen Worten: die Zugehörigkeit eines Elements zu W oder F ist in einer gegebenen Logik dieser Art nicht effektiv entscheidbar. Keine rekursiv aufzählbare Logik über der Grundgesamtheit aller Paare ist in diesem Sinn vollständig.

Einen streng formalen Beweis des – im Hinblick auf die zugrundegelegten Grundgesamtheiten von Maschinen und Zeichenketten spezielleren – Gödelschen Satzes: „Jede adäquate, widerspruchsfreie arithmetische Logik ist unvollständig" findet der Leser beispielsweise bei Davis (*1982* 117f). Im Hinblick auf unsere Logik W.TM/F.TM interpretieren wir in groben Zügen: Eine Logik L ist „adäquat", wenn sie jede rekursiv aufzählbare Menge von Zeichenketten aufzählen kann; L ist „widerspruchsfrei", wenn kein einziges Zahlenpaar $(m\ n)$ zugleich Element von W und von F ist; L ist „arithmetisch", wenn die natürlichen Zahlen und die elementaren Operationen auf ihnen in L dargestellt werden können.

Es darf nicht unerwähnt bleiben, daß Gödel sein Ergebnis in einen weiteren Rahmen stellt. In Bezug auf unsere obigen Überlegungen könnte man folgendermaßen interpretieren. Das Paar $(v\ v)$ ist in unserer Logik zwar nicht „ableitbar"; es ist weder in W noch in F enthalten. Andererseits muß, gerade auf der Grundlage unserer Überlegungen insgesamt, die Behauptung „die v-te Maschine akzeptiert die v-te Zeichenkette" falsch sein. Dieses Ergebnis erzielen wir nicht innerhalb unserer Logik, sondern durch eine von außen herangetragene Modifikation ihrer Maschinen. Nun scheint es natürlich, das Paar $(v\ v)$ in F aufzunehmen (und nicht in W). „Falsch" ist die gefolgerte „Behauptung" indessen nur im Rahmen unserer Interpretation dieser Logik. Da, vor einer derartigen Entscheidung, $(v\ v)$ nicht in F liegt, bleibt unsere Logik auch dann widerspruchsfrei, wenn wir das Paar statt in F in W aufnehmen! Dieser formal einwandfreie Akt erfordert freilich eine andere Interpretation der Zeichenketten unserer Logik als die bisher zugrundegelegte. Wir können annehmen, daß die neue Interpretation komplizierter sein wird als die alte – nichtsdestoweniger „existiert" eine konsistente Interpretation, da die neue Logik widerspruchsfrei ist.

Als sachliche Einführung über das hier gebotene hinaus empfehlen wir Rosser *1939*. Populäre Darstellungen (die ihrer Natur nach zu wünschen übrig lassen) bieten Nagel/Newman *1959* und Hofstadter *1979*.

Nachwort

Wir wollten eine elementare Einführung in die Theorie der Turing-Maschinen liefern, und haben „elementar" auch als „möglichst nahe bei der Anschauung bleibend" verstanden. Einerseits kann ein derartiges Unternehmen formale Darstellungen nicht völlig ersetzen – es kann den Anfänger mit einem Vorrat von Vorstellungen ausrüsten, die ihn zum Verständnis abstrakterer Formulierungen befähigen, und in weiterer Folge zum Eindringen in den heute bereits sehr umfangreich gewordenen Komplex der auf den vorgeführten Resultaten aufbauenden Theorie. Andererseits hat uns – besonders in den ersten Kapiteln – der Appell an die Anschauung über den Bereich des für die Grundlegung der Theorie Erforderlichen hinausgeführt. Es gehört aber zur Faszination des Turingschen Konzepts, daß neben dem unabhängig bestehenden und für sich wertvollen mathematischen Gehalt der Theorie zahlreiche Bezüge zur realen Welt und zur Natur des menschlichen Denkens sichtbar werden: die Theorie existiert heute in vielerlei Gestalt (siehe die Liste in Kapitel 11), jene Bezüge aber erscheinen nur im Umkreis von Turings Formulierung wie von selbst.

1

Eingehen auf dieses Faszinosum würde den selbstgewählten Rahmen unserer Darlegung in kaum zu rechtfertigender Weise überschreiten. Auch im Ausblick wollen wir uns daher nur kurz zu einigen Linien zurückwenden, die wir im Übergang von der Alltagserfahrung zur Theorie gezogen haben. Bedenken wir nämlich, daß die wichtigsten der gewonnenen Einsichten eine fundamentale Beschränktheit jener Art von Gebilden betreffen, die wir als repäsentativ für „Maschine" schlechthin eingeführt haben, so liegt es nahe, noch einmal zu fragen: Ist das so, ist das „die mächtigste Art von Maschine"? Haben wir in unseren Idealisierungen nicht vielleicht gerade solche Eigenschaften der physischen Gebilde ausgeklammert, die die aufgefundenen Beschränktheiten transzendieren? Ist tatsächlich im präzisierten Begriff der Turing-Maschine unser intuitiver Begriff „Maschine" angemessen erfaßt?

Schließt man die Annahme übernatürlicher Vorgänge aus, oder solcher, deren Kenntnisnahme das zeitgenössische naturwissenschaftliche Weltbild fundamental verändern würde, so scheinen die möglichen Zweifel insgesamt zurückführbar auf die Vorstellung von Naturvorgängen, die in Raum und Zeit *kontinuierlich* verlaufen. Einwände solcher Art verdienen allerdings eine eingehende Erörterung. Wenn wir uns indessen auf den Standpunkt zurückziehen, daß unser Maschinenbegriff jedenfalls die Resultate unseres klaren und deutlichen Denkens angemessen beschreibt, möglicherweise aber nicht, oder nicht immer, die „ganzheitlichen" Vorgänge, die in diesen Resultaten bloß abgebildet sind, so schneiden wir die Erörterung nicht einfach ab: wir stellen die Frage in den Vordergrund, wie das menschliche Denken mit solchen „Ganzheiten" umgeht.

Nach Descartes und Leibniz ist eine „Idee" klar, wenn sie zum Wiedererkennen ihres Gegenstands hinreicht, und sie ist deutlich, wenn die Merkmale dieses Gegenstands angegeben werden können. Merkmale, als solche, sind diskret; wir unterscheiden Gegenstände und Phasen auch dort, wo ein näheres (nicht allzu nahes) Zusehen Kontinua zutage treten ließe. Dieser Umstand, Rasterung der Welt in Dinge und subjektive Kontrastverstärkung, ist uns ja bereits in der sinnlichen Wahrnehmung vorgegeben. Auch die analoge Vorgangsweise unserer bewußteren Analysen wählen wir nicht unter mehreren uns vorliegenden Möglichkeiten – wir können offenbar nicht anders, als supponierte Kontinuitäten räumlich und zeitlich in solche Intervalle zu rastern, die gerade das unserem jeweiligen Aspekt Wesentliche überdecken. Die Annahme, daß sich die Wellen eines Verbrennungsmotors kontinuierlich drehen, genügt in ihrer Undifferenziertheit bloß allgemeinsten Ansprüchen; wollen wir besser verstehen, so stülpen wir ihr das diskrete Konzept etwa des „Viertaktmotors" über, und so weiter bis hin zu der Quantifizierung molekularer, atomarer und subatomarer Vorgänge.

Stellt sich eine Rasterung als ungeeignet heraus (was nur im Vergleich mit diskreten Erwartungen, Fallunterscheidungen, geschehen kann), so sind wir frei, die diskreten Einheiten unserer Konzepte, Zustände und Zeichen, zu vermehren. Wenn wir meinen, daß wir jeden stetigen Vorgang durch diskrete Stufen unbeschränkt approximieren können, so meinen wir damit auch, daß sich „das Stetige an sich" *in Bezug auf unsere möglichen Zwecke* nicht kategorisch von einer hinreichenden „Digitalisierung" unterscheidet. Auch wenn das Komplexe dem Grad nach unsere Mittel übersteigt: es bleibt für uns Maschine, soweit wir ihm noch folgen können.

Die Theorie der Automaten befaßt sich nicht mit der Frage, wie der Begriff „Automat" in einem menschlichen Verstand zustandekommt. Immerhin ist durch die Church-Turing-These eine Verbindung zwischen der mathematischen Theorie und der Intuition geknüpft, die jedenfalls von seiten der ersteren her nicht gelöst werden kann, da sie sich an strategischen Stellen auf diese These stützen muß. Läßt man es dabei bewenden, so stehen die empirischen Wissenschaften eben vor dem Rätsel der „unerklärlichen Effektivität der Mathematik in den Naturwissenschaften" (Wigner *1960*), vor einem Rätsel, das noch undurchdringlicher wird, wenn man den Gedanken an die Mathematik als Produkt der Evolution nicht zulassen will. Die letzte heute mögliche „Erklärung" unseres Zugangs zu den Dingen über Aspekte, diskrete Übergänge und Zeichen, das heißt durch Abstraktion, beruft sich auf die Endlichkeit denkender Wesen; auch ohne Betrachtung von Unendlichkeiten welcher Art auch immer erklärt sich unser Zugang durch Zwänge der Ökonomie. Daß aber dieser Zugang überhaupt je, ja weithin funktioniert, sagt etwas über unsere Welt aus, das auch eine „ganzheitliche" Ontologie nicht übersehen kann.

Was nun jene „unerklärliche Effektivität" angeht, so mag es sehr wohl der Fall sein, daß der wahrnehmbare Lauf des Universums auf Entitäten beruht, die unter unserem Begriff der Maschine unfaßbar sind – wenn die Church-Turing-

These eine Tatsache beschreibt, können wir solche Entitäten nicht klar und deutlich zu verstehen hoffen. Wir wissen nicht, ob es Naturvorgänge gibt, die beispielsweise, in geeigneter Interpretation, das allgemeine Halteproblem entscheiden; die Beschränktheit unseres Denkens erweist sich in aller Schärfe an dem Umstand, daß es uns unmöglich wäre zu beweisen, daß sie es tun.

Der Einwand von der Stetigkeit her zielt in erster Linie auf die Idealisierung von energetischen Aspekten der Naturvorgänge zu Zeichen. Wer ihn radikal vertritt, sieht Zeichen nirgends in der außermenschlichen Natur; die „Symbol-Verarbeitung" scheint aus der Natur ausgenommen, wenigstens ganz besonderen Umständen und einem ganz bestimmten Niveau der Evolution vorbehalten. Nichtsdestoweniger sind Zeichen Naturphänomene. Die Naturgeschichte der Zeichen beginnt wohl mit katalytischen Prozessen. Heute ist es leicht, auf Naturvorgänge weit unterhalb des Niveaus menschlicher „Symbol-Verarbeitung" zu verweisen, die offenbar ohne die Begriffe „Zeichen" oder „Kode" garnicht adäquat verstanden werden können – man denke an die Arbeit der Ribosome und anderer Gebilde in der lebenden Zelle. Aber auch hier ziehen wir uns auf Feststellungen über die Vorgangsweise des menschlichen Verstands zurück. Wenn wir Regelmäßigkeiten in der Natur entdecken, so kann das wohl nicht anders erklärt werden als durch die Annahme, daß eine Maschine in uns bereits besteht oder im Aufbau begriffen ist, die jene Ereignisfolgen rastert und akzeptiert: diese Maschine *ist* die betreffende Regelmäßigkeit. Die Regelmäßigkeiten erscheinen uns am deutlichsten, wo wir sie vom Rest des Geschehens isolieren können, und das gelingt nach Maßgabe ihrer zirkulären (rekursiven) Geschlossenheit. Einen Wirbel im Strom können wir gedanklich isolieren, weil die Interaktionen im Wirbel selbst verhältnismäßig abgeschlossen sind gegen die Interaktionen des Wirbels mit der Umgebung.

Die Einführung des Begriffs „Zeichen" dient einer zusätzlichen Verstärkung des Kontrasts und seiner Standardisierung. Wir konzentrieren uns auf vorgefundene Verwerfungen oder Barrieren des Energie-Flusses und setzen eine Grenzregion als einen ganz passiven Bereich, der von beiden Seiten nicht überschritten werden kann. Beide Seiten können ihn beeinflussen, aber er gehört keiner von beiden an; die beiden Seiten bewegen sich an ihm vorbei, „lesen" seinen Zustand, und lassen ihn in dem Zustand zurück, in den sie ihn gestoßen haben. Ihre Einwirkungen sind sozusagen in ihm gespeichert, zeitliche Verschiebungen sind möglich geworden, und damit auch die Mitwirkung dritter Seiten. Zu Beginn unserer Beobachtung verdeckt das Zeichen nur unsere Ignoranz der Prozesse, die der Interaktion von Umgebung und betrachteter Maschine unterliegen, und es bleibt, wie angemerkt, erstaunlich, daß diese Notmaßnahme unsere Einsicht fördert – dies sind die Zeichen, mit denen wir uns in unseren Betrachtungen hauptsächlich befaßt haben. Wir behalten die Zeichen aber auch noch, wenn wir die unterliegenden Vorgänge durchschaut zu haben meinen. Dann sind die Zeichen zu Namen von Maschinen geworden: wir können bei Bedarf diese Sub-Maschinen an die Stelle dieser Zeichen setzen, aber unter den Zwängen unserer beschränkten Kapazität tun wir dies nur, wenn unsere Erklärung auf den oberen Stufen dieser Hierarchie zu wünschen übrig läßt.

Im Interesse der abstrakten Theorie, also ungeachtet solcher Erwägungen, haben wir uns bemüht, die Begriffe „Zustand" und „Zeichen" als zueinander *dual* herauszuarbeiten, das heißt als bezüglich ihrer Funktionsweise symmetrisch. Manche Autoren sprechen ja von der Menge der Zustände einer Maschine als von dem „inneren Alphabet" der Maschine. Indessen ist die Turing-Maschine gerade wegen einer inhärenten und nicht zu beseitigenden Asymmetrie von „Zustand" und „Zeichen" so interessant, während die in dieser Hinsicht symmetrischen Maschinen keine besondere Zuwendung verdienen. Im Formalismus kommt diese Asymmetrie, wenn auch etwas versteckt, durch die Zeichen "R" und "L" zum Ausdruck: in einem gegebenen Zug wird der Folgezustand der Maschine, nicht aber das aktuelle Zeichen des nächsten Zugs festgelegt. Im Rahmen der obigen Überlegungen könnte man sagen, daß diese Asymmetrie unsere kapazitätsbedingte Ignoranz in Betreff der Umgebung widerspiegelt.

Das Wort „Symbol-Verarbeitung" ist in der Theorie nicht angebracht, wenn man „Symbol" als „Zeichen mit Bedeutung" versteht. Wir meinen allerdings, daß Zeichen auch in diesem Sinn Gegenstand der Operationen von Maschinen sein können, daß also nichts ontologisch Neues hinzukommt, wenn Zeichen „Bedeutungen" gewinnen. Erforderlich zur „Symbol-Verarbeitung" scheint freilich eine sehr spezifische und überaus komplexe Kopplung von Moduln zu einer im angedeuteten Sinn isolierbaren Maschine. Sie muß nicht nur Komponenten enthalten, die Regelmäßigkeiten der Umgebung verkörpern, sondern auch solche, die den Lauf dieser Komponenten mit Ereignisfolgen in der Umgebung vergleichen können.

2

Solche Überlegungen wollten wir, wie gesagt, nicht weiter verfolgen. Wir haben dennoch immer wieder die Rolle von *Interpretationen* unterstrichen, und sie gehört offenbar in den zuletzt angedeuteten Bereich. Ebenso offenbar ist indessen, daß Spezifikationen und Interpretationen von Maschinen selbst den Charakter von Maschinen haben: die Interpretation einer Maschine ist eine Artikulation der Maschine in Moduln, eine Hierarchisierung von Zustandskomplexen. In der Phase der Konstruktion (zum Unterschied von der Phase des Verstehen-Wollens einer fertig vorgelegten Maschine) ist diese Artikulation von einer Spezifikation angeleitet, von einer vergleichbaren Artikulation der für die Maschine wirksamen Umgebung. In der Interpretation erscheinen die Moduln der Maschine simplifiziert zu Zuständen, und es ist diese Leistung der Abstraktion, genauer: die Modularisierung der gegebenen oder im Entstehen begriffenen Maschine und die erfolgreiche Zuordnung ihrer Moduln zu den Zuständen der Interpretation, die nicht unter der Anleitung eines allgemein effektiven Verfahrens bewerkstelligt werden kann. Das ist jedenfalls für die Phase der Konstruktion leicht einzusehen, wenn man bedenkt, daß der schrittweise Aufbau einer Maschine aus Zuständen und Zustandsübergängen zur Erfüllung einer Spezifikation auf unendlich viele Weisen geschehen kann, und daß auch die geringste Variation vor dem Halteproblem steht. Ähnliches gilt aber auch für das Verstehen einer Maschine, denn die Interpretation arbeitet sehr häufig mit Zuständen und Moduln, denen in der vorgelegten Maschine garnichts entspricht – das sind Zustände und Moduln einer mitkonstruierten Umgebung, und nur auf Umwegen über diese mag es gelingen, funktionale Äquivalenzen von Maschine und Interpretation effektiv zu etablieren.

Auch angesichts dieser Feststellungen sehen wir keine Möglichkeit, aus der Automatentheorie abzuleiten, daß die Leistungen der Intelligenz nicht die Leistungen einer Maschine sind. Argumente in diese Richtung stammen vielmehr aus empirischen Ansätzen, insbesondere aus Vergleichen der Effizienz der menschlichen Intelligenz mit den räumlichen und zeitlichen Beschränktheiten unseres Nervensystems. Wir können heute nur vermuten, daß unser Gehirn die auch im bescheidenen Rahmen unserer Lebenswelt immensen Kapazitätserfordernisse eines Aufzählverfahrens unter Verzicht auf Erfolgsgarantie in nicht-effektiven Abkürzungen zu umgehen sucht. Sicherlich sind einige Komponenten dieser Vorgangsweise effektiv, beispielsweise unsere Rückgriffe auf Erfahrung im weitesten (auch biologischen) Sinn; es liegt nahe, den für die Nicht-Effektivität unserer Erfindungskraft verantwortlichen Teil als den Eingriff von Zufällen zu identifizieren, dem durch den effektiven Teil unseres Denk-Apparats die Ansatzpunkte vorgegeben werden.

Jedenfalls ist die Interpretation von Maschinen, das Herstellen funktionaler und struktureller Äquivalenzen, das Entscheiden individueller Halteprobleme und dergleichen ein spezieller, klar umrissener Bereich, in dem sich die menschliche Intelligenz auf hoher Stufe manifestiert. Diesen Bereich haben denn auch schon Tibor Rado und R. W. House als das Probierfeld der Forschungen zur „Künstlichen Intelligenz" vorgeschlagen (House/Rado *1964*), allerdings bisher ohne große Resonanz.

3

Wir richten unseren Ausblick nun auf einen pragmatischeren Bereich. Jene Leser, die sich mit dem Bazillus der Programmierwut angesteckt haben, finden auf dem Markt vielerlei Hilfsmittel zu einem weiterführenden Selbst-Studium, für das die Lektüre unseres Buchs ein ausreichendes Fundament gebaut haben sollte. Die Assembler-Sprachen liegen sehr nahe an der eingeführten Denkweise, und für die meisten der gängigen kleinen Computer sind ausgezeichnete Anleitungen in den Fachgeschäften zu haben. Unter den höheren Programmiersprachen hat sich gegenwärtig C für praktisch-kommerzielle Anwendungen durchgesetzt, und das Vergnügen an einigermaßen komplexen und nützlichen Programmen kann recht wohl durch Selbst-Studium befriedigt werden (etwa von Kernighan/Ritchie *1978*); der ernsthaft Interessierte allerdings sollte sich in einem Kurs an einer Hochschule oder an einer vergleichbaren Institution weiterbilden.

Die schiere Freude am Programmieren an sich wird unserer Meinung nach am besten von der Programmiersprache SCHEME bedient. Auf sie stützt sich – ein starkes Argument für die Beschäftigung mit ihr – das hervorragende Werk von Harold Abelson und Gerald Sussman, *Structure and Interpretation of Computer Programs*, aber es leistet auch ausgezeichnete Dienste als Anleitung zum Erlernen dieser Sprache (es liegt übrigens auch in deutscher Übersetzung vor). Wir haben bereits angemerkt, daß SCHEME zu der Sprachenfamilie LISP gehört, deren Mitglieder in der Literatur häufig zur Illustration von Argumenten auf allen möglichen Bereichen auch außerhalb des Programmierens im engeren Sinn herangezogen werden.

In ihrer Erhellung der Beziehungen des Programmierens zur mathematischen Denkweise bleiben die Bände von Donald Knuths *The Art of Computer Programming* unübertroffen.

Wir hoffen allerdings, Interesse auch an der nackten Theorie der Automaten wachgerufen zu haben. Leser, die mit formalen Darstellungen noch einige Schwierigkeit haben, sollten zunächst Minskys *Computation: Finite and Infinite Machines* zur Hand nehmen. Nur um ein Weniges abstrakter, allerdings dem Umfang der behandelten Aspekte nach weit beschränkter sind die von Konrad Jacobs herausgegebenen Aufsätze in den *Selecta Mathematica*; sie könnten einen Übergang zum strikten Formalismus erheblich erleichtern.

Immer noch verhältnismäßig informell ist die umfassende Einführung von Hopcroft/Ullman, die man wohl als ein Standard-Lehrbuch bezeichnen muß. Hier kann sich der Leser alle Zweifel ausräumen lassen, die bei der Lektüre unserer vergleichsweise legeren Darstellung aufgetaucht sein mögen. Das Lehrbuch von Lewis/Papadimitriou leistet vergleichbare Dienste. Im Selbst-Studium schwieriger, aber lehrreich besonders im Hinblick auf den Aspekt des Ingenieurs, ist das im Literatur-Verzeichnis angeführte Werk von Booth.

Lektüre der Pioniere Turing und Post sollte jedem Leser ohne weiteres möglich sein, der unsere Darstellung ein wenig durchdacht und verstanden hat; die Gedanken von Post muß er sich freilich – kein großes Problem, wie uns scheint – in unsere Maschinenwelt übersetzen. Davis' *The Undecidable* sammelt alle für die Geschichte der Theorie wichtigen älteren Arbeiten, die nächste Generation ist in den von Shannon und McCarthy herausgegebenen *Automata Studies* repräsentiert. Die klassischen Darstellungen im Sinn des Lehrbuchs findet man bei Kleene und bei Davis *1982*. Auch diese beiden Werke sollten einem Leser keine unübersteigbaren Schwierigkeiten bereiten, der sich eine generell mathematische Denkweise schon angeeignet hat; sie setzen speziellere Kenntnisse nicht voraus und bauen solche auf, wo dies erforderlich ist. Beide Werke stellen die für die Automatentheorie relevanten Ergebnisse von Gödel unübertrefflich knapp und präzise dar. Wer eine Darstellung in deutscher Sprache sucht, sei auf das Buch von Hermes verwiesen, das allerdings nicht alle von Kleene oder Davis gezeigten Perspektiven aufgreift. Angemerkt sei noch, daß diese Darstellungen (wie übrigens die meisten aus formal mathematischer Sicht her geschriebenen) den Begriff der *rekursiven Funktionen* in den Vordergrund stellen, einen Begriff, den wir in unserem praktisch-elementaren Ansatz durch jenen der Turing-Berechenbarkeit ausdrücken; der Leser könnte seine bei uns erworbenen Auffassungen zunächst durch Lektüre von Rózsa Péters „Rekursivität und Konstruktivität" erweitern.

Von hier aus öffnet sich der Überblick auf ein weites Feld. An die Automatentheorie grenzen unter anderen die Bereiche der Logik, der Wahrscheinlichkeitstheorie, der sogenannten Informationstheorie, und eben auch jene der „kognitiven Psychologie", der Philosophie und Erkenntnistheorie.

Ein fruchtbares Gebiet hat sich als Lehre von der Komplexität etabliert. Elementare Einführungen etwa auf dem Niveau unseres Buchs oder nur wenig darüber existieren unseres Wissens noch nicht – wir können nur die überwiegend eine Fachbildung voraussetzenden Publikationen des Santa Fe Institute / Studies in the Sciences of Complexity erwähnen. Einer der wichtigsten Zugänge eröffnet sich aber in der Theorie der Zellenautomaten, deren Grundlegung durch von Neumann der Leser ohne weiteres verständlich finden wird, wenn er sich den im Literatur-Verzeichnis angegebenen Büchern von Burks widmet. Ein anderer wichtiger Zugang führt über die „algorithmische Komplexität" Kolmogoroffs, die insbesondere in manchen Arbeiten Gregory Chaitins eine für unseren Leser relativ leicht verständliche Ausprägung erfährt (*1975, 1988*; beide Aufsätze sind in *1990* abgedruckt, wo sich auch noch eine Reihe anderer ohne weiteres zugänglicher Darlegungen findet).

Kolmogoroff und Chaitin definieren ein Maß der Komplexität einer Zeichenkette als den „in bits gemessenen Umfang des minimalen Programms [zur Generierung] dieser Zeichenkette" (Chaitin *1990* 6) – in unserer Redeweise ist dies für eine Zeichenkette k die Länge der Gödelnummer des k-Zwergs. Von daher ergibt sich ein Maß für die „Zufälligkeit" einer Zeichenkette als Maß ihrer Komprimierbarkeit: „Eine zufällige Zeichenkette ist eine solche, deren Komplexität ungefähr gleich ihrer in bits gemessenen Länge ist". Die auf diesen Überlegungen fußende „algorithmische Informationstheorie" sollte nicht zuletzt auch für den philosophisch inklinierten Leser von erheblichem Interesse sein, da sie den Zufall-Begriff von Mises' und Martin-Löfs (siehe Literatur-Verzeichnis) erkenntnistheoretischen Betrachtungen aufschließt.

Zum Studium der „Degrees of Unsolvability", einer mathematischen Untersuchung der absolut und relativ unentscheidbaren Probleme, die sich auf dem Halteproblem aufbaut, ist erhebliche Vorbildung vonnöten. Sie könnte über Kleene oder Davis erworben werden – auch hier sind die Klassiker Turing (*1939*) und Post (*1944*). Den derzeitigen Stand der Theorie manifestiert Lerman (*1983*).

Dem Leser schließlich, der einen Überblick über den enormen Einfluß der Turingschen Ideen in den verschiedensten Bereichen der Naturwissenschaft und Natur-Philosophie sucht, sei der von Herken herausgegebene Sammelband empfohlen; die Beiträge dürften nur in wenigen Fällen das in unserem Buch aufgebaute Verständnis erheblich überfordern.

4

Wir verabschieden uns, um den Leser bis zur nächsten einschlägigen Lektüre in Form zu halten, mit einer

Aufgabe. Man skizziere die Struktur einer „selbst-reproduzierenden" Turing-Maschine – einer TM, die ihre eigene Tabelle auf das anfänglich leere Band schreibt.

Hinweise: Man schreibe die Zustandsnamen als Binärzahlen, "L" als "0" und "R" als "1". Das Alphabet enthält unter anderen die Zeichen " (", ")", "0", "1", verschiedene Hilfszeichen (Marken) und ein gesondertes (vielleicht das Leerzeichen) als Spatium – wenn man den Entwurf zur Niederschrift wenigstens der ersten zwei bis zehn Quintupeln zum Laufen bringen will (was zur Überprüfung des Entwurfs völlig ausreicht), verwende man "<" und ">" für " (" und ") ". Die verlangte Maschine besteht aus zwei Moduln: der eine, eine triviale TM mit etlichen tausend Zuständen, schreibt die Tabelle des zweiten in Quintupel-Form an; der zweite Modul mit weniger als hundert Zuständen berechnet daraus die Tabelle des ersten (Zählen, Kopieren). Lösungen bei Lee *1963* und Thatcher *1963*.

Appendix A:
Lösungen zu den Aufgaben

Aus Platzgründen halten wir die Kommentare zu unseren Lösungsvorschlägen möglichst kurz; sie dürften nichtsdestoweniger leicht zu verstehen sein, wenn der Leser unsere Software im "i"- oder "c"-Modus auf den TM-Tabellen laufen läßt.

Aufgabe 2.3 Durch systematische Übersetzung erhält man zunächst für jedes Quintupel von M.TM zwei Zustände von Quad-M.TM. Der erste dieser Zustände (ein Quadrupel) liest s_i und schreibt s_j; das aktuelle Bandfeld wird nicht verlassen. Der Folgezustand ist durch ein zweites Quadrupel beschrieben; es liest das vom ersten geschriebene Zeichen, sorgt für die vorgeschriebene Bandbewegung und ruft jenen Zustand, der vom ursprünglichen Quintupel gerufen worden wäre (oder dessen Entsprechung).

Beispielsweise wird das erste Quintupel von Zustand 1, (1 − − L 10), zu den beiden Quadrupeln (1 − − 1a) und (1a − L 10); das zweite Quintupel (1 | − R 2) wird zu (1 | − 1b) und (1b − R 2). Offenbar kann ein Quintupel mit $s_i = s_j$ duch ein einziges Quadrupel ersetzt werden, wir haben also für Zustand 1 von M.TM die Quadrupel

```
( 1 −  L 10)  ( 1 | − 1b)
(1b −  R   2)
```

und weiter

```
( 2 −  R   3)  ( 2 | R   2)
( 3 −  L   8)  ( 3 | − 3b)
(3b −  R   4)
( 4 −  R   5)  ( 4 | R   4)
( 5 −  | 5a)   ( 5 | R   5)
(5a −  L   6)
( 6 −  L   7)  ( 6 | L   6)
( 7 −  | 7a)   ( 7 | L   7)
               (7a | R   3)
( 8 −  L   9)  ( 8 | L   8)
( 9 −  | 9a)   ( 9 | L   9)
               (9a | R   1)
(10 −  R   0)  (10 | L 10)
```

Bei der Übersetzung in umgekehrter Richtung wird man in systematischem Vorgehen zunächst jedes Quadrupel der Form $(q_i\, s_i\, s_j\, q_j)$ in die Quintupel zweier Zustände umwandeln: der erste dieser Zustände schreibt s_i in s_j um, geht nach rechts (oder nach links) und ruft den zweiten Zustand; dazu genügt ein einziges Quintupel. Der Folgezustand verändert das vorgefundene Bandzeichen auf dem Nachbarfeld nicht; er geht bloß zum Feld des ersten Zustands zurück und ruft jenen Zustand, der dem Folgezustand des betrachteten Quadrupels entspricht (die blind systematische Vorgangsweise benötigt dazu so viele Quintupel wie das Alphabet Zeichen enthält). Die Quadrupel der Form $(q_i\, s_i\, d_j\, q_j)$ werden einfach durch Quintupel der Form $(q_i\, s_i\, s_i\, d_j\, q_j)$ ersetzt.

Insgesamt ist damit klar, daß auch die Übersetzung von Davis' Konvention in die unsrige stets zu bewerkstelligen ist. Es wäre nicht schwer, effektive Verfahren zur Vereinfachung der so entstandenen Tabellen anzugeben.

Aufgabe 2.4 Die TM-Tabelle 2.3 läßt sich nach Umtaufen von Zustand 2 in Zustand 1 und umgekehrt, Vertauschen von "L" und "R", und schließlichem Umordnen der Zustandszeilen in die TM-Tabelle 2.2 umwandeln. Die beiden Tabellen sind demnach spiegelgleich.

Dies bedeutet unter anderem, daß die Bandzeilen von `4BIBER1.TM` zu Spiegelbildern der Bandzeilen von `4BIBER2.TM` werden, wenn man die Maschine in ihrem *zweiten* Zustand auf das leere Band ansetzt (und umgekehrt).

Aufgabe 3.1

```
MK1.TM
            —         |        A         B
   1    — R 8     | R 2    A R 4     B R 6
   2    — R 3
   3    | R 3
   4    — R 5
   5    A R 5
   6    — R 7
   7    B R 7
   8    — L 0
```

TM-Tabelle A3.1

Aufgabe 3.2

```
K1AB.TM
            —         |        A         B
   1    — R 0     | R 2    A R 5     B R 8
   2    — R 3
   3    — R 4     | R 3    A R 3     B R 3
```

```
4     I  R   0
5     —  R   6
6     —  R   7    I R  6     A R  6     B R  6
7     A  R   0
8     —  R   9
9     —  R  10    I R  9     A R  9     B R  9
10    B  R   0
```

TM-Tabelle A3.2

Aufgabe 3.4 M.TM schreibt die "I" des Produkts der Reihe nach auf die vorgefundenen Leerzeichen rechts vom Trenn-"—" hinter dem zweiten Faktor; die vorgefundenen "I" werden nicht verändert. Durch Betrachten der Spur ist also das Produkt stets eindeutig aufzufinden.

Aufgabe 3.5 DD.TM dividiert die Anzahl der Zeichen in einem vorgefundenen "I"-Block durch 2; sie schreibt den Quotienten in Gestalt eines neuen "I"-Blocks rechts neben den Block (durch ein Leerzeichen von ihm getrennt), und bei ungeraden Anzahlen weiter rechts noch den Rest "I".

DD.TM

	—			I		Kommentar
1	—	L	10	I	R	2	Auf "—" ist der "I"-Block abgearbeitet, die Anzahl der "I" war gerade (die Anzahl der "I" im leeren Block ist gerade); sonst überspringe ein "I"
2	—	R	7	—	R	3	Auf "—" war die "I"-Anzahl ungerade, es ist (Zustände 7 und 8) ein Rest, also "I" zu schreiben; sonst markiere das Feld mit "—"
3	—	R	4	I	R	3	Rechtslauf über den Rest des "I"-Blocks
4	I	L	5	I	R	4	Rechtslauf über die bereits geschriebenen Zeichen des Divisors, schreib ein neues "I"
5	—	L	6	I	L	5	Linkslauf über die bereits geschriebenen Zeichen des Divisors
6	I	R	1	I	L	6	Linkslauf über die noch nicht gezählten Zeichen des "I"-Blocks; schreib das von Zustand 2 markierte (gelöschte) "I" zurück, leite eine neue Schleife ein
7	I	R	8	I	R	7	Von Zustand 2: Rechtslauf über den fertigen Divisor; auf das Trenn-"—" schreib provisorisch die Marke "I" (das erspart ein zusätzliches Zeichen oder einen zusätzlichen Zustand!)
8	I	L	8	—	L	9	Schreib den Divisionsrest "I" an, schreib die von Zustand 7 gesetzte Marke um
9	—	L	10	I	L	9	Linkslauf über den Divisor
10	—	R	0	I	L	10	Linkslauf über den Eingabe-Block, Abbruch.

TM-Tabelle A3.5

```
| | | | |   wird    – | | | | | – | | – |
1                    0
```

Aufgabe 3.6

```
KOPIER2-.TM
             –              |
  1    – L 8        – R 2
  2    – R 3        | R 2
  3    – R 4
  4    | L 5        | R 4
  5    – L 6        | L 5
  6    – L 7
  7    | R 1        | L 7
  8    – R 0        | L 8
```

TM-Tabelle A3.6

```
| | |   wird    – | | | – – | | |
1               0
```

Aufgabe 3.7

```
M1.TM
             –                |
  1    – R 10       – R  2
  2    – R  3       | R  2
  3    – L  8       – R  4
  4    – R  5       | R  4
  5    | L  6       | R  5
  6    – L  7       | L  6
  7    | R  3       | L  7
  8    – L  9       | L  8
  9    – R  1       | L  9
 10    – R  0       – R 10
```

TM-Tabelle A3.7

```
| | – | | |   wird    – – – – – – – | | | | | |
1                     0
```

Aufgabe 3.8

(a) Die unäre Addition geschieht durch „Konkatenation" (Nebeneinandersetzen ohne Trennzeichen) der die Zahlen darstellenden Zeichenketten.

```
UNADD.TM
             -            I
  1      I R 2      I R  1
  2      - L 3      I R  2
  3                 - L  4
  4      - R 0      I L  4
```

TM-Tabelle A3.8a

```
I I-I I I      wird      -I I I I I-
1                        0
```

(b)

```
UNADD1.M
             -            I            Kommentar: Diese TM besteht aus zwei Kopier-
                                       Maschinen (Aufgabe 3.6, aber nur ein Trennzeichen)
```

KOPIER.TM Nummer 1

```
  1      - R  8      - R   2    Markiere das gelesene "I" im ersten Addenden; auf "-"
                               rufe die zweite Kopiermaschine
  2      - R  3      I R   2    Rechtslauf über den ersten Addenden
  3      - R  4      I R   3    Rechtslauf über den zweiten Addenden
  4      I L  5      I R   4    Rechtslauf über die schon geschriebenen Zeichen der
                               Kopie; schreib links davon das zu kopierende "I"
  5      - L  6      I L   5    Linkslauf über die Kopie
  6      - L  7      I L   6    Linkslauf über den zweiten Addenden
  7      I R  1      I L   7    Linkslauf über die noch nicht kopierten Zeichen des
                               ersten Addenden; schreib auf dem von Zustand 1
                               gesetzten "-" das "I" zurück
```

KOPIER.TM Nummer 2

```
  8      - R  0      - R   9    Markiere das gelesene "I" im zweiten Addenden; auf "-"
                               ist die Addition beendet
  9      - R 10      I R   9    Rechtslauf über den zweiten Addenden
 10      I L 11      I R  10    Rechtslauf über die Kopie, schreib "I"
 11      - L 12      I L  11    Linkslauf über die Kopie
 12      I R  8      I L  12    Linkslauf über den Rest des zweiten Addenden.
```

TM-Tabelle A3.8b

```
I I-I I I      wird      I I-I I I-I I I I I
1                        0
```

Aufgabe 3.9

(a)

```
DOPPEL.TM
```

	−		I			Kommentar
						Kommentar: Diese TM kopiert die Zeichen eines "I"-Blocks, indem sie nach links fortschreitet
1	− L 2		I R 1			Initialisierung: Rechtslauf über den unverändert bleibenden "I"-Block
2	− R 0		− R 3			Markiere ein Zeichen des "I"-Blocks; auf "−" Abbruch.
3	I L 4		I R 3			Rechtslauf über die bereits kopierten Zeichen des "I"-Blocks und der Kopie; schreib rechts ein "I"
4	I L 2		I L 4			Linkslauf; schreib das von Zustand 2 markierte Zeichen zurück.

TM-Tabelle A3.9a

I I I   wird   −I I I I I I
1   0

(b)

```
DOPPEL1.TM
```

	−		I			Kommentar
1	− L 7		− R 2			Auf "−" ist die Eingabe abgearbeitet; sonst markiere das gelesene Zeichen des "I"-Blocks
2	− R 3		I R 2			Rechtslauf über die noch nicht verarbeiteten Zeichen des "I"-Blocks
3	I R 4		I R 3			Rechtslauf über den bereits gewonnenen Teil des Resultats; schreib rechts dahinter "I"
4	I L 5					Schreib ein zweites "I"
5	− L 6		I L 5			Linkslauf über das bisherige Resultat
6	I R 1		I L 6			Linkslauf über die noch nicht verarbeiteten Zeichen der Eingabe
7	− R 0		I L 7			Finalisierung: Linkslauf über die vollständig verarbeitete Eingabe; Abbruch.

TM-Tabelle A3.9b

I I I   wird   −I I I−I I I I I I
1   0

Aufgabe 3.10

```
MODULO2.TM
```

	−		I			Kommentar
1	− R 0		I R 2			Liest Zustand 1 "−", so war die Anzahl der "I" gerade

| 2 | — R 3 | | R 1 | "–": Die Anzahl der gelesenen " | " war ungerade |
| 3 | | L 1 | | | Schreib " | " für "ungerade" |

TM-Tabelle A3.10

| | | wird | | | –| |
| 1 | | | 0 |

Aufgabe 4.1

(a)

```
A41a.TM
```

	—	0	1	Kommentar
1	— L 2	0 R 1	1 R 1	Such das letzte Zeichen der Eingabe
2	— R 8	— R 8	— L 3	Das gelesene Zeichen muß "1" sein
3	— R 8	— R 8	— L 4	Das nächste Zeichen links muß ebenfalls "1" sein
4	— R 8	— L 5	— R 8	Das nächste Zeichen links davon muß "0" sein
5	— R 8	— R 8	— L 6	Das nächste muß "1" sein
6	— R 8	— L 7	— R 8	Das nächste muß "0" sein
7	— R 0	— R 8	— R 8	Davor darf sich nur ein "–" befinden
8	— L 2			In allen anderen Fällen halte nicht.

TM-Tabelle A4.1a

(b)

```
A41b.TM
```

	—	0	1	Kommentar
1	— R 2	0 L 1	1 L 1	Such das erste Zeichen der Eingabe
2	— R 8	0 R 3	1 R 8	Es muß "0" sein
3	— L 0	0 R 8	1 R 4	"0" ist ein Anfangsstück, halte auf "–"; sonst muß das gelesene Zeichen "1" sein.
4	— L 0	0 R 5	1 R 8	"01" ist ein Anfangsstück; ansonsten geht es mit "0" weiter.
5	— L 0	0 R 8	1 R 6	"010" ist ein Anfangsstück; es darf aber auch ein "1" angefügt sein.
6	— L 0	0 R 8	1 R 7	"0101" ist ein Anfangsstück; das Zeichen rechts davon muß "1" sein.
7	— L 0	0 R 8	1 R 8	Es muß nun das Leerzeichen kommen.
8	— R 8	0 R 8	1 R 8	Sonst lauf nach rechts.

TM-Tabelle A4.1b

| 0101 | wird | –0101– |
| 1 | | 0 |

Aufgabe 4.2

(a)

```
A42a.TM
              —
   1     |  L  2
   2     —  L  3
   3     |  L  4
   4     —  L  5
   5     |  L  6
   6     —  R  0
```

TM-Tabelle A4.2a

(b) siehe Text.

Aufgabe 4.4

```
P-I-I-I.TM
              —            |
   1     —  R  2
   2     |  R  3     |  L  0
   3     |  R  4     —  L  2
   4     |  R  5     |  L  3
   5     |  R  6     —  L  4
   6     |  L  5
```

TM-Tabelle A4.4

Aufgabe 4.5

```
P6I.TM
              —            |
   1     |  R  2
   2     |  R  3     |  L  0
   3     |  R  4     |  L  2
   4     |  R  5     |  L  3
   5     |  R  6     |  L  4
   6     |  L  5
```

TM-Tabelle A4.5

Aufgabe 5.1 Wir interpretieren das erste " | " in jedem Unärblock als „Kleene-Marke".

(a)

`A51a.TM` – Addition von Kleene-Unärzahlen

	–						Kommentar: Diese Maschine ist eine modifizierte
							`UNADD1.TM` (TM-Tabelle A3.8b)
1	–	R	8	–	R	2	`KOPIER.TM` 1 – kopiere ein Mal den
2	–	R	3	|	R	2	1. Addenden vollständig
3	–	R	4	|	R	3	
4	|	L	5	|	R	4	
5	–	L	6	|	L	5	
6	–	L	7	|	L	6	
7	|	R	1	|	L	7	
8				|	R	9	Überspringe die Kleene-Marke des 2. Addenden
9	–	L	14	–	R	10	`KOPIER.TM` 2 – kopiere ein Mal den
10	–	R	11	|	R	10	2. Addenden ohne Kleene-Marke
11	|	L	12	|	R	11	
12	–	L	13	|	L	12	
13	|	R	9	|	L	13	
14	–	L	15	|	L	14	Kopieren fertig; Linkslauf über den 2. Addenden
15	–	R	0	|	L	15	Linkslauf über den 1. Addenden.

TM-Tabelle A5.1a

  | | | |–| | | | | | | | wird   –| | | |–| | | | | | | |–| | | | | | | | | |
  1   0

(b)

`A51b.TM` – Multiplikation von Kleene-Unärzahlen

	–						Kommentar
							Initialisierung
1				–	R	2	Markiere die Kleene-Marke im 1. Faktor
2	–	R	3	|	R	2	Rechtslauf über den 1. Faktor
3	–	R	4	|	R	3	Rechtslauf über den 2. Faktor
4	|	L	8				Schreib die Kleene-Marke des Produkts
5	–	L	15	–	R	6	Markiere das gelesene " | " im 1. Faktor; auf "–" ist die Berechnung beendet
6	–	R	7	|	R	6	Rechtslauf über den noch nicht verarbeiteten Rest des 1. Faktors
7				|	R	8	Überspringe die Kleene-Marke des 2. Faktors
8	–	L	13	–	R	9	Markiere das gelesene " | " im 2. Faktor; auf "–" Ende eines Kopier-Zyklus
9	–	R	10	|	R	9	Rechtslauf über den noch nicht kopierten Rest des 2. Faktors

	−			I		Kommentar
10	I	L 11		I	R 10	Rechtslauf über die bereits geschriebenen Zeichen des Produkts; schreib "I"
11	−	L 12		I	L 11	Linkslauf über das bisher etablierte Produkt
12	I	R 8		I	L 12	Linkslauf über den Rest des 2. Faktors; schreib die von Zustand 8 gesetzte Marke um
13	−	L 14		I	L 13	Der 2. Faktor wurde ein Mal kopiert, Linkslauf über den 2. Faktor
14	I	R 5		I	L 14	Linkslauf über den Rest des 1. Faktors, schreib die von Zustand 5 (oder in der Initialisierung von Zustand 1) gesetzte Marke "−" wieder um in "I"; starte einen neuen Kopierzyklus
15	−	R 0		I	L 15	Multiplikation beendet; Rechtslauf über den 1. Faktor zum Startfeld.

TM-Tabelle A5.1b

III−IIIII   wird   −III−IIIII−IIIIIIIII $(2 \cdot 4 = 8)$
1   0

Aufgabe 5.2

UNV.TM

	−			I		Kommentar (der 1. – linke – "I"-Block heiße "LI", der 2. – rechte – "RE")
						Initialisierung
1	−	R 4		−	R 2	"−" gelesen: LI ist leer, prüf ob auch RE leer; sonst markiere das erste Zeichen in LI
2	−	R 3		I	R 2	Zustand 1 hat "I" gelesen, Rechtslauf über den Rest von LI
3	−	L 13		−	L 9	"−" gelesen: RE ist leer, nicht aber LI; ruf Finalisierung LI > RE. Sonst markiere das erste Zeichen in RE und ruf den Vergleich-Modul
4	−	R 12				Von Zustand 1: LI ist leer, Zwischenzug auf dem Trennzeichen
						Vergleich-Modul
5	−	R 11		−	R 6	"−" gelesen: LI hat keine Zeichen mehr, prüf ob auch RE leer; sonst "zähle" (markiere) das Zeichen
6	−	R 7		I	R 6	Rechtslauf über den noch nicht gezählten Rest von LI
7	I	R 8		I	R 7	Rechtslauf über den bereits gezählten Teil von RE, schreib die von Zustand 7 (oder in der Initialisierung von Zustand 3) gesetzte Marke in RE um
8	−	L 13		−	L 9	"−" gelesen: RE ist leer, nicht aber LI; ruf Finalisierung LI > RE "I" gelesen: markiere das Zeichen, leite eine neue Vergleich-Schleife ein

	–						Kommentar
9	–	L	10	I	L	9	Linkslauf über den erledigten Teil von RE
10	I	R	5	I	L	10	Linkslauf über den noch nicht erledigten Rest von LI, schreib die von Zustand 5 (oder in der Initialisierung von Zustand 1) gesetzte Marke in LI um
							Finalisierung
11	I	R	12	I	R	11	Von Zustand 5: LI hat keine Zeichen mehr; Rechtslauf über RE, schreib die Marke in RE um
12	–	L	17	I	L	16	Von Zustand 4 oder 11. "–" gelesen: LI = RE, such das Trennzeichen zwischen den beiden Blöcken; " I " gelesen: LI < RE
13	–	L	14	I	L	13	Von Zustand 3 oder 8: LI > RE; Rechtslauf über RE
14	I	L	15	I	L	14	Rechtslauf über den nicht gezählten Rest von LI, schreib die Marke in LI um
15	–	R	0	I	L	15	Rechtslauf über den gezählten Rest von LI, Halt auf dem ersten Zeichen von LI.
16	–	R	0	I	L	16	Von Zustand 12: LI < RE; Rechtslauf über RE, Halt auf dem ersten Zeichen von RE.
17	–	L	18	I	L	17	Von Zustand 12: LI = RE; Rechtslauf über RE
18	–	R	0	I	R	0	Halt auf dem Trennzeichen zwischen LI und RE (auf "–" waren LI und RE leer).

TM-Tabelle A5.2

```
I I–I I I      wird      I I–I I I
1                        0
```

Aufgabe 5.3

```
SUBTR.TM
```

	–			I			Kommentar (Minuend "M", Subtrahend "S", Differenz "D")
							Initialisierung
1	–	L	19	–	R	2	"–" gelesen: M ist leer, Stop auf dem Startfeld; sonst setze Marke in M
2	–	R	3	I	R	2	Rechtslauf über den Rest von M
3	–	R	13	–	L	8	"–" gelesen: S ist leer, nicht aber M; kopiere M als D; sonst setze Marke in S, setze Vergleich fort
							Vergleich-Modul M::S
4	–	R	17	–	R	5	"–" gelesen: M ist nun leer, leite den Abbruch "D = 0" ein " I " gelesen: markiere dieses M-Zeichen
5	–	R	6	I	R	5	Rechtslauf über den noch nicht verglichenen Rest von M
6	I	R	7	I	R	6	Rechtslauf über den schon verglichenen Teil von S; schreib die von Zustand 7 in S gesetzte Marke um

	—			I		Kommentar
7	–	R	13	–	L	8	"–" gelesen: S ist nun leer; kopiere das in M gelesene Zeichen nach rechts in D "I" gelesen: markiere dieses S-Zeichen
8	–	L	9	I	L	8	Linkslauf über den schon verglichenen Teil von S
9	I	R	4	I	L	9	Linkslauf über den noch nicht verglichenen Rest von M; schreib die von Zustand 4 gesetzte Marke um, leite den neuen Vergleich-Zyklus ein
							Kopier-Modul: kopiere den Überschuß von M über S nach rechts von S; bilde D
10	–	L	19	–	R	11	"–" gelesen: der Überschuß ist vollständig übertragen "I" gelesen: setze Marke in (dem Überschuß-Teil von) M
11	–	R	12	I	R	11	Rechtslauf über den noch nicht kopierten Rest des Überschusses
12	–	R	13	I	R	12	Rechtslauf über S
13	I	L	14	I	R	13	Rechtslauf über D; schreib das zu kopierende Zeichen
14	–	L	15	I	L	14	Linkslauf über D
15	–	L	16	I	L	15	Linkslauf über S
16	I	R	10	I	L	16	Linkslauf über den noch nicht kopierten Überschuß von M; schreib das von Zustand 10 in M gesetzte Zeichen um, leite eine neue Kopier-Schleife ein
							Finalisierung M ≤ S
17	I	L	18	I	R	17	Von Zustand 4: such in S die von Zustand 7 gesetzte Marke und schreib sie um
18	–	L	19	I	L	18	Linkslauf über (den verglichenen Teil von) S
19	–	R	0	I	L	19	(Bei Bedarf Linkslauf über M und) Stop auf dem Startfeld.

TM-Tabelle A5.3

```
| | | | | |–| | | |   wird   –| | | | | |–| | | |–| |
1                       0
```

Aufgabe 5.4 Subtrahiere den Divisor (abgekürzt "N") vom Dividenden ("Z"), schreib nach jedem Subtraktionszyklus ein " I " in den Quotienten ("Q"); beginne den nächsten Subtraktionszyklus an der Marke in Z, die im vorigen Zyklus gesetzt worden war; erschöpft ein Zyklus Z, so kopiere die Zeichen in N, die bereits von Z subtrahiert worden waren, in den Rest ("R") – das gilt auch für den Fall Z < N.

DIV.TM	—			I		Kommentar
							Initialisierung
1	–	L	25	–	R	2	"–" gelesen: Z ist leer "I" gelesen: markiere dieses erste " I " in Z
2	–	R	3	I	R	2	Rechtslauf über Z

Subtraktions-Modul

3	–	L	26	–	L	4	Von Zustand 2 und 12; Zustand 3 steht immer auf dem ersten Zeichen von N "–" gelesen: N ist leer: Abbruch bei Versuch Division durch 0 " I " gelesen: markiere dieses erste " I " in N
4	–	L	5	I	L	4	Linkslauf über N
5	I	R	6	I	L	5	Linkslauf über Z, schreib die von Zustand 6 (Zustand 1) in Z gesetzte Marke um
6	–	R	13	–	R	7	"–" gelesen: Z ist erschöpft; prüfe, ob ein Rest zu kopieren ist " I " gelesen: markiere dieses Z-Zeichen, Subtraktion fortsetzen
7	–	R	8	I	R	7	Fortsetzung Subtraktion, Rechtslauf über Z
8	I	R	9	I	R	8	Rechtslauf über N, schreib die von Zustand 9 (Zustand 3) gesetzte Marke um
9	–	R	10	–	L	4	"–" gelesen: N ist ein Mal von Z subtrahiert worden; ein " I " muß nach Q geschrieben werden " I " gelesen: Fortsetzung Subtraktion, markiere dieses N-Zeichen

Buchhaltung: Quotient

10	I	L	11	I	R	10	Rechtslauf über die bereits geschriebenen Zeichen von Q, schreib ein neues " I "
11	–	L	12	I	L	11	Linkslauf über Q
12	–	R	3	I	L	12	Linkslauf über N, Beginn eines neuen Subtraktionszyklus (die erste Marke in Z ist bereits gesetzt)

Buchhaltung: Rest

13	I	R	14	I	R	13	Von Zustand 6: Z ist erschöpft; Rechtslauf über N, schreib die von Zustand 9 gesetzte Marke um
14	–	R	15	I	L	16	"–" gelesen: es gibt keinen Rest; dann muß aber noch ein Zeichen in Q geschrieben werden " I " gelesen: die Zeichen links von diesem Feld sind als Rest zu kopieren
15	I	L	23	I	R	15	Von Zustand 14: Z und N sind erschöpft, Rechtslauf über Q; schreib das noch fehlende Zeichen in Q
16	–	L	25	–	R	17	"–" gelesen: das Trennzeichen zwischen Z und N ist erreicht, der Rest ist vollständig übertragen " I " gelesen: setze eine Marke in N, Fortsetzung Rest-Kopieren
17	–	R	18	I	R	17	Rechtslauf über N
18	–	R	19	I	R	18	Rechtslauf über Q
19	I	L	20	I	R	19	Rechtslauf über den bereits übertragenen Teil des Rests, schreib ein neues Zeichen in R
20	–	L	21	I	L	20	Linkslauf über R
21	–	L	22	I	L	21	Linkslauf über Q
22	I	L	16	I	L	22	Such die von Zustand 16 gesetzte Marke in N

					Finalisierung
23	—	L 24	I	L 23	Linkslauf über Q
24	—	L 25	I	L 24	Linkslauf über N
25	—	R 0	I	L 25	Linkslauf über Z, Stop auf dem Startfeld
26	—	L 27			Von Zustand 3, überspringe das Trennzeichen
27	I	L 25	I	L 27	Linkslauf über Z, schreib die durch 1 gesetzte Marke um.

TM-Tabelle A5.4

$$\text{I I I–I I I I I} \quad \text{wird} \quad \text{–I I I–I I I I I––I I I} \quad (3 / 5 = 0, \text{Rest } 3)$$
$$1 \qquad\qquad\qquad\qquad 0$$

Aufgabe 5.5 Wir implementieren einen einfachen Algorithmus des Potenzierens:

$$B^1 = B$$
$$B^2 = B \cdot B^1$$
$$\cdot$$
$$\cdot$$
$$\cdot$$
$$B^n = B \cdot B^{n-1}$$

Dabei bleibt die Unärkette B erhalten, die intermediären Potenzen erscheinen als Zwischenergebnisse rechts von B auf dem Band. Da die Zwischenergebnisse nicht erhalten werden müssen, können wir die Multiplikation um ein weniges beschleunigen: $B \cdot B^k$ errechnen wir als $(B - 1) \cdot B^k + B^k$, das heißt, wir ersetzen den letzten Kopierzyklus einer Multiplikation (das letzte Kopieren des zweiten Faktors, vergleiche M.TM) durch die Konkatenation (siehe UNADD.TM, TM-Tabelle A3.8a) des zweiten (Unär-)Faktors mit dem bis dahin erarbeiteten Produkt. In einem Beispiel ($3 \cdot 3 = 9$):

I I I–I I I–I I I I I I   (Stand der Berechnung nach zweimaligem Kopieren des zweiten Faktors)

wird

I I I–I I I I I I I I I–

Als Abkürzungen verwenden wir hier "E" für „Exponent", "B" für „Basis", "P" für „Potenzwert", "Z1" für „Resultat der vorangegangen Multiplikation als zweiter Faktor der neuen Multiplikation", "Z2" für „Resultat der aktuellen Multiplikation"; wo diese Abkürzungen kursiv gesetzt sind, stehen sie für Zahlen, sonst für Zeichenketten.

POTENZ.TM

		—		I	Kommentar
					Initialisierung 1: Prüfe, ob E oder B leer
1	—	R 33	—	R 2	"–" gelesen: E ist leer; sonst markiere das gelesene E-Zeichen

2	−	R	3	|	R	2	Rechtslauf über E
3	−	L	38	−	R	5	"−" gelesen: B ist leer; sonst markiere das gelesene B-Zeichen
							Initialisierung 2: Kopiere B nach Z (dadurch wird $Z = B^1$)
4	−	L	9	−	R	5	"−" gelesen: Kopieren beendet; sonst markiere das gelesene B-Zeichen (wie Zustand 3)
5	−	R	6	|	R	5	Rechtslauf über B
6	|	L	7	|	R	6	Rechtslauf über die bisher geschriebenen Zeichen der Kopie, schreib ein Zeichen in die Kopie
7	−	L	8	|	L	7	Linkslauf über den bisher geschriebenen Teil der Kopie
8	|	R	4	|	L	8	Linkslauf über B, schreib die von Zustand 4 (initial Zustand 3) gesetzte Marke um; leite eine neue Kopierschleife ein
9	−	R	10	|	L	9	Von Zustand 4: das Kopieren von B ist beendet, Linkslauf über B
10				−	L	11	Entferne das erste Zeichen von B; dadurch werden im weiteren Lauf alle Z1 nur $(B - 1)$-mal kopiert
							Buchhaltung in E
11	−	L	12				Von Zustand 19 (initial Zustand 10): Schritt über das Trennzeichen zwischen E und B
12	|	R	13	|	L	12	Linkslauf über E, schreib die von Zustand 13 (initial Zustand 1) gesetzte Marke um
13	−	R	30	−	R	14	"−" gelesen: E ist abgearbeitet; sonst markiere das gelesene E-Zeichen (wie Zustand 1)
14	−	R	15	|	R	14	Rechtslauf über E
							Buchhaltung in B
15	−	R	16				Schritt über die von Zustand 10 gesetzte Marke
16	−	R	26	−	R	17	"−" gelesen: die Multiplikation $(B - 1) \cdot Z1$ ist beendet; sonst markiere das gelesene B-Zeichen (Dieser Zustand entspricht Zustand 1 in M.TM)
17	−	R	20	|	R	17	Rechtslauf über B (entspricht Zustand 2 in M.TM)
18	|	R	16	|	L	18	Von Zustand 23: Linkslauf über B, schreib die von Zustand 16 gesetzte Marke um (entspricht Zustand 9 in M.TM)
19	−	L	11	|	L	19	Von Zustand 29: Linkslauf über B nach Addition von Z1 und Z2 (die dadurch zum neuen Z1 werden)
							Buchhaltung in Z1
20	−	L	23	−	R	21	"−" gelesen: Z1 ist einmal nach Z2 kopiert worden; sonst markiere das Z1-Zeichen (entspricht Zustand 3 in M.TM)
21	−	R	24	|	R	21	Rechtslauf über Z1 (entspricht Zustand 4 in M.TM)
22	|	R	20	|	L	22	Von Zustand 25: Linkslauf über Z1; schreib die von Zustand 20 gesetzte Marke um, leite das Kopieren des nächsten Z1-Zeichens ein (entspricht Zustand 7 in M.TM)

23	⊢ L 18	I L 23	Von Zustand 20: Linkslauf über Z1 (entspricht Zustand 8 in M.TM)
			Buchhaltung in Z2
24	I L 25	I R 24	Rechtslauf über Z2, schreib das zu kopierende Zeichen (entspricht Zustand 5 in M.TM)
25	− L 22	I L 25	Linkslauf über Z2 (entspricht Zustand 6 in M.TM)
			Addition: $Z1 + Z2 \rightarrow Z1$
26	I R 27	I R 26	Von Zustand 16: Rechtslauf über Z1, schreib ein " I " auf das Trennfeld zwischen Z1 und Z2
27	− L 28	I R 27	Rechtslauf über Z2
28		− L 29	Entferne das letzte Zeichen als Ausgleich für das von Zustand 26 geschriebene neue Zeichen
29	− L 19	I L 29	Linkslauf über die Summe; es ist nun zu prüfen, ob sie schon die zu errechnende Potenz ist, oder nur ein neues Zwischenergebnis Z1
			Finalisierung
30	I L 31		Von Zustand 13: schreib nun das von Zustand 10 entfernte B-Zeichen zurück
31	− L 32		Schritt über das Trennzeichen E−B
32	− R 0	I L 32	Linkslauf über E, Stop auf dem Startfeld.
			Finalisierung $E = 0$
33	− R 34		Von Zustand 1: Schritt über das Trennzeichen E−B
34	− R 35	I R 34	Rechtslauf über B
35	I L 36		Schreib " I " ($P = 1$, da $B^0 = 1$ für jedes B)
36	− L 37		Schritt über das Trennzeichen B−P
37	− L 0	I L 37	Linkslauf über B, Stop auf dem Startfeld.
			Finalisierung $E > 0$, $B = 0$
38	− L 39		Von Zustand 3: B war leer, Schritt über das Trennzeichen E−B
39	I L 32	I L 39	Linkslauf über E, schreib die in Zustand 1 gesetzte Marke um

TM-Tabelle A5.5

I I−I I I   wird   −I I−I I I−I I I I I I I I I $(3^2 = 9)$
1   0

oder

−   wird   −−−I $(0^0 = 1)$
1   0

Aufgabe 5.6 Für $n > 2$ sind $n - 2$ Multiplikationen zur Berechnung von $n!$ durchzuführen.

(a) Unser Entwurf FAK.TM initialisiert jeden Lauf mit einer Kopie der Eingabe.

(b) Für jede Multiplikation wird die Eingabe um ein Zeichen verkürzt – die erste Multiplikation ist also $(n-1) \cdot n$.

(c) Wir machen uns (wie bei POTENZ . TM) die Tatsache zunutze, daß stets $n \cdot m = (n-1) \cdot m + m$ – ein Kopierzyklus pro Multiplikation kann durch einen Additionslauf ersetzt werden.

Ein Beispiel in groben Zügen:

Eingabe	I I I I I 1
Nach dem Kopieren	I I I I I–I I I I I 9
Vorbereitung 3 · 5	I–I I I–I I I I I 10
Situation nach der Multiplikation	I–I I I–I I I I I–I I I I I I I I I I I I I I 11
Nach der Addition	I–I I I–I I I I I I I I I I I I I I I I I I I– 9
Vorbereitung 2 · 20	I––I I–I I I I I I I I I I I I I I I I I I I– 10

```
FAK.TM
                    −           |        Kommentar
```

	−							Kommentar
							Initialisierung 1: Prüfe, ob die Eingabe leer ist
1	−	R	25	−	R	2	"−" gelesen: schreib 0! = 1; sonst markiere das Feld
							Initialisierung 2: Kopier-Maschine – übertrage die Eingabe nach rechts
2	I	R	3	I	R	2	Rechtslauf über die Eingabe; markiere das Leerzeichen rechts davon
3	I	L	3	−	L	4	Schreib das erste Zeichen der Kopie, lösche die in Zustand 2 gesetzte Marke auf dem Trennfeld
4	I	R	9	−	R	5	"−" gelesen: Kopieren der Eingabe beendet; das hier zurückgeschriebene erste Zeichen der Eingabe wird erst wieder in der Finalisierung des Laufs gelesen. "I" gelesen: Beginn des Kopierens des Rests der Eingabe, markiere das gelesene Zeichen (die Zeichen der Eingabe werden, mit dem letzten beginnend, nach links fortschreitend kopiert)
5	−	R	6	I	R	5	Rechtslauf über den bereits kopierten Teil der Eingabe
6	I	L	7	I	R	6	Rechtslauf über den bisher geschriebenen Teil der Kopie, füg der Kopie ein neues Zeichen an
7	−	L	8	I	L	7	Linkslauf über die Kopie

Zustand			Bemerkung
8	I L 4	I L 8	Linkslauf über den bereits kopierten Teil der Eingabe, schreib die von Zustand 4 gesetzte Marke um

Multiplikation $(f_1 - 1) \cdot f_2 = p$

Zustand			Bemerkung
9	– L 0	– R 10	Von Zustand 4, 24 oder 26 gerufen "–" gelesen: die Eingabe war leer (von Zustand 26) oder "I" (von Zustand 4); Stop. "I" gelesen (von Zustand 24, initial von Zustand 4): leite eine neue Multiplikation ein – markiere das Feld gemäß Bemerkung (b) oben
10	– L 27	– R 12	"–" gelesen: die Berechnung ist fertig, ruf den Finalisierungs-Modul "I" gelesen: Beginn einer Multiplikation – markiere das Feld gemäß Bemerkung (c) oben
11	– R 20	– R 12	"–" gelesen: die Multiplikation gemäß Bemerkung (c) ist beendet, leite die Addition ein "I" gelesen: Fortsetzung der Multiplikation, leite einen neuen Kopierzyklus ein – markiere das gelesene Eingabe-Zeichen (Zeichen des ersten Faktors). Dieser Zustand enspricht Zustand 1 von M.TM.
12	– R 13	I R 12	Rechtslauf über den Rest des ersten Faktors (entspricht Zustand 2 von M.TM)
13	– L 18	– R 14	"–" gelesen: ein Kopierzyklus ist beendet; sonst markiere das gelesene Zeichen des zweiten Faktors (entspricht Zustand 3 von M.TM)
14	– R 15	I R 14	Rechtslauf über den Rest des zweiten Faktors (entspricht Zustand 4 von M.TM)
15	I L 16	I R 15	Rechtslauf über die bereits geschriebenen Zeichen des Produkts, füg ein neues "I" an (wie Zustand 5 von M.TM)
16	– L 17	I L 16	Linkslauf über das Produkt (wie Zustand 6 von M.TM)
17	I R 13	I L 17	Linkslauf über den zweiten Faktor, schreib die von Zustand 13 gesetzte Marke um (wie Zustand 7 von M.TM)
18	– L 19	I L 18	Von Zustand 13: ein Kopierzyklus ist beendet, Linkslauf über den zweiten Faktor (Zustand 8 von M.TM)
19	I R 11	I L 19	Linkslauf über den ersten Faktor, schreib die von Zustand 11 (im ersten Kopierzyklus von Zustand 10) gesetzte Marke um (wie Zustand 9 von M.TM)

Addition: $(f_2 + p)$ wird zum zweiten Faktor f_2 einer neuen Multiplikation (oder zum Endresultat)

Zustand			Bemerkung
20	I R 21	I R 20	Von Zustand 11: Rechtslauf über den zweiten Faktor, schreib "I" auf das Trennfeld zum Produkt (entspricht Zustand 1 von UNADD.TM)
21	– L 22	I R 21	Rechtslauf über das Produkt (wie Zustand 2 von UNADD.TM)
22		– L 23	Entferne das letzte Zeichen (wie Zustand 3 von UNADD.TM)

	–						Kommentar
23	–	L	24	I	L	23	Linkslauf über die Summe ($f_2 + p$)
24	–	R	9	I	L	24	Linkslauf über den ersten Faktor der vorangehenden Multiplikation ($f_1 - 1$), dessen Darstellung, zur Vorbereitung einer weiteren Multiplikation, von Zustand 9 neuerlich um ein " I " vermindert werden wird

Finalisierung 0! = 1

25	–	R	26				Von Zustand 1
26	I	L	9				Schreib das Resultat

Finalisierung aller Fälle außer 0! und 1!

27	I	L	27	I	R	28	Von Zustand 10: schreib die von Zustand 9 gesetzten Marken um, bis das von Zustand 4 gesetzte " I " gefunden wird (dies ist das erste Feld der Eingabe)
28				I	L	0	Stop.

TM-Tabelle A5.6

Aufgabe 5.7

```
GGT.TM
```

	–			I			Kommentar ("LI" linker, "RE" rechter Block)
1	–	R	9	–	R	2	Auf "–" ist LI abgearbeitet, also LI ≤ RE: prüfe ob RE leer. Sonst markiere das Zeichen in LI
2	–	R	3	I	R	2	Rechtslauf über LI
3	–	L	4	I	R	3	Rechtslauf über RE
4	I	L	7	–	L	5	Auf "–" kann Zustand 4 nur dann stehen, wenn LI > RE; in diesem Fall ist in LI ein " I ", das in RE keine Entsprechung fand, durch ein "–" markiert; die Interpretation faßt diese Marke nun als neues Trennzeichen zwischen dem neuen LI (dem im eben abgeschlossenen Zyklus abgearbeiteten Teil des alten) und dem neuen RE (dem noch nicht abgearbeiteten Teil) auf; das fehlende " I " gehört zum neuen RE und wird von Zustand 4 rechts dazugeschrieben. Sonst ersetze das " I " (rechts außen in RE) durch "–" (schleifenweise Löschung von RE)
5	–	L	6	I	L	5	Linkslauf über RE
6	I	R	1	I	L	6	Linkslauf über LI; mach die von Zustand 1 gesetzte Markierung rückgängig, leite neue Schleife ein
7	–	L	8	I	L	7	Von Zustand 4: RE ist leer; Linkslauf über den unverarbeiteten Rest von LI (der neue RE) Von Zustand 9: der unverarbeitete Teil von LI ist leer
8	–	R	1	I	L	8	Linkslauf über den verarbeiteten Teil von LI; leite neuen Zyklus ein
9	–	L	0	I	L	7	Von Zustand 1: Auf "–" ist RE leer, LI ist der ggT; sonst leite neuen Zyklus ein.

TM-Tabelle A5.7

```
    | | | | ¦| |—| | | | | | | | | | | | | |        ggT(6 15) =
    1
    (...)
    | | | | | | |—| | | | | | | | | |————————        (erster Subtraktionszyklus RE minus LI
R             19                                      beendet)
    | | | | | | |—| | | | | | | | | |————————
L   88888887
    —| | | | | | |—| | | | | | | | | |————————
*   1
    (...)
    —| | | | | | |————————————————————————        (Situation während des dritten Zyklus)
R          12223
    —| | |—| |————————————————————————————
L   88887774
    —| | |—| | |————————————————————————        (der abgearbeitete Teil von LI wird LI,
*   1                                                 der nicht abgearbeitete RE)
    (...)
    —| | |————————————————————————————————
R          19
    —| | |————————————————————————————————        = 3
*          0
```

Aufgabe 5.8

(a) $5 = 12_3$; folglich:

$$201122_3/12_3 = 1022_3, \quad \text{Rest } 11_3$$
$$1022_3/12_3 = 21_3, \quad \text{Rest } 0$$
$$21_3/12_3 = 1, \quad \text{Rest } 2_3$$
$$1 \ /12_3 = 0, \quad \text{Rest } 1$$

Da $11_3 = 4 = 4_5$, ist also $201122_3 = 1204_5$.

(b) $3 = 3_5$;

$$20122_5/3_5 = 3204_5, \quad \text{Rest } 0$$
$$3204_5/3_5 = 1033_5, \quad \text{Rest } 0$$
$$1033_5/3_5 = 142_5, \quad \text{Rest } 2_5$$
$$142_5/3_5 = 30_5, \quad \text{Rest } 2_5$$
$$30_5/3_5 = 10_5, \quad \text{Rest } 0$$
$$10_5/3_5 = 1, \quad \text{Rest } 2_5$$
$$1 \ /3_5 = 0, \quad \text{Rest } 1$$

$20122_5 = 1202200_3$.

(c)

Ad (a):

$$2012\math2_3 = 2 \cdot 3^4 + 0 \cdot 3^3 + 1 \cdot 3^2 + 2 \cdot 3^1 + 2 \cdot 3^0$$
$$= 2 \cdot 81 + 0 \cdot 27 + 1 \cdot 9 + 2 \cdot 3 + 2 \cdot 1$$
$$= \quad 161 \qquad + \quad 9 + \quad 6 + \quad 2$$
$$= \quad 179$$

$$1204_5 = 1 \cdot \ 5^3 + 2 \cdot \ 5^2 + 0 \cdot 5^1 + 4 \cdot 5^0$$
$$= 1 \cdot 125 + 2 \cdot 25 + 0 \cdot 5 + 4 \cdot 1$$
$$= \quad 125 + \quad 50 \qquad + \quad 4$$
$$= 179$$

Ad (b):

$$20122_5 = 2 \cdot \ 5^4 + 0 \cdot 5^3 \ + 1 \cdot \ 5^2 + 2 \cdot 5^1 + 2 \cdot 5^0$$
$$= 2 \cdot 625 + 0 \cdot 125 + 1 \cdot 25 + 2 \cdot 5 + 2 \cdot 1$$
$$= \quad 1250 \qquad + \quad 25 + \quad 10 + \quad 2$$
$$= \quad 1287$$

$$1202200_3 = 1 \cdot 3^6 \ + 2 \cdot 3^5 \ + 0 \cdot 3^4 + 2 \cdot 3^3 + 2 \cdot 3^2 + 0 \cdot 3^1 + 0 \cdot 3^0$$
$$= 1 \cdot 729 + 2 \cdot 243 + 0 \cdot 81 + 2 \cdot 27 + 2 \cdot 9 + 0 \cdot 3 + 0 \cdot 1$$
$$= \quad 729 + \quad 486 \qquad + \quad 54 + \qquad\qquad 18$$
$$= \quad 1287$$

(d)

Ad (a):

$$1204_5/3_5 = \qquad 214_5, \ \text{Rest } 2_5$$
$$214_5/3_5 = \qquad 34_5, \ \text{Rest } 2_5$$
$$34_5/3_5 = \qquad 11_5, \ \text{Rest } 1$$
$$11_5/3_5 = \qquad 2_5, \ \text{Rest } 0$$
$$2_5/3_5 = \qquad 0 \ , \ \text{Rest } 2$$

$$1204_5 = 20122_3.$$

Ad (b): $5 = 12_3$

$$1202200_3/12_3 = 100112_3, \ \text{Rest } 2_3$$
$$100112_3/12_3 = \quad 1220_3, \ \text{Rest } 2_3$$
$$1220_3/12_3 = \quad 101_3, \ \text{Rest } 1$$
$$101_3/12_3 = \quad 2_3, \ \text{Rest } 0$$
$$2_3/12_3 = \quad 0 \ , \ \text{Rest } 2_3$$

$$1202200_3 = 20122_5.$$

Aufgabe 6.2 (a) 101001_2 (b) 1011101_2

Aufgabe 6.3 1010010111111_2

Aufgabe 6.4 1001_2

Aufgabe 6.5

$$
\begin{array}{ll}
110110_2 / 1010_2 & = 101_2,\ \text{Rest } 100_2 \quad (54\,/\,10 = 5,\ \text{Rest } 4) \\
-\ 1010_2 & 1 \\
\hline
\quad 111_2 & \\
-\ 1010_2 & 0 \\
\hline
\quad 1110_2 & \\
-\ 1010_2 & 1 \\
\hline
\quad 100_2 &
\end{array}
$$

Aufgabe 6.6

(a)

$$
\begin{array}{ll}
1 : 101_2 & = 0.001100110011\ldots_2 \\
-\ 101_2 & 0 \\
\hline
\quad 10_2 & \\
-\ 101_2 & 0 \\
\hline
\quad 100_2 & \\
-\ 101_2 & 0 \\
\hline
\quad 1000_2 & \\
-\ 101_2 & 1 \\
\hline
\quad 110_2 & \\
-\ 101_2 & 1 \\
\hline
\quad 1 &
\end{array}
$$

(b)

$$
\begin{array}{ll}
1 : 111_2 & = 0.001001001\ldots_2 \\
-\ 111_2 & 0 \\
\hline
\quad 10_2 & \\
-\ 111_2 & 0 \\
\hline
\quad 100_2 & \\
-\ 111_2 & 0 \\
\hline
\quad 1000_2 & \\
-\ 111_2 & 1 \\
\hline
\quad 10_2 & \\
-\ 111_2 & 0 \\
\hline
\quad 100_2 & \\
-\ 111_2 & 0 \\
\hline
\quad 1000_2 & \\
-\ 111_2 & 1 \\
\hline
\quad 1 &
\end{array}
$$

Aufgabe 6.7

(a)

```
BIplus1.TM
```

	—	0	1	Kommentar
1	1 R 2	1 R 2	0 L 1	Zähler
2	— L 0	0 R 2		Rücklauf

TM-Tabelle A6.7a

```
101   wird   110
  1           0
```

(b)

```
TERplus1.TM
```

	—	0	1	2	Kommentar
1	1 R 2	1 R 2	2 R 2	0 L 1	Zähler
2	— L 0	0 R 2			Rücklauf

TM-Tabelle A6.7b

```
122   wird   200
  1           0
```

Aufgabe 6.9

```
UNDEZ.TM
```

	—	I	0	1	...	8	9
1	— L 2	I L 2					
2	— L 3						
3	0 R 4						
4	— R 5						
5	— L 10	— L 6					
6	— L 7	I L 6					
7	1 R 8		1 R 8	2 R 8	... 9 R 8		0 L 7
8	— R 9		0 R 8	1 R 8	... 8 R 8		9 R 8
9	I R 5	I R 9					
10	— R 0	I L 10					

TM-Tabelle A6.9

```
I I I I I I I I I I I I I I I I I I I I I I I   wird   23—I I I I I I I I I I I I I I I I I I I I I I I I
1                                                       0
```

Aufgabe 6.10

```
BIUN.TM
```

	—	|	0	1	Kommentar
1	— R 5		1 L 1	0 R 2	Herunterzählen der Binärzahl
2	— R 3		0 R 2	1 R 2	Rücklauf über die Binärzahl nach rechts
3	| L 4	| R 3			Lauf über die Unärzahl nach rechts; schreib " | "
4	— L 1	| L 4			Rücklauf über die Unärzahl nach links
5	— R 0			— R 5	Finalisierung.

TM-Tabelle A6.10

```
110   wird   ------||||||
  1             0
```

Aufgabe 6.10, eine Variante: Ein Zyklus dieser TM schreibt ein " \| ", verschiebt die Binärzahl um ein Feld nach rechts und subtrahiert im Rücklauf 1 von der Binärzahl. Der Lauf wird abgebrochen, wenn die Binärzahl 0 geworden ist.

```
BIUN1.TM
```

	—	|	0	1	Kommentar
					Initialisierung (Start auf dem leeren Band oder Binärzahl = 0)
1	— R 2		0 L 1	1 L 1	Suche das Leerzeichen links von der Binärzahl
2	— L 0		— L 9	| R 5	Normaler Start: das erste Feld der Binärzahl trägt "1"; schreib " | "
3			| R 8	| R 5	Beginn des zweiten und der folgenden Zyklen; beim Herunterzählen kann die führende Ziffer "0" werden, es darf dann keine Verschiebung stattfinden
					Verschiebe-Modul
4	1 L 7		0 R 4	0 R 5	Auf dem vorherigen Feld "0" gelesen, schreib "0"; auf "1" ruf Zustand 5
5	0 L 6		1 R 4	1 R 5	Auf dem vorherigen Feld "1" gelesen, schreib "1"; auf "0" ruf Zustand 4

	–	|	0	1	Kommentar
					Auf "–" Verschieben beendet, Beginn des Herunterzählens der Binärzahl
6		| R 3	0 L 6	1 L 6	Normaler Rücklauf bis zum ersten " | " links
7		– L 9	1 L 7	0 L 6	Rücklauf mit Zweierübertragung (Subtraktion); liest Zustand 7 " | ", dann Ende
8	– L 7			| R 8	Von Zustand 3 gerufen, wenn die führende Ziffer "0" war; nur "1" wird vorgefunden
9	– R 0	| L 9			Rücklauf über die fertige Unärzahl, Abbruch.

TM-Tabelle A6.10b

```
110    wird    -||||||--
1               0
```

Aufgabe 6.11

```
UNBI1.TM
```

	–	|	0	1	M	Kommentar
1	– L 4	M R 2			M R 1	Die Zustände 1 und 2 markieren jedes zweite " | " durch Überschreiben mit "M"
2	– L 3	| R 1			M R 2	Liest Zustand 1 "–", so war die Anzahl der " | " gerade; sonst ungerade
3	1 R 5	| L 3	0 L 3	1 L 3	M L 3	War die Anzahl ungerade, so wird als Divisionsrest 1,
4	0 R 5	| L 4	0 L 4	1 L 4	M L 4	sonst 0 in die Binärzahl geschrieben.
5	– L 6	M R 2	0 R 5	1 R 5	M R 5	Prüfe, ob alle " | " markiert sind; wenn nicht, ruf wieder Zustand 2
6			– L 7	– L 8	| L 6	Finalisierung: Verschiebung der Binärzahl um eine Stelle nach links. Schreib die Marken wieder in " | " um; leite die Verschiebung der Binärzahl ein

7	0 R 9	0 L 7 0 L 8	"0" gelesen, schreib "0"; auf "1" ruf Zustand 8; auf "–" war die Eingabe leer
8	1 R 9	1 L 7 1 L 8	"1" gelesen, schreib "1"; auf "0" ruf Zustand 7; auf "–" Ende
9	– R 0	0 R 9 1 R 9	Finalisierung: Rücklauf nach rechts über die Binärzahl.

TM-Tabelle A6.11

| | | | | | wird   110–| | | | | |
1   0

Aufgabe 6.12

(a)

```
BIV.TM
              –         0         1         A         B
```
Kommentar (linke Zahl "LI", rechte Zahl "RE")

Modul LI ≤ RE
Auf "–" prüfe, ob LI leer; sonst markiere das Zeichen in RE:
```
  1    – L 15    A L  2    B L  4
```
"0" gelesen in RE, Linkslauf über RE:
```
  2    – L  3    0 L  2    1 L  2
```
Auf "–" in LI Ende LI ≤ RE; auf "0" weiter LI ≤ RE, auf "1" LI > RE:
```
  3    – R 17    A R  6    B R 13    A L  3    B L  3
```
"1" gelesen in RE, Linkslauf über RE:
```
  4    – L  5    0 L  4    1 L  4
```
Auf "–" in LI Ende LI ≤ RE; sonst weiter LI ≤ RE:
```
  5    – L 17    A R  6    B R  6    A L  5    B L  5
```
Rücklauf über LI:
```
  6    – R  7                        A R  6    B R  6
```
Rücklauf über RE:
```
  7              0 R  7    1 R  7    0 L  1    1 L  1
```

Modul LI > RE
Auf "–" in RE Ende LI > RE; markiere das Zeichen in RE:
```
  8    – L 18    A L  9    B L 11
```
"0" gelesen in RE, Linkslauf über RE:
```
  9    – L 10    0 L  9    1 L  9
```
Auf "–" in LI Ende LI ≤ RE; sonst weiter LI > RE:
```
 10    – R 17    A R 13    B R 13    A L 10    B L 10
```
"1" gelesen in RE, Linkslauf über RE:
```
 11    – L 12    0 L 11    1 L 11
```

Auf "–" in LI Ende LI ≤ RE; auf "0" LI ≤ RE, auf "1" weiter LI > RE:

```
12     – R 17     A R  6     B R 13     A L 12     B L 12
```
Rücklauf über LI:
```
13     – R 14                           A R 13     B R 13
```
Rücklauf über RE:
```
14               0 R 14     1 R 14     0 L  8     1 L  8
```

Finalisierung
Von Zustand 1: ist LI leer?
```
15     – R 17     0 R 16     1 R 16     A L 15     B L 15
```
Nein; auch von 18: LI > RE; schreib die Marken in LI um

Von 17: LI ≤ RE; schreib die Marke in RE um:
```
16     – L  0     0 R 16     1 R 16     0 R 16     1 R 16
```
Ja; auch von 3,5,10,12: LI ≤ RE; schreib die Marken in LI um:
```
17     – R 16                           0 R 17     1 R 17
```
Von 8: LI > RE; Linkslauf LI.
```
18     – R 16     0 R 16     1 R 16     A L 18     B L 18
```

TM-Tabelle A6.12a


```
1001–111     wird     1001–111–
       1                      0
```

(b)


```
BIVL.TM
              –          0          1          A          B
```
Kommentar (linke Zahl "LI", rechte Zahl "RE")

Modul LI ≤ RE
Auf "–" in RE prüfe, ob LI leer ist; sonst lösche das Zeichen in RE:
```
 1     – L 15     – L  2     – L  4
```
"0" gelesen in RE, Linkslauf über RE:
```
 2     – L  3     0 L  2     1 L  2
```
Auf "–" in LI Ende LI ≤ RE; auf "0" weiter LI ≤ RE, auf "1" LI > RE:
```
 3     – L 17     A R  6     B R 13     A L  3     B L  3
```
"1" gelesen in RE, Linkslauf über RE:
```
 4     – L  5     0 L  4     1 L  4
```
Auf "–" in LI Ende LI ≤ RE; sonst weiter LI ≤ RE:
```
 5     – R 17     A R  6     B R  6     A L  5     B L  5
```
Rücklauf über LI:
```
 6     – R  7                           A R  6     B R  6
```
Rücklauf über RE:
```
 7     – L  1     0 R  7     1 R  7
```

Modul LI > RE
Auf "–" in RE Ende LI > RE; sonst lösche das gelesene Zeichen in RE:
```
 8     – L 16     – L  9     – L 11
```

"0" gelesen in RE, Linkslauf über RE:

```
 9    -  L 10    0 L  9    1 L  9
```

Auf "–" in LI Ende LI ≤ RE; sonst weiter LI > RE:

```
10    -  R 17    A R 13    B R 13      A L 10      B L 10
```

"1" gelesen in RE, Linkslauf über RE:

```
11    -  L 12    0 L 11    1 L 11
```

Auf "–" in LI Ende LI ≤ RE; auf "0" LI ≤ RE, auf "1" weiter LI > RE:

```
12    -  R 17    A R  6    B R 13      A L 12      B L 12
```

Rücklauf über LI:

```
13    -  R 14                          A R 13      B R 13
```

Rücklauf über RE:

```
14    -  L  8    0 R 14    1 R 14
```

Finalisierung

Ist LI leer? Ja: lösche LI (RE bereits gelöscht), schreib "0":

```
15    0 L  0    -  L 16    -  L 16      -  L 15      -  L 15
```

Nein – lösche den Rest von LI (RE bereits gelöscht), schreib "1":

```
16    1 L  0    -  L 16    -  L 16      -  L 16      -  L 16
```

Von Zustand 3, 10 oder 12; LI ≤ RE, Rechtslauf über die Marken von LI:

```
17    A R 18                           A R 17      B R 17
```

LI ≤ RE: Ist RE leer? Vorbereitung zum Löschen von RE:

```
18    -  L 15    A R 19    B R 19
```

LI ≤ RE, RE nicht leer: Vorbereitung zum Löschen von RE.

```
19    -  L 15    A R 19    B R 19
```

TM-Tabelle A6.12b

```
1001-1001    wird    -0----------
       1             0
```

(c)

```
BIVL-01.TM
              -          0          1
```

Kommentar (linke Zahl "LI", rechte Zahl "RE")

Initialisierung

Lösche die Einer-Stelle von RE:

```
 1    -  L  1    -  L  2    -  L  3
```

Zustand 1 hat "0" gelesen, Linkslauf über RE;

markiere das Trennzeichen zwischen LI und RE mit "0":

```
 2    0 L  7    0 L  2    1 L  2
```

Zustand 1 hat "1" gelesen, Linkslauf über RE;

markiere das Trennzeichen zwischen LI und RE mit "0":

```
 3    0 L 10    0 L  3    1 L  3
```

Modul LI ≤ RE (und Sonderfall: Zustand 13 liest "1")

Auf "–" ist RE leer: prüf in der Finalisierung, ob auch LI leer. Sonst lösch das Zeichen in RE:

```
 4    -  L 19    -  L  5    -  L  8
```

Zustand 4 hat in RE "0" (Zustand 13 "1") gelesen, Linkslauf über RE;
markiere das Trennzeichen zwischen LI und RE mit "0":

```
5    0 L  6    0 L  5    1 L  5
```

Linkslauf über die bereits bearbeiteten und gelöschten Zeichen von LI bis zu der von Zustand 7
oder 10 gesetzten Marke:

```
6    - L  6           - L  7
```

Auf "–" ist LI leer, nicht aber RE: Finalisierung LI ≤ RE. Sonst markiere das Bandfeld mit "1";
war das gelesene Zeichen "0", so bleib in Modul LI ≤ RE, war es "1", so wechsle zu Modul
LI > RE:

```
7    0 R 22   1 R 11   1 R 17
```

Zustand 4 hat "1" gelesen, Linkslauf über RE; markiere das Trennzeichen zwischen LI und RE
mit "0":

```
8    0 L  9    0 L  8    1 L  8
```

Linkslauf über die bereits bearbeiteten und gelöschten Zeichen von LI bis zu der von Zustand 7
oder 10 gesetzten Marke:

```
9    - L  9           - L 10
```

Auf "–" ist LI leer, nicht aber RE: Finalisierung LI ≤ RE. Sonst markiere das Bandfeld mit "1";
bleib in jedem Fall in Modul LI ≤ RE:

```
10   0 R 22   1 R 11   1 R 11
```

Rechtslauf über den bereits gelöschten Teil von LI, mach die von Zustand 2, 3 oder 5 gesetzte
Markierung des Trennzeichens rückgängig:

```
11   - R 11   - R 12
```

Rechtslauf über den noch unverglichenen Teil von RE:

```
12   - L  4    0 R 12   1 R 12
```

Modul LI > RE

Auf "–" ist RE leer: Finalisierung LI > RE. Sonst lösch das Zeichen in RE; auf "1" ruf Zustand
5! (Dieser Trick ist in Bezug auf die Übersichtlichkeit der Tabelle zweifelhaft, erspart aber drei
Zustände; er hätte auch in den beiden voranstehenden Tabellen angewendet werden können):

```
13   - L 24   - L 14   - L  5
```

Zustand 13 hat "0" gelesen, Linkslauf über RE; markiere das Trennzeichen zwischen LI und RE
mit "0":

```
14   0 L 15   0 L 14   1 L 14
```

Linkslauf über die bereits bearbeiteten und gelöschten Zeichen von LI bis zu der von Zustand 7
oder 16 gesetzten Marke:

```
15   - L 15           - L 16
```

Auf "–" ist LI leer, nicht aber RE: Finalisierung LI ≤ RE. Sonst markiere das Bandfeld mit "1";
bleib in jedem Fall in Modul LI > RE:

```
16   0 R 22   1 R 17   1 R 17
```

Rechtslauf über den bereits gelöschten Teil von LI, mach die von Zustand 2, 5 oder 14 gesetzte
Markierung des Trennzeichens rückgängig:

```
17   - R 17   - R 18
```

Rechtslauf über den noch unverglichenen Teil von RE:

```
18   - L 13   0 R 18   1 R 18
```

Finalisierung

Von Zustand 4: RE ist leer; Linkslauf über den gelöschten Teil von LI:

```
19   - L 19           - L 20
```

Ist der unverarbeitete Rest von LI leer? Ja: schreib die Ausgabe "0":

```
20    0 L  0    — L 21    — L 21
```

Nein (auch von Zustand 24): lösch den Rest von LI und schreib die Ausgabe "1":

```
21    1 L  0    — L 21    — L 21
```

Von Zustand 7, 10 oder 16: LI ≤ RE, Rechtslauf über die gelöschte LI, mach die Markierung des Trennzeichens rückgängig:

```
22    — R 22    — R 23
```

Lösch den unverarbeiteten Rest von RE:

```
23    — L 24    — R 23    — R 23
```

Linkslauf über alle Leerzeichen bis zu der von Zustand 7, 10 oder 16 gesetzten Marke "0" oder bis zur Marke "1" (wenn von Zustand 13 gerufen):

```
24    — L 24    0 L  0    — L 21
```

TM-Tabelle A6.12c

```
111–1000–      wird    –0—————————
        1              0
```

beziehungsweise (Start auf dem letzten Zeichen von RE)

```
0000–111       wird    –1————————
       1               0
```

Aufgabe 6.13 Unsere Lösungen verwenden die Idee von UNBI1.TM (Aufgabe 6.11): nach jeder Division der Unärzahl u durch 2 muß 1 zum Ergebnis BITS(u) addiert werden.

(a)

```
UNBITS.TM
```

	—	I	M	Kommentar
1	— L 5	M R 3		Initialisierung: Auf "—" schreibe BITS(0) = 1; sonst markiere das erste vorgefundene " I " des Unär-Blocks
2	— L 8	M R 3	M R 2	Auf "—" Ende des Laufs; sonst markiere das erste vorgefundene " I " des Unär-Blocks
3	— L 5	I R 4	M R 3	Auf "—" Ende einer Divisions-Schleife; sonst markiere im Wechsel mit 4 jedes zweite noch vorhandene " I "
4	— L 5	M R 3	M R 4	Auf "—" Ende einer Divisions-Schleife; sonst markiere im Wechsel mit 3 jedes zweite noch vorhandene " I "
5	— L. 6	I L 5	M L 5	Von 3 oder 4: Linkslauf über den Unär-Block und seine Marken; von 1: Fall BITS(0) = 1
6	I R 7	I L 6		Linkslauf über den bit-Block; füg links ein " I " an
7	— R 2	I R 7		Rechtslauf über den bit-Block, leite neue Divisions-Schleife ein
8	— R 0		I L 8	Von 2: Finalisierung; mach die Markierung des Unär-Blocks rückgängig.

TM-Tabelle A6.13a

```
| | | | |     wird     | | |–| | | | |
1                       0
```

(b)

```
BIBITS.TM
```

	–			M	0	1	Kommentar
1	– L 5	M R 3				Zustände 1 bis 5 wie UNBITS.TM
2	– L 8	M R 3	M R 2			
3	– L 5	I R 4	M R 3			
4	– L 5	M R 3	M R 4			
5	– L 6	I L 5	M L 5			
6	1 R 7			1 R 7	0 L 6	Binärzähler
7	– R 2			0 R 7		Rechtslauf über den bit-Block
8	– R 0		I L 8			Wie Zustand 8 von UNBITS.TM.

TM-Tabelle A6.13b

```
| | | | |     wird     11–| | | | |
1                       0
```

Aufgabe 6.14

(a)

```
BIZKNF.TM
```

	–	0	1
1	0 R 2	1 R 2	0 L 1
2	– L 0	0 R 2	

TM-Tabelle A6.14a

```
111   wird   0000
  1          0
```

(b)

```
BIZKNF1.TM
```

	–	0	1	Kommentar
1	0 L 4	0 R 2	1 R 2	Prüfe: Kette leer?
2	– L 3	0 R 2	1 R 2	Nein: Rechtslauf über die Kette
3	0 L 4	1 L 4	0 L 3	Schreib die Kette um in die Nachfolger-Kette
4	– R 0	0 L 4	1 L 4	Such das Trennzeichen vor der Kette; Abbruch.

TM-Tabelle A6.14b

```
00101:   wird    -00110-
1                0
```

(c)

TERZKNF.TM – analog TM-Tabelle A6.14b

```
          -        0        1        2
1      0  L  4   0  R  2   1  R  2   2  R  2
2      -  L  3   0  R  2   1  R  2   2  R  2
3      0  L  4   1  L  4   2  L  4   0  L  3
4      -  R  0   0  L  4   1  L  4   2  L  4
```

TM-Tabelle A6.14c

```
022      wird    -100-
1                0
```

Aufgabe 6.15 Man betrachte ein beliebiges Stellenwert-System mit der Basis b und dem Alphabet $\{a_0, a_1, \ldots, a_{b-1}\}$. Dann sieht ein Anfangsstück der halb-lexikographisch geordneten Folge der b-Ketten (Zeichenketten, die den Binär-ketten analog aus den Zeichen des Stellenwert-Systems gebildet werden kön-nen) folgendermaßen aus:

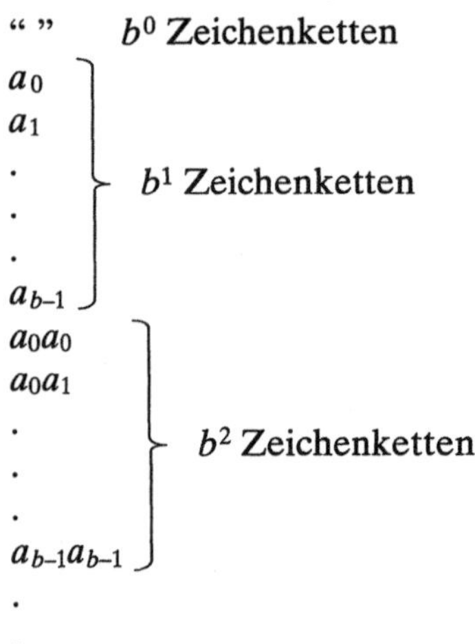

In der halb-lexikographischen Anordnung hat demnach die nullte n-stellige b-Kette (das ist die n-stellige Kette $a_0a_0 \ldots a_0$) genau $b^0 + b^1 + \ldots + b^{n-1}$ Vorläufer; die Darstellung dieser Zahl im b-System ist $11\ldots1_b$, das heißt eine b-Zahl aus n Einsen.

Da jede n-stellige b-Kette k, wenn man von eventuell vorhandenen führen-den a_0 absieht, jene b-Zahl darstellt, die der Nummer von k in der Folge der n-stelligen b-Ketten entspricht, erhält man die Nummer von k in der Folge aller halb-lexikographisch geordneten b-Ketten durch Addition der n-stelligen b-Zahl $11\ldots1_b$ zu k.

Es ist also zum Beispiel die Ternärkette "0212" die $212_3 + 1111_3 = 2100_3.$, das heißt die dreiundsechzigste in der halb-lexikographischen Folge der Ternärzahlen. Betrachtet als Element der halb-lexikographisch geordneten Folge der 26-Ketten über dem Alphabet {A, B, ..., Z} ist die Kette "KETTE" die $KETTE_{26} + 11111_{26} = LFUUF_{26}.$, das heißt das Element mit der Nummer $11 \cdot 26^4 + 5 \cdot 26^3 + 20 \cdot 26^2 + 20 \cdot 26^1 + 5 \cdot 26^0 = 5128661$.

Um von einer gegebenen b-Nummer zu der entsprechenden b-Kette zu gelangen, muß man also von dieser b-Zahl die größte b-Zahl der Form 11...1 subtrahieren, die noch eine positive Differenz ergibt. Für das Binärsystem ist ein solcher Algorithmus sehr leicht als TM zu formulieren: Da $11...1_2$ (n Stellen) = $10...0_2$ ($n + 1$ Stellen) minus 1, addiere 1 zu der gegebenen Binär-Nummer und entferne anschließend die führende 1.

```
BIZK.TM
```

	−	0	1	Kommentar
1	1 L 2	1 L 2	0 L 1	Subtrahiere 1 von der Nummer der Kette (Binärzahl)
2	− R 3	0 L 2	1 L 2	Such das linke Trennzeichen "−"
3	− R 0		− R 4	Entferne die führende 1; Abbruch nach einem Zwischenzug, Stop auf dem ersten Zeichen der Kette.
4	− L 0	0 L 3	1 L 3	Zwischenzug vor Abbruch, oder Abbruch auf den Eingaben "−" und "0".

TM-Tabelle A6.15

1011	**wird**	−−100
1		0

Aufgabe 7.3

```
A73.TM
```

	−	A	B	Kommentar
1	− R 5	− R 2	− R 3	Initialisierung
2	A L 4	A R 2	A R 3	Schreib "A"; auf "A" bleib in Zustand 2, auf "B" ruf Zustand 3, auf "−" Ende
3	B L 4	B R 2	B R 3	Schreib "B"; auf "A" ruf Zustand 2, auf "B" bleib in Zustand 3, auf "−" Ende
4	− R 5	A L 4	B L 4	Rücklauf
5	− L 0	A L 0	B L 0	Stop.

TM-Tabelle A7.3

AABA	**wird**	−AABA
1		0

Aufgabe 7.4

```
A74.TM
```

	−			A			B			Kommentar
										Initialisierung
1	−	R	10	−	R	2	−	R	3	
2	−	R	8	−	R	4	−	R	5	"A" gelesen
3	−	R	9	−	R	6	−	R	7	"B" gelesen
										„Kurzzeit-Gedächtnis":
4	A	R	8	A	R	4	A	R	5	"AA" gelesen, schreib "A"; auf "A" ruf Zustand 4, auf "B" ruf Zustand 5, auf "−" Ende
5	A	R	9	A	R	6	A	R	7	"AB" gelesen, schreib "A"; wie Zustand 4 mit den entsprechenden Änderungen
6	B	R	8	B	R	4	B	R	5	"BA" gelesen, schreib "B"; wie Zustand 4
7	B	R	9	B	R	6	B	R	7	"BB" gelesen, schreib "B"; wie Zustand 5
										Finalisierung
8	A	L	10							Schreib das letzte Zeichen im „Kurzzeit-Gedächtnis", "A"
9	B	L	10							Wie Zustand 8, "B"
10	−	L	0	A	L	10	B	L	10	Rücklauf und Stop auf dem Startfeld.

TM-Tabelle A7.4

```
ABAAB   wird   −−ABAAB
1              0
```

Aufgabe 7.5

```
A75.TM
```

	−			I			0			1			Kommentar
													Initialisierung: Prüfe, ob einer der beiden Faktoren 0 ist
1							0	R	2	1	R	5	
2	−	R	3										
3	−	L	4				0	R	3	1	R	3	
4	−	L	0				−	L	4	−	L	4	
5	−	R	6				0	R	5	1	R	5	
6							−	L	7	I	R	12	Auf "1": beide Faktoren sind von Null verschieden, beginne das „Entzählen"
7	−	L	8										
8	−	R	9				−	L	8	−	L	8	
9	0	R	4										

Binär-Entzähler für beide Faktoren

10	— R 20		| R 15	| R 12	Dieser Entwurf ist eine Modifikation von BIUN1.TM, TM-Tabelle A6.10b
11	1 L 14	1 R 17	0 R 11	0 R 12	
12	0 L 13	0 R 17	1 R 11	1 R 12	
13		| R 10	0 L 13	1 L 13	
14		— L 16	1 L 14	0 L 13	
15	— L 14	| L 14		1 R 15	
16	— L 19	| L 16			
17	| L 18	| R 17			
18		| L 18	0 L 13	1 L 14	
19	— R 10		0 L 19	1 L 19	

Unär-Multiplikation: Zustand $(20 + i)$ entspricht Zustand $(i + 1)$ von M.TM

20	| R 29	— R 21			Modifikation: auf "–" schreib " | ", um eine "Schiene" für die abschließende
21	— R 22	| R 21			Verschiebung des Produkts nach links (Zustände 37 bis 41) herzustellen
22	— L 27	— R 23			
23	— R 24	| R 23			
24	| L 25	| R 24			
25	— L 26	| L 25			
26	| R 22	| L 26			
27	— L 28	| L 27			
28	| R 20	| L 28			
29	— R 30	| R 29			Modifikation des Zustands 10 von M.TM: Rechtslauf über den zweiten Faktor

Binärzähler, gebaut nach dem Verschiebe-Prinzip von UNBI1.TM

30	— L 31	| R 30			Rechtslauf über das unäre Produkt
31		— L 33	— L 33	— L 35	
32			0 L 32	0 L 33	
33	1 R 37	1 R 34	1 L 32	1 L 33	
34	— L 31		0 R 34	1 R 34	
35	0 L 37	1 R 36	0 L 33	0 L 35	
36	— L 33		0 R 36	1 R 36	

Links-Verschieber: verschiebt das binäre Produkt zum Startfeld

```
37   – L 38   1 R 37   0 R 37   1 R 37
38                     – L 39   – L 40
39            0 L 41   0 L 39   0 L 40
40            1 L 41   1 L 39   1 L 40

41   – R 0   | R 37                        Finalisierung.
```

TM-Tabelle A7.5

Die Hauptphasen einer Berechnung:

```
110-11                                     (6 · 3)
1
(...)
110-11
    6
(...)
-110-|||--
10
(...)
-|||||||-|||
20
(...)
-|||||||-|||-|||||||||||||||||
      20
-|||||||||||-|||||||||||||||||
(...)
-|||||||||||-|||||||||||||||||
           30
(...)
-|||||||||||-||||||||||||||||||--
                 33
-|||||||||||-|||||||||||||||||||1--
(...)
-|||||||||||10010----------------          (= 18)
          38
(...)
-10010---------------------------
 0
```

Aufgabe 7.6

(a)

```
A76a.TM
```

	−						Kommentar
							(die Zustandsnamen wurden gewählt, um den Vergleich mit TM-Tabelle A7.6b zu erleichtern)

Initialisierung

	−							Kommentar
1	−	L	5	|	R	1		Auf "−": Stop auf leerem Block; sonst Rechtslauf über das Original (den Eingabe-Block)
5	−	R	0	−	L	6		Markieren des zu kopierenden Zeichens oder Stop.
6	−	L	7	|	L	6		Linkslauf über Original
7	|	R	8	|	L	7		Linkslauf über die bereits geschriebenen Zeichen der Kopie; füg ein neues Zeichen an
8	−	R	9	|	R	8		Rechtslauf über Kopie
9	|	L	5	|	R	9		Rechtslauf über Original; schreib die in Zustand 5 gesetzte Marke um, leite neue Kopier-Schleife ein.

TM-Tabelle A7.6a

$$----|\,|\,| \quad \text{wird} \quad |\,|\,|-|\,|\,|-$$
$$\quad\; 1 \qquad\qquad\qquad 0$$

(b)

```
A76b.TM
```

	−			|			M			Kommentar
										Initialisierung
1	−	R	16	M	R	2				Auf "−" Stop (leere Eingabe); sonst setze das linke "M"
2	|	R	4	−	R	3				Auf "|" (erstes Zeichen der nicht-leeren Eingabe) setze das Trennzeichen zur künftigen Kopie; auf "−" setze das letzte "|" des um zwei Felder verschobenen Blocks
3	|	R	2	|	R	3	−	L	14	Rechtslauf über den Rest der Eingabe, schreib das vorletzte "|"; auf "M" steht Zustand 3 nur, wenn von Zustand 5 gerufen – Abschlußlauf
4	M	L	5							Setze das rechte "M" hinter die nunmehr verschobene Eingabe ("Original")
										Kopier-Modul
5	−	R	3	−	L	6				Auf "−" Ende; sonst markiere das gelesene Zeichen des Originals
6	−	L	7	|	L	6				Linkslauf über Original

7	❙ R 8	❙ L 7	M R 10	Linkslauf über Kopie, schreib das zu kopierende Zeichen; auf M leite das Verschieben der gesamten Kette um ein Feld nach rechts ein
8	– R 9	❙ R 8		Rechtslauf (nach Kopieren) über Kopie
9	❙ L 5	❙ R 9		Rechtslauf über Original, schreib die in Zustand 5 gesetzte Marke um, leite eine neue Kopier-Schleife ein
				Verschiebe-Modul
10	– R 10	– R 11	– R 12	Von Zustand 7; schreib "–"
11	❙ R 10	❙ R 11	❙ R 12	schreib "❙"
12	M L 13			schreib das rechte "M"
13	– L 13	❙ L 13	M R 7	Verschieben beendet, Rücklauf zum linken "M", ruf den Kopier-Modul
				Finalisierung
14	– R 14	– L 15		Von Zustand 5 (über Zustand 3); in Zusammenwirken mit Zustand 15 werden die beiden "M"
15	❙ L 14	❙ L 15	❙ R 16	gelöscht, Original und Kopie werden um zwei Felder nach rechts verschoben
16	– L 0	❙ L 0		Stop auf dem Startfeld (das jetzt das erste Zeichen der Kopie trägt).

TM-Tabelle A7.6b

Beispiel im Text.

Aufgabe 7.7

(a)

```
A77a.TM
```

	–	A	B	Kommentar (Zustandsnamen zum Vergleich mit TM-Tabelle A7.7b)
				Initialisierung
1	– L 5	A R 1	B R 1	Eingabe leer? Sonst Rechtslauf über die Eingabe
				Kopier-Modul
5	– R 0	– L 6	– L 15	Auf "–" Kopieren beendet. Sonst markiere das gelesene Eingabe-Zeichen und rufe den entsprechenden Sub-Modul.
				Kopier-Sub-Modul "A"
6	– L 7	A L 6	B L 6	Kopierlauf über das Original

7	A R 13	A L 7	B L 7	Kopierlauf über die Kopie – schreib "A"
13	– R 14	A R 13	B R 13	Rücklauf nach Kopieren über die Kopie
14	A L 5	A R 14	B R 14	Rücklauf über das Original – schreib das "A" zurück
				Kopier-Sub-Modul "B"
15	– L 16	A L 15	B L 15	Kopierlauf über das Original
16	B R 22	A L 16	B L 16	Kopierlauf über die Kopie – schreib "B"
22	– R 23	A R 22	B R 22	Rücklauf nach Kopieren über die Kopie
23	B L 5	A R 23	B R 23	Rücklauf über das Original – schreib das "B" zurück

TM-Tabelle A7.7a

Beispiel im Text.

(b)

A77b.TM

	–	A	B	M	Kommentar
					Initialisierung
1	– R 26	– R 2	– R 3	M R 26	Leite Verschiebung der Eingabe ein (das geschriebene Leerzeichen wird das Trennzeichen zur künftigen Kopie sein)
2	A R 4	A R 2	A R 3		Zustände 2 und 3 verschieben das Original um ein Feld nach rechts
3	B R 4	B R 2	B R 3		
4	M L 5				Schreib ein zweites "M" rechts hinter das Original
					Kopier-Modul
5	– R 24	– L 6	– L 15		Selektion Kopierlauf; auf "–" Kopieren beendet
					Kopierlauf "A"
6	– L 7	A L 6	B L 6		Kopierlauf über Original
7	A R 8	A L 7	B L 7	M R 10	Von Zustand 6: Kopierlauf über Kopie; auf "M" ruf den Verschiebe-Modul; sonst (und von Zustand 14): schreib "A"
8	– R 9	A R 8	B R 8		Rücklauf über Kopie
9	A L 5	A R 9	B R 9		Rücklauf über Original, schreib "A" zurück, neue Kopierschleife

					Verschiebe-Modul "A"
10	− R 10	− R 11	− R 12	− R 13	Von Zustand 7; schreib "−"
11	A R 10	A R 11	A R 12	A R 13	Schreib "A"
12	B R 10	B R 11	B R 12	B R 13	Schreib "B"
13	M L 14				Schreib die rechte Marke − Ende Verschieben
14	− L 14	A L 14	B L 14	M R 7	Rücklauf Verschieben − auf dem linken "M" ruf wieder Zustand 7
					Kopierlauf "B"
15	− L 16	A L 15	B L 15		Von Zustand 5; Kopierlauf über Original wie Zustand 6
16	B R 17	A L 16	B L 16	M R 19	Entsprechend Zustand 7 (gerufen von Zustand 15 oder 23)
17	− R 18	A R 17	B R 17		Wie Zustand 8
18	B L 5	A R 18	B R 18		Rücklauf über Original, schreib "B" zurück, neue Kopierschleife; wie Zustand 9
					Verschiebe-Modul "B"
19	− R 19	− R 20	− R 21	− R 22	Wie Zustand 10
20	A R 19	A R 20	A R 21	A R 22	Wie Zustand 11
21	B R 19	B R 20	B R 21	B R 22	Wie Zustand 12
22	M L 23				Wie Zustand 13
23	− L 23	A L 23	B L 23	M R 16	Rücklauf Verschieben − auf dem linken "M" ruf wieder Zustand 16; wie Zustand 14
					Finalisierung
24		A R 24	B R 24	− L 25	Entferne die rechte Marke
25	− R 0	A L 25	B L 25		Suche das linke Ende des Originals und Stop
26	− L 0	A L 0	B L 0	M L 0	Stop bei Start auf "−" oder "M".

TM-Tabelle A7.7b

Beispiel im Text.

Aufgabe 7.7(b), eine Variante: Diese Lösung soll die Möglichkeit „strukturierten Programmierens" mit TMn andeuten (siehe Abschnitt 4.3). Gegenüber
A77b.TM (TM-Tabelle A7.7b) ist zwar nicht gerade viel gewonnen − natürlich
hängt der Umfang möglicher Einsparungen (von Zuständen, Quintupeln) vom
Umfang der mehrfach verwendbaren Moduln ab −, doch ist immerhin ein Prinzip demonstriert. Das Beispiel zeigt, daß ein größeres Alphabet Vorteile mit
sich brächte.

```
A77b1.TM
```

	−	A	B	M	Kommentar
1	− R 24	− R 2	− R 3	M R 24	Initialisierung (entspricht den Zuständen 1 bis 4 von `A77b.TM`)
2	A R 4	A R 2	A R 3		
3	B R 4	B R 2	B R 3		
4	M L 5				
					Kopier-Modul
5	− R 22	− L 6	− L 10		Entspricht Zustand 5 von `A77b.TM`
6	− L 7	A L 6	B L 6		Kopierlauf "A" und …
7	A R 8	A L 7	B L 7	A R 14	
8	− R 9	A R 8	B R 8		
9	A L 5	A R 9	B R 9		
10	− L 11	A L 10	B L 10		… Kopierlauf "B" entsprechen den Zuständen 6 bis 9 und 15 bis 18 von `A77b.TM`,
11	B R 12	A L 11	B L 11	B R 14	mit dem Unterschied, daß hier Zustand 7 und Zustand 11 (Zustand 16 von `A77b.TM`)
12	− R 13	A R 12	B R 12		den selben Verschiebe-Modul rufen. Der Verschiebe-Modul kann die Steuerung an
13	B L 5	A R 13	B R 13		den ihn jeweils rufenden Modul zurückgeben, weil der rufende Modul (gewissermassen) seinen Namen auf das Feld der linken Marke schreibt
					Verschiebe-Modul
14	− R 14	− R 15	− R 16	− R 17	Die Zustände 14 bis 17 entsprechen den Zuständen 10 bis 13 (beziehungsweise 19
15	A R 14	A R 15	A R 16	A R 17	bis 22) von `A77b.TM`. Anschließend muß `A77b.TM` nur mehr die linke Marke "M"
16	B R 14	B R 15	B R 16	B R 17	suchen; `A77b1.TM` aber muß die Gliederung auf dem Band in Original und Kopie „im Kurzzeit-Gedächtnis"
17	M L 18				registriert haben:
18	− L 19	A L 18	B L 18		Rücklauf über den bereits kopierten Teil des Originals

	−		A			B			M			Kommentar
19	⊢ L 20		A L 19			B L 19						Rücklauf über den noch nicht kopierten Teil des Originals
20	− L 21		A L 20			B L 20						Rücklauf über die Kopie
21			M R 7			M R 11						schreib "M", gib die Steuerung an den rufenden Zustand zurück (Erweiterung des Alphabets um ein Zeichen würde hier drei Zustände ersparen)
22			A R 22			B R 22			− L 23			Finalisierung; entspricht den Zuständen 24 bis 26 von A77b.TM.
23	− R 0		A L 23			B L 23						
24	− L 0		A L 0			B L 0			M L 0			

TM-Tabelle A7.7b1

Auszug aus einer Spur:

```
      MABB−A−ABBM
*  11                        (Die linke Marke wird in einem Kopierlauf "B" erreicht)
      BABB−A−ABBM
*  14
   (...)
      B−ABB−A−ABBM          (Ende des Verschiebens)
*  21
      M−ABB−A−ABBM          (Fortsetzen des Kopierlaufs)
*  11
      MBABB−A−ABBM
```

Aufgabe 7.8

```
A78.TM
```

	−		I		A		B		Kommentar
									Kommentar: Die vorgegebene Maschine 3BIBER2.TM findet sich als Zustände 5 bis 7 auf "−" und "I"
									Initialisierung
1	− L 2		− L 2						Schreib das Leerzeichen auf das Startfeld
2	A R 3		A R 3						Setz links davon die Marke "A",

| 3 | | − R | 4 | | | | | | | zurück nach rechts, |
| 4 | B L | 5 | B L | 5 | | | | | | setz rechts davon die Marke "B"; ruf den 3BIBER2-Modul auf das Leerzeichen zwischen "A" und "B" |

3BIBER2-Modul

5	I R	6	I L	7	− L	8	− R	9	Auf "A" oder "B" schreib ein Leerzeichen und
6	I L	5	I R	6	− L	10	− R	11	ruf die entsprechenden Marken-Versetzer −
7	I L	6	I R	0	− L	12	− R	13	sonst tue, was 3BIBER2.TM täte.

Marken-Versetzer

8	A R	5	A R	5	für Zustand 5
9	B L	5	B L	5	
10	A R	6	A R	6	für Zustand 6
11	B L	6	B L	6	
12	A R	7	A R	7	für Zustand 7
13	B L	7	B L	7	

TM-Tabelle A7.8

I I−I−I−I I−I I I I−I
       1

(Start auf beliebigem Feld einer beliebig gewählten Inschrift)

wird

I I−I−AI I I I I IBI−I
       0

Aufgabe 8.1

(b)

A81b.TM

	−	I	M
1			M R 2
2	− R 3	I R 2	M R 0
3	− R 3	I R 4	M R 0
4	− R 3	I R 5	M R 0
5	− R 6	I R 2	M R 0
6	− R 3	I R 0	M R 0

TM-Tabelle A8.1b

Aufgabe 8.2 Das „Fenster" ist durch

```
1      — R 2
2             | R 3
3             | R 4
4      — R 5
5             | R 0
```

dargestellt.

Aufgabe 8.3

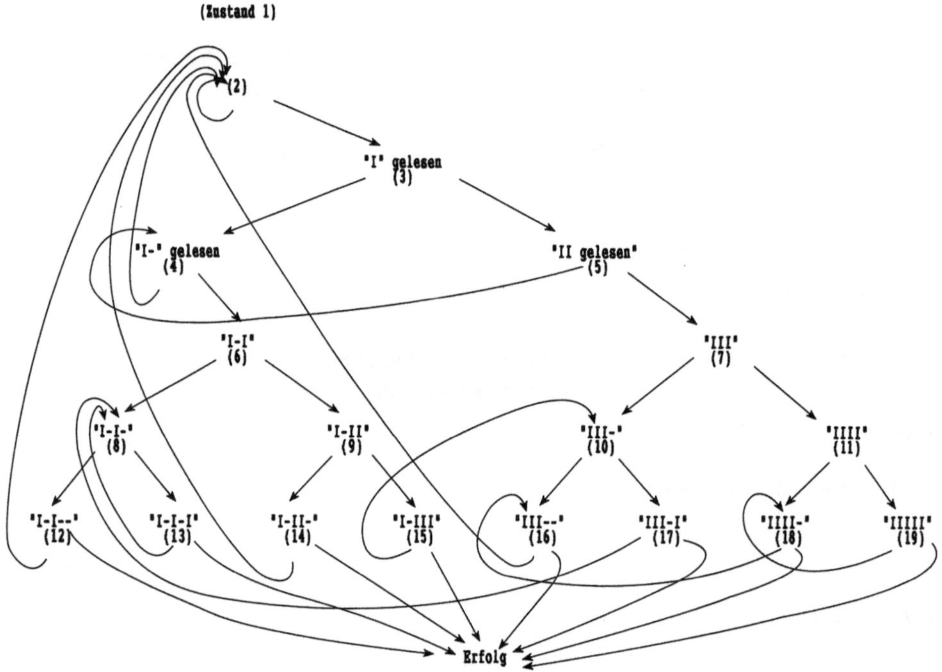

Abbildung A8.1

```
A83.TM
            —           |           M

1                                   M R  2      Initialisierung

2    — R  2      | R  3      M L 20      Such-Modul
3    — R  4      | R  5      M L 20
4    — R  2      | R  6      M L 20
5    — R  4      | R  7      M L 20
6    — R  8      | R  9      M L 20
7    — R 10      | R 11      M L 20
8    — R 12      | R 13      M L 20
```

```
 9   -  R 14    I  R 15    M L 20
10   -  R 16    I  R 17    M L 20
11   -  R 18    I  R 19    M L 20
12   -  R  2    I  R  0    M L 20
13   -  R  8    I  R  0    M L 20
14   -  R  2    I  R  0    M L 20
15   -  R 10    I  R  0    M L 20
16   -  R  2    I  R  0    M L 20
17   -  R  8    I  R  0    M L 20
18   -  R 16    I  R  0    M L 20
19   -  R 18    I  R  0    M L 20

20   -  L 20    I  L 20    M R 21    Finalisierung Mißerfolg
21   -  L  0    I  L  0    M L  0
```

TM-Tabelle A8.3

Aufgabe 8.4

(a) Unsere Lösung ist einfach eine Übertragung des schulmäßigen Divisionsver-
fahrens auf TM-Bedingungen. Diese Übertragung könnte man für das Binärsystem allgemein beschreiben wie folgt:

(0) Stelle einen Bandabschnitt Q bereit, in den – von links nach rechts
fortschreitend – der Quotient geschrieben werden kann; reserviere einen
anderen Bandabschnitt R für den Rest. Gegeben n-stelligen Divisor,
halte ein „Fenster" mit einer variablen Anzahl f von Stellen ($f = 0, 1, \ldots,$
$n + 1$) bereit; zu einem gegebenen Zeitpunkt hebt das Fenster f nebeneinander liegende Felder als den aktuell maßgeblichen Bandbereich
heraus. Die im Rahmen des Fensters jeweils erscheinende Zeichenkette
heiße „Minuend". Mit einer „Erweiterung nach rechts" wächst das Fenster (und der Minuend) um eine Stelle; das Fenster schrumpft, wenn der
Minuend durch eine kürzere Zeichenkette überschrieben wird. Zu Beginn liegt das Fenster ($f = 0$) unmittelbar links von der Eingabe (vom
Dividenden).
(1) Erweitere das Fenster um ein Feld nach rechts.
(2) Ist die durch den Minuenden dargestellte Zahl kleiner als der Divisor? Ja:
Geh nach (3), sonst nach (4).
(3) Schreib "0" nach Q. Geh nach (5).
(4) Schreib "1" nach Q. Überschreibe den Minuenden mit der Differenz
(Minuend – Divisor). Geh nach (5).
(5) Ist rechts vom Fenster noch eine Stelle des Dividenden vorhanden? Ja:
Geh nach (1), sonst nach (6).
(6) Schreib den Minuenden nach R. Lösche die führenden Nullen in Q. Stop.

Unser Lösungsentwurf A84a.TM besteht aus mehreren hintereinandergeschalte-
ten Finiten Automaten. Der Divisions-Modul stellt den Divisor 1010_2 als ein
System von Zustandsübergängen dar, in dem der jeweilige Minuend als das

Aktuell-Werden eines bestimmten Zustands erscheint. Der Quotient wird schrittweise auf die Bandfelder des Dividenden geschrieben.

Näheres ist dem Graphen Abbildung A8.2 und der TM-Tabelle A8.4a zu entnehmen. Die Knoten im Graphen stehen für die Zustände des Divisions-Moduls (Verweis durch die Zahlen in Klammern). Der jeweilige Zustandsübergang nach dem Lesen eines "0" ("1") wird durch einen Zweig nach links (rechts) dargestellt. Die gelesenen Ketten bezeichnen den Stand der Fortschreibung des Minuenden vor dem Erreichen des betreffenden Zustands. Bleibt nach dem Lesen des aktuellen Zeichens die durch den Minuenden dargestellte Zahl kleiner als 1010_2, so schreibt A84a.TM "0" in den Quotienten, im andern Fall "1". Nach dem Lesen des Trennzeichens schreibt unsere Maschine den bis dorthin „intern fortgeschriebenen" Minuenden als Rest an, löscht die führenden Nullen des Quotienten und hält.

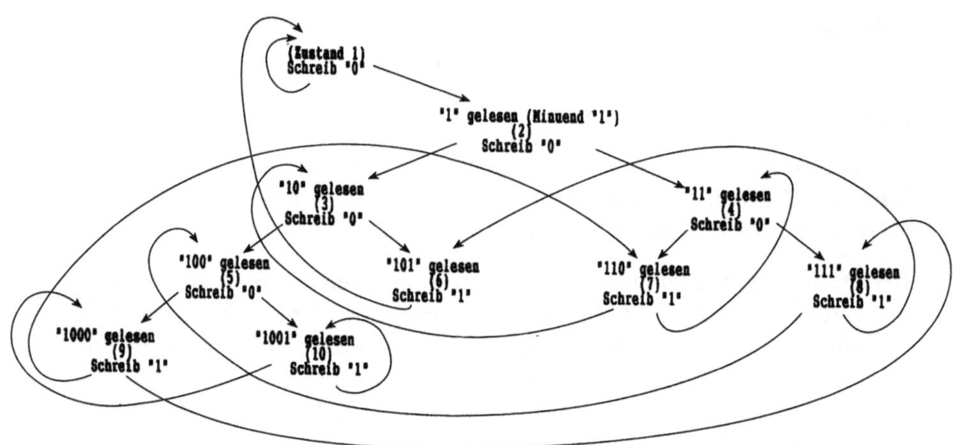

Abbildung A8.2

```
A84a.TM
```

	–	0	1	Kommentar
				Divisions-Modul – schreibt den Quotienten bündig (mit führenden Nullen) über den Dividenden
1	– R 11	0 R 1	0 R 2	Der Minuend ist (bisher) "0"; auf "–" ruf den Rest-Modul
2	– R 12	0 R 3	0 R 4	(auch die anderen Zustände entsprechend Abbildung A8.2)
3	– R 13	0 R 5	0 R 6	
4	– R 14	0 R 7	0 R 8	
5	– R 15	0 R 9	0 R 10	
6	– R 16	1 R 1	1 R 2	
7	– R 17	1 R 3	1 R 4	
8	– R 18	1 R 5	1 R 6	

	—	0	1	
9	— R 19	1 R 7	1 R 8	
10	— R 20	1 R 9	1 R 10	
				Rest-Modul – schreibt den im rufenden Zustand „gespeicherten" Minuenden binär als Rest an
11	0 L 21			Gerufen von Zustand 1, schreib "0", ruf den Finalisierungs-Modul
12	1 L 21			Von Zustand 2, schreib "1"
13	1 R 11			Von 3, schreib "10" (mit Hilfe von Zustand 11)
14	1 R 12			4, schreib "11" (mit Hilfe von Zustand 12)
15	1 R 26			5, schreib "100" (mit Hilfe der Zustände 26 und 11)
16	1 R 27			6, schreib "101" (mit Hilfe der Zustände 27 und 12)
17	1 R 13			7, schreib "110" (mit Hilfe der Zustände 13 und 11)
18	1 R 14			8, schreib "111" (mit Hilfe der Zustände 14 und 12)
19	1 R 28			9, schreib "1000" (mit Hilfe der Zustände 28, 26 und 11)
20	1 R 29			10, schreib "1001" (mit Hilfe der Zustände 29, 27 und 12)
				Finalisierung
21	— L 22	0 L 21	1 L 21	Linkslauf über den Divisions-Rest
22	— R 23	0 L 22	1 L 22	Linkslauf über den Quotienten
23	— L 24	— R 23	1 L 25	Rechtslauf über den Quotienten: lösch die führenden Nullen
24	0 L 25			Waren nur Nullen im Quotienten, so schreib jetzt Quotient 0
25	— R 0			
				Hilfs-Modul für das Anschreiben der Divisions-Reste
26	0 R 11			
27	0 R 12			
28	0 R 26			
29	0 R 27			

TM-Tabelle A8.4a

(b)

```
A84b.TM
```

	—	0	1

Divisions-Modul (unverändert aus TM-Tabelle A8.4a)

	—	0	1
1	— R 11	0 R 1	0 R 2
2	— R 12	0 R 3	0 R 4

```
 3    -  R 13     0 R   5      0 R   6
 4    -  R 14     0 R   7      0 R   8
 5    -  R 15     0 R   9      0 R  10
 6    -  R 16     1 R   1      1 R   2
 7    -  R 17     1 R   3      1 R   4
 8    -  R 18     1 R   5      1 R   6
 9    -  R 19     1 R   7      1 R   8
10    -  R 20     1 R   9      1 R  10
```

Rest-Modul (vereinfacht: es ist jeweils nur eine Stelle anzuschreiben)

```
11    0  L 21
12    1  L 21
13    2  L 21
14    3  L 21
15    4  L 21
16    5  L 21
17    6  L 21
18    7  L 21
19    8  L 21
20    9  L 21
```

Finalisierung (unverändert aus TM-Tabelle A8.4a)

```
21    -  L 22     0 L 21      1 L 21
22    -  R 23     0 L 22      1 L 22
23    -  L 24     - R 23      1 L 25
24    0  L 25
25    -  R  0
```

TM-Tabelle A8.4b

(c)

```
A84c.TM
                 -        0        1        2    ...    8        9
```

Divisions-Modul (unverändert aus TM-Tabelle A8.4b)

```
 1    -  R 11     0 R   1      0 R   2
 2    -  R 12     0 R   3      0 R   4
 3    -  R 13     0 R   5      0 R   6
 4    -  R 14     0 R   7      0 R   8
 5    -  R 15     0 R   9      0 R  10
 6    -  R 16     1 R   1      1 R   2
 7    -  R 17     1 R   3      1 R   4
 8    -  R 18     1 R   5      1 R   6
 9    -  R 19     1 R   7      1 R   8
10    -  R 20     1 R   9      1 R  10
```

Rest-Modul (aus TM-Tabelle A8.4b, ergänzt um die erforderlichen Verschiebe-Quintupel)

```
11    0 L 21    0 R 11    0 R 12    0 R 13  ...  0 R 19    0 R 20
12    1 L 21    1 R 11    1 R 12    1 R 13  ...  1 R 19    1 R 20
```

```
13    2 L 21    2 R 11    2 R 12    2 R 13  ...  2 R 19    2 R 20
14    3 L 21    3 R 11    3 R 12    3 R 13  ...  3 R 19    3 R 20
15    4 L 21    4 R 11    4 R 12    4 R 13  ...  4 R 19    4 R 20
16    5 L 21    5 R 11    5 R 12    5 R 13  ...  5 R 19    5 R 20
17    6 L 21    6 R 11    6 R 12    6 R 13  ...  6 R 19    6 R 20
18    7 L 21    7 R 11    7 R 12    7 R 13  ...  7 R 19    7 R 20
19    8 L 21    8 R 11    8 R 12    8 R 13  ...  8 R 19    8 R 20
20    9 L 21    9 R 11    9 R 12    9 R 13  ...  9 R 19    9 R 20
```

Finalisierung (aus TM-Tabelle A8.4a, ergänzt beziehungsweise vereinfacht)

```
21    — L 22    0 L 21    1 L 21    2 L 21 ...  8 L 21    9 L 21
22    — R 23    0 L 22    1 L 22
```

Auf "1" wie Zustand 1 (Iteration der Rest-Ermittlung):

```
23    — R  0    — R 23    0 R  2
```

TM-Tabelle A8.4c

Aufgabe 8.5

(a)

```
A85a.TM
          —        |        M        A        B        C        D
Kommentar

Initialisierung
  1                         M R  2
Auf "M" Erfolg (die Zielkette war leer);
sonst wie Zustand 3
  2   A R  4    B R  7    M R  0

Such-Modul
Auf "M" Erfolg (es ist das "M" hinter der Zielkette);
sonst markiere das gelesene Zeichen der Zielkette
  3   A R  4    B R  7    M R 15

Sub-Modul 1: Zustand 3 hat "—" gelesen
Rechtslauf über die Zielkette
  4   — R  4    | R  4    M R  5
```

Rechtslauf über die Suchkette;
auf "A" oder "B": dies ist nicht die erste Schleife im aktuellen Such-Zyklus;
auf "—": Erfolg der ersten Schleife
auf "|": Mißerfolg der ersten Schleife; markiere alle folgenden, nebeneinander stehenden "|",
um unnötige Such-Zyklen zu vermeiden
auf "M": das rechte Ende der Suchkette ist erreicht, die Zielkette ist in der Suchkette nicht
enthalten

```
  5   A L 10    D R  5    M L 17    A R  6    B R  6    C R  5    D R  5
```

Von Zustand 5: dies ist nicht die erste Schleife im aktuellen Such-Zyklus; Rechtslauf über die in
diesem Zyklus bereits erfolgreich verglichenen Zeichen der Suchkette;
auf "−": Erfolg dieser Such-Schleife, markiere das Zeichen
auf " I ": Mißerfolg der Schleife, also des ganzen Zyklus
auf "M": wie Zustand 5

 6 A L 10 I L 12 M L 17 A R 6 B R 6

Sub-Modul 2: Zustand 3 hat " I " gelesen
Entspricht Zustand 4

 7 − R 7 I R 7 M R 8

Entspricht Zustand 5

 8 C R 8 B L 10 M L 17 A R 9 B R 9 C R 8 D R 8

Entspricht Zustand 6

 9 − L 12 B L 10 M L 17 A R 9 B R 9

Sub-Modul 3: Linkslauf Erfolg der Such-Schleife
Von Zustand 5, 6, 8 oder 9 – Linkslauf über die Suchkette

10   M L 11 A L 10 B L 10 C L 10 D L 10

Linkslauf über den in diesem Such-Zyklus noch nicht verglichenen Rest der Zielkette; leite eine
neue Such-Schleife dieses Zyklus ein

11 − L 11 I L 11   − R 3 I R 3

Sub-Modul 4: Linkslauf Mißerfolg der Such-Schleife
Von Zustand 6 oder 9; mach im Linkslauf über die Suchkette die in diesem Zyklus (von Zustand
5, 6, 8 oder 9) gesetzten Markierungen ("A" oder "B") rückgängig; markiere das erste nicht
markierte "−" (" I ") rechts von "M", "C" oder "D" mit "C" ("D")

12 C L 13 D L 13 M R 12 − L 12 I L 12 C R 12 D R 12

Linkslauf über den bereits – erfolglos – verglichenen Teil der Suchkette

13   M L 14   C L 13 D L 13

Linkslauf über die Zielkette, mach alle Markierungen rückgängig; auf dem linken "M" leite einen
neuen Such-Zyklus ein

14 − L 14 I L 14 M R 3 − L 14 I L 14

Finalisierung Erfolg
Von Zustand 3; mach die Markierungen der Suchkette rückgängig

15 − L 16 I L 16 M L 16 − R 15 I R 15 − R 15 I R 15

Stop hinter dem letzten Zeichen der gefundenen Kette

16 − R 0 I R 0

Finalisierung Mißerfolg
Von Zustand 5, 6, 8 oder 9; Linkslauf über die Suchkette, mach alle Markierungen rückgängig

17   M L 18 − L 17 I L 17 − L 17 I L 17

Mach die Markierungen der Zielkette rückgängig

18 − L 18 I L 18 M R 19 − L 18 I L 18

Stop auf dem linken "M"

19 − L 0 I L 0

TM-Tabelle A8.5a

(b) eine Variante

Grundgedanke dieses alternativen Entwurfs ist, die unproduktiven Züge des Hin-und-Herlaufens zwischen Zielkette und Fenster nach Möglichkeit zu vermeiden. In der Initialisierung „überlagert" unsere TM die Zielkette dem Anfang der Suchkette – derart, daß zu jedem Zeitpunkt für jedes Bandfeld dieser Superposition effektiv festgestellt werden kann, welches Zeichen der Suchkette und welches Zeichen der Zielkette auf ihm festgehalten sind. Die Marken "A", "B", "C" und "D" werden hier folgendermaßen verwendet:

Ursprüngliches Zeichen der Suchkette:	–	I	–	I
Überlagertes Zeichen der Zielkette:	–	–	I	I
Zeichen der Superposition:	A	B	C	D

Liest also die TM beispielsweise ein "C", so bedeutet dies in der intendierten Interpretation, daß auf diesem Feld ursprünglich ein "–" der Suchkette stand, das mit einem "I" der Zielkette überlagert wurde.

Im Verlauf dieser Initialisierung entsteht ein Fenster aus Marken, das leicht schrittweise nach rechts verschoben und während der Verschiebung auf Identität mit der Zielkette geprüft werden kann: enthält das Fenster ausschließlich "A" und "D", so ist die Zielkette in der Suchkette gefunden. Solange während einer Verschiebung nur "A" und/oder "D" geschrieben wird, pendelt der Verschiebe-Modul unserer Maschine zwischen den Zuständen 2 und 4. Ist jedoch einmal ein "B" oder ein "C" geschrieben worden, so ist der laufenden Verschiebe-Schleife kein Sucherfolg beschieden; die Aufgabe der Verschiebung geht auf die Zustände 3 und 5 über.

```
A85b.TM
            –        I        M        A        B        C        D
```
Kommentar ("S" abkürzend für "Zeichen der Suchkette", "Z" für "Zeichen der Zielkette")

Verschiebe- und Vergleich-Modul

"M": beginne Initialisierung.

Sonst: Beginne einen neuen Verschiebe- und Vergleich-Zyklus;

"A": schreib S "–", dem S auf dem rechten Nachbarfeld muß das Z "–" überlagert werden

"B": schreib S "I", verschieb Z "–"

"C": schreib S "–", verschieb Z "I"

"D": schreib S "I", verschieb Z "I"

```
  1                        MR 7   – R 2   I R 2   – R 4   I R 4
```

Überlagere dem vorgefundenen S das Z "–": *Such-Erfolg ist immer noch möglich*

"–": Verschiebe-Schleife beendet – Such-Erfolg

"I": Verschiebe-Schleife mit Mißerfolg beendet, leite neue Schleife ein

"M": Die Zielkette ist in der Suchkette nicht enthalten

"A": S war "–", schreib "A"; Z war "–", verschieb Z "–"

"B": S war "I", schreib "B" (Such-Erfolg ist in dieser Such-Schleife nicht möglich); verschieb Z "–"

"C": S war "–", schreib "A"; verschieb Z "I"

"D": S war "I", schreib "B" (Such-Erfolg ist in dieser Such-Schleife nicht möglich); verschieb Z "I"

```
  2  AL 16   BL 6   ML 19   AR 2   BR 3   AR 4   BR 5
```

Überlagere dem vorgefundenen S das Z "–" – *Such-Erfolg ist in dieser Schleife nicht möglich*
"–" und " I ": leite neue Verschiebe-Schleife ein
"M": Mißerfolg des Laufs insgesamt
"A", "B", "C" und "D": wie 2, es können aber nur mehr die Zustände 3 und 5 gerufen werden
  3 A L 6   B L 6   M L 19   A R 3   B R 3   A R 5   B R 5

Überlagere dem vorgefundenen S das Z " I ": *Such-Erfolg ist immer noch möglich*
"–": Verschiebe-Schleife mit Mißerfolg beendet, leite neue Schleife ein
" I ": Verschiebe-Schleife beendet – Such-Erfolg
"M": Mißerfolg des Laufs insgesamt
"A", "B", "C" und "D" wie Zustand 2, aber eben mit Überlagerung von Z " I "
  4 C L 6   D L 16   M L 19   C R 3   D R 2   C R 5   D R 4

Überlagere dem vorgefundenen S das Z " I " – *Such-Erfolg ist in dieser Schleife nicht möglich*
"–" und " I ": leite neue Verschiebe-Schleife ein
"M": Mißerfolg des Laufs insgesamt
"A", "B", "C" und "D": wie 3, aber mit Überlagerung von Z
" I "; es können nur mehr die Zustände 3 und 5 gerufen werden
  5 C L 6   D L 6   M L 19   C R 3   D R 3   C R 5   D R 5

Linkslauf nach einer erfolglosen Verschiebung der Zielkette
  6 – R 1   I R 1   M R 1   A L 6   B L 6   C L 6   D L 6

Initialisierung: Einrichten des Fensters in der Suchkette
Markiere das gelesene Zeichen der Zielkette
  7 A R 8   D R 10   M R 14

7 hat "–" gelesen; Rechtslauf über den Rest der Zielkette
  8 – R 8   I R 8   M R 9

Rechtslauf über den bereits eingerichteten Teil des Fensters; überlagere dem nächsten „freien"
S das Z "–"; auf "M" Abbruch des Laufs
  9 A L 12   B L 12   M L 19   A R 9   B R 9   C R 9   D R 9

7 hat " I " gelesen; Rechtslauf über den Rest der Zielkette
10 – R 10   I R 10   M R 11

Rechtslauf über den bereits eingerichteten Teil des Fensters; überlagere dem nächsten "freien"
S das Z "–"; auf "M" Abbruch des Laufs
11 C L 12   D L 12   M L 19   A R 11   B R 11   C R 11   D R 11

Linkslauf über das Fenster
12   M L 13   A L 12   B L 12   C L 12   D L 12

Linkslauf über die Zielkette; schreib die von Zustand 7 gesetzte Marke um, starte eine neue
Kopier-Schleife
13 – L 13   I L 13   – R 7   I R 7

Einrichtung des Fensters ist abgeschlossen: prüf, ob nur "A" und/oder "D" im Fenster stehen (das
wäre ein sofortiger Such-Erfolg); auf "B" oder "C" leite einen Verschiebe-Zyklus ein; auf "M"
war die Zielkette leer
14 – L 15   I L 15   M L 16   A R 14   B L 6   C L 6   D R 14

Für den Eingabe-Fall "MMM"

15   M R 0   A L 16   D L 16

Finalisierung Erfolg
Linkslauf über das Fenster

16 – R 17 | R 17   M R 17   A L 16   D L 16

Rechtslauf über das Fenster, entferne die Marken

17 – L 18 | L 18   M L 18   – R 17 | R 17

Stop rechts hinter der gefundenen Kette

18 – R 0 | R 0   M R 0

Finalisierung Mißerfolg
Von Zustand 2, 3, 4, 5, 9 oder 11; Linkslauf über die Suchkette, entferne die Marken im Fenster

19 – L 19 | L 19   M L 20   – L 19 | L 19   – L 19 | L 19

Linkslauf über die Zielkette, entferne die Marken (falls Zustand 19 von Zustand 9 oder 11 gerufen wurde)

20 – L 20 | L 20   M R 21   – L 20 | L 20

Stop auf dem ersten "M"

21 – L 0 | L 0   M L 0

TM-Tabelle A8.5b

```
      M | | – | M | | – – – | – | | | – | – | M
   *   1
      (...)
      M | | – | M D D A C | – | | | – | – | M        (nach Einrichten des Fensters)
   *         7
      (...)
      M | | – | M | | C C B C | | | – | – | M        (typische Verschiebe- und Vergleich-Schleife)
   R           14535
      M | | – | M | | – C D A D | | – | – | M
   L           6666
      (...)
      M | | – | M | | – – – | – D D B C | – | M       (Erfolg)
   R              14424
      M | | – | M | | – – – | – | D D A D – | M
   *                16
      (...)
      M | | – | M | | – – – | – | | | – | – | M
   *                0
```

Aufgabe 8.6

```
SORTAB.TM
```

	—	A	B	Kommentar
1	— L 4	B L 2	B R 1	Auf "–" Ende; sonst such das nächste "A" rechts und schreib es um in "B"
2	— R 3	A R 3	B L 2	Such das nächste "A" (oder "–") links, rechts daneben steht das erste "B"
3			A R 1	Schreib dieses "B" um in "A", leite eine neue Schleife ein
4	— R 0	A L 4	B L 4	Finalisierung

TM-Tabelle A8.6

Aufgabe 8.7

(a)

```
A87.TM
```

	—	<	>	L	R	Kommentar
1	K R 0	L R 2	R R 4		> R 1	Auf "–" Ende Erfolg (auch die „leere Klammerung" – zu unterscheiden von der „leeren Klammer" – ist korrekt) Auf ">" Ende Mißerfolg (eine öffnende Klammer fehlt) Sonst such rechts ein "<" und markiere es mit "L"; schreib dabei alle Marken "R" um
2	N R 0	< R 2	R L 3		R R 2	Auf "–" Ende Mißerfolg (eine schließende Klammer fehlt) Sonst such rechts das nächste ">" und markiere es mit "R"; überspring dabei alle "<" und "R".
3		< L 3		< R 1	R L 3	Such links die von Zustand 1 gesetzte Markierung; mach sie rückgängig und leite eine neue Schleife ein
4	N R 0	< R 4	> R 4			Von Zustand 1: Finalisierung Mißerfolg

TM-Tabelle A8.7

```
<<<><<>><<>><>>      wird     <<<><<<>><<><<>>>K−
1                                                0
```

(b) Ein Finiter Automat müßte im „Kurzzeitgedächtnis" des Systems seiner Zustandsübergänge die Anzahl der jeweils unerledigten "<" registrieren; das ist unter der (in der Aufgabe stillschweigend vorausgesetzten) Annahme zwar endlich, aber beliebig tiefer Verschachtelung der Klammerungen nicht möglich.

Aufgabe 9.2

UNBI-I2s.TM

	−	I	Kommentar
			Zustand 1 von UNBI-I.TM
1	− R 1−	− R 1I	Lesen und löschen;
1−	− L 1−−		
1I	− L 1I−	− L 1II	auf "−" war die Unärzahl nicht korrekt kodiert
1−−	− R 1−s−		auf "−" schreib "−",
1−s−	− L 1−−L		
1−−L	− L 1−−16		geh links nach 6;
1−−16	− L 6	I L 6	
1I−	I R 1I−−		von 1 I : schreib das von 1 gelöschte " I " zurück
1I−−	− L 0		und halte rechts hinter dem letzten korrekt gezählten Kode;
1II	− R 1Is−		auf " I " schreib "−",
1Is−	− L 1I−1		
1I−L	− L 1I−L2		geh links nach 2.
1I−L2	− L 2	I L 2	
			Zustand 2
2	− R 2−	− R 2I	Lesen und löschen;
2−	− L 2−−		
2I		− L 2II	
2−−	− R 2−s−		auf "−" schreib "−",
2−s−	− L 2−−L		
2−−L	− L 2−−L3		geh links nach 3;
2−−L3	− L 3	I L 3	
2II	I R 2IsI		auf " I " schreib " I ",
2IsI	I L 2IIL		
2IIL		I L 2IIL2	geh links nach 2.
2IIL2	− L 2	I L 2	

```
                                                   Zustand 3
     3      — R     3—      — R      3I           Lesen und löschen;
     3—     — L     3——     — L      3——
     3I     — L     3I—

     3——    | R     3—s1                          auf "—" oder "0" schreib "1",
     3—s1   — L     3—1R
     3—1R                   | R  3—1R4            geh rechts nach 4;
     3—1R4  — R      4

     3I—    | R     31s1                          auf "1" schreib "1",
     31s1   — L     311L
     311L                   | L  311k3            geh links nach 3.
     311k3  — L      3      | L     3

                                                   Zustand 4
     4      — R     4—      — R      4I           Lesen und löschen;
     4—     — L     4——
     4I     — L     4I—

     4——    — R     4—s—                          auf "—" schreib "—",
     4—s—   — L     4——R
     4——R   — R   4——R5                           geh rechts nach 5;
     4——R5  — R      5

     4I—    — R     41s0                          auf "1" schreib "0",
     41s0   | L     410R
     410R   — R   410R4                           geh rechts nach 4.
     410R4                  | R      4

                                                   Zustand 5
     5      — R     5—      — R      5I           Lesen und löschen;
     5—     — L     5——
     5I                     — L     5II

     5——    | R     5—sI                          auf "—" schreib " I ",
     5—sI   | L     5—IR
     5—IR   | R   5—IR1                           geh rechts nach 1;
     5—IR1  | R      1

     5II    | R     5IsI                          auf " I " schreib " I ",
     5IsI   | L     5IIR
     5IIR   | R   5IIR5                            geh rechts nach 5.
     5IIR5  | R      5

                                                   Zustand 6
     6      — R     6—      — R      6I           Lesen und löschen;
     6—     — L     6——
     6I                     — L     6II

     6——    — R     6—s—                          auf "—" schreib "—",
     6—s—   — L     6——R
```

```
6--R        - R  6--R0                        geh rechts und halte;
6--R0       - R     0

  6II       I R   6IsI                        auf " I " schreib " I ",
  6IsI      I L   6IIL
  6IIL                        I L  6IIL6      geh links nach 6.
  6IIL6     - L      6        I L     6
```

TM-Tabelle A9.2


```
| | | | | | | | | | |      wird      |-|--|--| | | | | | | | | | |
1                                            0
```


Aufgabe 9.3

```
BIUN2z.TM
                   -              I         Kommentar

                                           Zustand 1 von BIUN.TM
   1      - L  2      - L   4               Lesen (nach links fortschreitend)
   2      - R  3      - R   5               "-" gelesen
   3      - R 12                            "--" (BIUN.TM: "-") gelesen, Ende; geh rechts in
                                            BIUN-Zustand 5
   4      I L  1                            "-I" ("0") gelesen, vollende " I -", geh links, bleib in
                                            BIUN-Zustand 1
   5      I R  6                            " I -" ("1") gelesen, vollende "- I ", geh rechts in
                                            BIUN-Zustand 2

                                           Zustand 2
   6      - R  7      I R   8               Lesen (nach rechts fortschreitend)
   7      - R  9      I R   6               Auf "-" ist der Kode "--" (das Trenn-"-" von
                                            BIUN.TM); geh rechts in BIUN-Zustand 3
                                            Auf " I " ist der Kode "- I ", weiter in BIUN-Zustand 2
   8      - R  6                            Der Kode ist " I -", weiter in BIUN-Zustand 2

                                           Zustand 3
   9      I L 10      I R   9               Wie Zustand 3 von BIUN.TM

                                           Zustand 4
  10      - L 11      I L  10               Wie Zustand 4 von BIUN.TM,
  11      - L  1                            überspring das zweite "-" des Kodes für das
                                            Trennzeichen, ruf wieder Zustand 1

                                           Zustand 5
  12      - R 14      - R  13               Lesen (nach rechts fortschreitend) und Löschen der " I -"
  13      - R 12
  14      - R  0                            Der Kode ist "--"
```

TM-Tabelle A9.3

Aufgabe 9.4

PREFIX.TM

```
                   —            |         Kommentar

                                          Initialisierung
   1      —  L  2      |  L  2            Schreib "C" vor die gegebene Kette
   2      C  R  3      C  R  3
   3      —  R  3      X  R  4
   4      X  R  5      |  R  3            Auf "|": "| |" gefunden
   5      A  R  3      X  R  6            Auf "—": "| ——" gefunden
   6      B  R  3      C  R  0            Auf "—": "|—|—", auf "|" "|—| |" gefunden
```

TM-Tabelle A9.4

Aufgabe 10.1

Übersichtlich angeordnet, ergibt sich die folgende Quintupel-Tabelle:

KIAB2qa.TM

(1 — — R 0) (2 — $\overline{-i}$ L 1)

(1 | $\overline{||}$ R 2) (2 | $\overline{ii}$ L 1)
(1 $\overline{|B}$ $\overline{|A}$ R 2)
(1 $\overline{|A}$ $\overline{||}$ R 2)
(1 $\overline{||}$ | R 1)

(1 A $\overline{AA}$ R 2) (2 A $\overline{ai}$ L 1)
(1 $\overline{AB}$ $\overline{AA}$ R 2)
(1 $\overline{AA}$ $\overline{A|}$ R 2)
(1 $\overline{A|}$ A R 1)

(1 B $\overline{BB}$ R 2) (2 B $\overline{bi}$ L 1)
(1 $\overline{BB}$ $\overline{BA}$ R 2)
(1 $\overline{BA}$ $\overline{B|}$ R 2)
(1 $\overline{B|}$ B R 1)

(1 $\overline{-i}$ | R 0) (2 $\overline{-i}$ $\overline{-a}$ L 1)
(1 $\overline{-a}$ A R 0) (2 $\overline{-a}$ $\overline{-b}$ L 1)
(1 $\overline{-b}$ B R 0)

(1 $\overline{ii}$ $\overline{||}$ R 2) (2 $\overline{ii}$ $\overline{ia}$ L 1)
(1 $\overline{ia}$ $\overline{|A}$ R 2) (2 $\overline{ia}$ $\overline{ib}$ L 1)
(1 $\overline{ib}$ $\overline{|B}$ R 2)

(1 $\overline{ai}$ $\overline{A|}$ R 2) (2 $\overline{ai}$ $\overline{aa}$ L 1)
(1 $\overline{aa}$ $\overline{AA}$ R 2) (2 $\overline{aa}$ $\overline{ab}$ L 1)
(1 $\overline{ab}$ $\overline{AB}$ R 2)

(1 $\overline{bi}$ $\overline{B|}$ R 2) (2 $\overline{bi}$ $\overline{ba}$ L 1)
(1 $\overline{ba}$ $\overline{BA}$ R 2) (2 $\overline{ba}$ $\overline{bb}$ L 1)
(1 $\overline{bb}$ $\overline{BB}$ R 2)

Abbildung A10.1

Schreiben wir nun die p-Zeichen und die m-Zeichen um,

p-Zeichen	Neues Zeichen	m-Zeichen	Neues Zeichen
$\overline{-i}$	C		
$\overline{-a}$	D		
$\overline{-b}$	E		
$\overline{ii}$	F	$\overline{\mathrm{I\,I}}$	P
$\overline{ia}$	G	$\overline{\mathrm{I A}}$	Q
$\overline{ib}$	H	$\overline{\mathrm{I B}}$	R
$\overline{ai}$	J	$\overline{\mathrm{A I}}$	S
$\overline{aa}$	K	$\overline{\mathrm{A A}}$	T
$\overline{ab}$	L	$\overline{\mathrm{A B}}$	U
$\overline{bi}$	M	$\overline{\mathrm{B I}}$	V
$\overline{ba}$	N	$\overline{\mathrm{B A}}$	W
$\overline{bb}$	O	$\overline{\mathrm{B B}}$	X

so erhalten wir die Tabelle einer auf unserer Software lauffähigen Maschine:

```
KIAB2qb.TM
```

Zeichen	Zustand 1	Zustand 2
—	— R 0	C L 1
I	P R 2	F L 1
R	Q R 2	
Q	P R 2	
P	I R 1	
A	T R 2	J L 1
U	T R 2	
T	S R 2	
S	A R 1	
B	X R 2	M L 1
X	W R 2	
W	V R 2	
V	B R 1	
C	I R 0	D L 1
D	A R 0	E L 1
E	B R 0	
F	P R 2	G L 1
G	Q R 2	H L 1
H	R R 2	

```
J      '      S R 2        K L 1
K             T R 2        L L 1
L             U R 2

M             V R 2        N L 1
N             W R 2        O L 1
O             X R 2
```

TM-Tabelle A10.1

Aufgabe 11.1 Nein. Die Vorschriften verletzen die Regel (3).

Aufgabe 12.2 KODE-PRF.TM akzeptiert alle Binär- und Ternärketten. Ketten, die als Programm für U.TM nicht in Frage kommen, werden an der zuerst aufgefundenen unstimmigen Stelle durch Buchstaben – "N" für „unstimmige Null", "E" für „unstimmige Eins", "Z" für „unstimmige Zwei", "L" für „unstimmiges Leerzeichen" – gekennzeichnet (Verstoß gegen die Voraussetzung (d) wird am ersten "0" des ersten Quintupels markiert).

Im Kommentar steht "LQ" für das linke, "RQ" für das rechte Quintupel eines Vergleichs.


```
KODE-PRF.TM
              -        0        1        2        N        E
```

Modul 1: Prüfung (a) (siehe Text der Aufgabe in Abschnitt 12.3)
Vor dem ersten Quintupel muß "2" stehen.
```
   1   L L 42    N L 42    E L 42    2 R  2
```
Das nächste Zeichen kann "0" oder "1" sein.
```
   2   L L 42    N R  3    E R  4    Z L 42
```
Früher oder später muß "1" kommen.
```
   3   L L 42    0 R  3    1 R  4    Z L 42
```
Rechts von diesem "1" steht "0" oder "1" für s_i.
```
   4   L L 42    0 R  5    1 R  5    Z L 42
```
Rechts von s_i steht "0" oder "1" für s_j; in diesem Fall ruf Modul 2. In allen anderen Fällen markiert Modul 1 das unstimmige Zeichen und ruft Modul 6 (Mißerfolg).
```
   5   L L 42    0 R  8    1 R  8    Z L 42
```

Modul 2: Prüfung (b)
Markiere das nächste Zeichen von q_i oder s_i; auf N oder E ist die von 9 gesetzte Marke auf s_j erreicht.
```
   6              N R 7    E R 7              N R 11   E R 11
```
Rechtslauf über die noch nicht verglichenen Zeichen von q_i und über s_i; entferne die von 9 gesetzte Marke von s_j (Mitte des Quintupels).
```
   7              0 R 7    1 R 7              0 R  8   1 R  8
```
Von 5: markiere d_j; von 7 oder 8: markiere ein Zeichen von q_j.
```
   8   L L 42    N L 9    E L 9    Z L 42    N R 8    E R 8
```

Linkslauf über die von 8 markierten Zeichen von q_j und d_j, markiere zusätzlich s_j (das heißt die Mitte des Quintupels, wenn dieses zulässig ist).

```
 9    L L 42   N L 10   E L 10   Z L 42   N L  9   E L  9
```

Linkslauf über s_i und die unmarkierten Zeichen von q_i, entferne die Marke in q_i.

```
10           0 L 10   1 L 10   2 R  6   0 R  6   1 R  6
```

Von 6: das nächste unmarkierte Zeichen rechts muß "–" (Ende der Ternärkette) oder "2" sein (Trennzeichen zum nächsten Quintupel).

```
11    – L 32   N L 42   E L 42   2 L 12   N R 11   E R 11
```

11 hat "2" gelesen; Linkslauf über die markierten Zeichen des Quintupels, markiere zusätzlich s_i.

```
12           N L 13   E L 13            N L 12   E L 12
```

Das Quintupel ist, als einzelnes, zulässig; Linkslauf zum Trennzeichen "2", ruf Modul 3.

```
13           0 L 13   1 L 13   2 R 14
```

Modul 3: Prüfung (c)

Sub-Modul 3a: Das nächste Quintupel (RQ) gehört zum selben Zustand wie LQ.

Markiere das nächste Zeichen in q_i von LQ. Auf "N" ist s_i erreicht und s_i ist, wie erwartet, "0"; es muß noch geprüft werden, ob s_i von RQ "1" ist. Auf "E" sind LQ und RQ nicht richtig angeordnet oder im Sinn von „Funktion" unverträglich.

```
14           N R 15   E R 20            0 R 23   1 R 45
```

14 hat "0" gelesen, Rechtslauf in LQ bis zur Marke von s_i, schreib die Marke um.

```
15           0 R 15   1 R 15            0 R 16   1 R 16
```

Fortsetzung Rechtslauf bis zum Trennzeichen zu RQ.

```
16                             2 R 17   N R 16   E R 16
```

Fortsetzung Rechtslauf in RQ bis zum nächsten unmarkierten Zeichen, markiere es ("–" und "2" sind unzulässig); auf "1" ruf Modul 3b: Prüfung, ob q_i von RQ gleich q_i von LQ plus 1 ist.

```
17    L L 42   N L 18   E L 29   Z L 42   N R 17   E R 17
```

Linkslauf bis s_i von LQ, markiere es.

```
18           N L 19   E L 19   2 L 18   N L 18   E L 18
```

Fortsetzung Linkslauf bis zur Marke in q_i; schreib die Marke um und ruf die nächste Vergleich-Schleife.

```
19           0 L 19   1 L 19            0 R 14   1 R 14
```

14 hat "1" gelesen, sonst wie 15.

```
20           0 R 20   1 R 20            0 R 21   1 R 21
```

Entspricht 16.

```
21                             2 R 22   N R 21   E R 21
```

Entspricht 17, indes ist "0" unzulässig.

```
22    L L 42   N L 42   E L 18   Z L 42   N R 22   E R 22
```

Von 14: Rechtslauf über den Rest von LQ, entferne die Marken.

```
23                             2 R 24   0 R 23   1 R 23
```

Fortsetzung Rechtslauf in RQ; das nächste unmarkierte Zeichen, s_i von RQ, muß "1" sein, da q_i von LQ = q_i von RQ und s_i von LQ "0" war. Tritt dieser Fall ein, so beginne mit Prüfung (b) in RQ.

```
24    L L 42   N L 42   1 R  9   Z L 42   0 R 24   1 R 24
```

Submodul 3b: q_i von RQ = q_i von LQ plus 1

Von 30. Rechtslauf über LQ: sind nur mehr Marken da, so schreib sie um, Prüfung (c) beendet. Für jede "1" aber ruf Prüfung, ob die entsprechende Stelle in q_i von RQ "0" ist.

```
25                    E R 26   2 R 31   0 R 25   1 R 25
```

Rechtslauf in q_i von LQ, schreib die Marke von s_i um.

| 26 | | 1 R 26 | | | 0 R 27 | 1 R 27 |

Rechtslauf in LQ bis zum Trennzeichen "2".

| 27 | | 2 R 28 | N R 27 | E R 27 |

Rechtslauf über die Marken in q_i von RQ, das nächste unmarkierte Zeichen gehört zu q_i und muß "0" sein.

| 28 | L L 42 | N L 29 | E L 42 | Z L 42 | N R 28 | E R 28 |

Von 17 oder 28: Linkslauf über die Marken in RQ und LQ. Markiere wieder s_i von LQ.

| 29 | | N L 30 | E L 30 | 2 L 29 | N L 29 | E L 29 |

Fortsetzung Linkslauf. In q_i von LQ dürfen bis zur Marke nur Einsen stehen.

| 30 | | 0 R 47 | 1 L 30 | | 0 R 25 | 1 R 25 |

Von 25: Prüfung (c) beendet, schreib die Marken in q_i von RQ um, das gelesene "0" oder "1" ist s_i von RQ, ruf Modul 2 zur Prüfung (2) in RQ.

| 31 | L L 42 | 0 R 9 | 1 R 9 | Z L 42 | 0 R 31 | 1 R 31 |

Modul 4: Prüfung (d)

Von 11: die Prüfungen (a), (b) und (c) sind erfolgreich abgeschlossen, das rechte Leerzeichen hinter dem Ternär-Kode ist erreicht. Lösch die Marken im letzten Quintupel. Auf "2" ruf Modul 5: Erfolg; auf "0" aber muß 33 prüfen, ob q_i führende Nullen aufweist.

| 32 | | 0 L 33 | 1 L 32 | 2 R 34 | 0 L 32 | 1 L 32 |

Auf "2" hat q_i führende Nullen: Mißerfolg.

| 33 | | 0 L 33 | 1 L 32 | 2 L 43 |

Modul 5: Finalisierung Erfolg

Rechtslauf im letzten Quintupel zum Leerzeichen, schreib "X".

| 34 | X L 35 | 0 R 34 | 1 R 34 |

Linkslauf über die geprüfte Ternärkette. Links davon ist der Arbeitsspeicher für U.TM zu schreiben, dessen letztes Zeichen immer "0" ist.

| 35 | 0 L 36 | 0 L 35 | 1 L 35 | 2 L 35 | 0 L 35 | 1 L 35 |

Das Zeichen links davon ist immer "1".

| 36 | 1 R 37 | 0 R 36 | 1 R 37 |

Suche das "1" von q_i des ersten Quintupels, oder das von 38 gesetzte "N" und schreib es um.

| 37 | | 0 R 37 | 1 L 38 | 2 R 37 | 0 L 38 |

Auf "2" ist das Kopieren der führenden Nullen beendet, sonst markiere das zu kopierende "0".

| 38 | | N L 39 | | 2 L 40 |

Linkslauf über die noch nicht kopierten Nullen und über den Arbeitsspeicher, schreib links davon "0".

| 39 | 0 R 36 | 0 L 39 | 1 L 39 | 2 L 39 |

Von 38: Letzter Linkslauf über den Arbeitsspeicher, schreib links davon "X".

| 40 | X R 41 | 0 L 40 | 1 L 40 |

Stop Erfolg.

| 41 | | 0 L 0 | 1 L 0 |

Modul 6: Finalisierung Mißerfolg

Linkslauf über die abgelehnte Ternärkette, schreib alle Marken (außer der vom rufenden Zustand gesetzten Fehlermarke) um, Stop Mißerfolg.

| 42 | — R 0 | 0 L 42 | 1 L 42 | 2 L 42 | 0 L 42 | 1 L 42 |

Von 33: Linkslauf über die abgelehnte Ternärkette.

```
43   — R 44    0 L 43    1 L 43    2 L 43
```

Setze eine Fehlermarke auf die erste führende Null in q_i des ersten Quintupels als Hinweis darauf, daß der Kode zwar korrekt, aber zu aufwendig ist.

```
44            N L 42              2 R 44
```

Von 14 oder 47: such das nächste "0" oder "1" rechts.

```
45            0 L 46    1 L 46    2 R 45    0 R 45    1 R 45
```

Markiere das unstimmige "1" (ein „Hacker" hätte dafür Zustand 1, 11 oder 28 rufen lassen, oder Zustand 44 adaptiert).

```
46            E L 42
```

Von 30: lauf über die von Zustand 30 geschriebenen Einser nach rechts.

```
47            1 R 47              0 R 45    1 R 45
```

TM-Tabelle A12.2

Aufgabe 13.1

(a) Nein, denn das Element 0 des Nachbereichs ist keinem Argument zugordnet.
(b) Nein, denn jede gegebene natürliche Zahl ist ggT von unendlich vielen Zahlenpaaren.
(c) Der Nachbereich muß als die Menge der geraden Zahlen definiert werden.

Aufgabe 13.2 Monoton, aber nicht streng monoton.

Aufgabe 13.3

(a) Entscheidbar.
(b) $\chi_{\mathrm{prim}}(k)$ kann, beispielsweise, folgendermaßen berechnet werden:
   (0) Eingabe ist ein Unär-Block K als Darstellung von k sowie ein Unärblock N, der beim Start genau ein " I " enthält.
   (1) Eine NCHFLGR.TM fügt dem Block N ein " I " an. Geh nach (2).
   (2) KOPIER.TM schreibt eine Kopie von N rechts neben N. Geh nach (3).
   (3) M.TM berechnet $n \cdot n = n^2$. Geh nach (4).
   (4) Eine leicht modifizierte VGL.TM vergleicht k mit n^2: Ist $k < n^2$, so Stop $\chi_{\mathrm{prim}}(k) = 1$; ist $k = n^2$, so Stop $\chi_{\mathrm{prim}}(k) = 0$; sonst lösche alles außer K und N, geh nach (5).
   (5) DIV.TM berechnet k / n: Ist der Rest gleich 0, so Stop $\chi_{\mathrm{prim}}(k) = 0$; sonst lösche alles außer K und N, geh nach (1).

Aufgabe 14.3 Sei MAXFELDANZ jene zahlentheoretische Funktion, die für jede natürliche Zahl n die maximale Anzahl der Bandfelder angibt, die eine auf dem leeren Band gestartete n-Zustände-TM über dem Alphabet $\{-, I\}$ lesen kann, bevor sie hält. Offenbar gilt

$$\mathrm{MAXFELDANZ}(n) \geq \Sigma(n),$$

das heißt: Auch die Funktion MAXFELDANZ steigt schneller als jede berechenbare Funktion, sie ist also nicht berechenbar. Andererseits wäre MAX-

FELDANZ trivialerweise berechenbar, wenn MAXBIZK berechenbar wäre, denn MAXFELDANZ(n) ist nichts anderes als die Länge von MAXBIZK(n).

Folgerung: MAXBIZK ist nicht berechenbar.

Aufgabe 14.4 Die Behauptung ist falsch. Es genügt, ein Gegenbeispiel anzugeben. Unter den fünf 3-Bibern (Lin/Rado *1965* 202) – alle schreiben sechs Zeichen – ist die Maschine

```
3BIBER1.TM
            -              |
  1      |  R 2        |  R 0
  2      -  R 3        |  R 2
  3      |  L 3        |  L 1
```

TM-Tabelle A14.41

mit vierzehn Zügen die „geschäftigste" (3BIBER2.TM aus Aufgabe 7.8 ist mit dreizehn Zügen fertig, der schnellste 3-Biber kommt mit elf Zügen aus). Die folgende TM,

```
3ZBIBER.TM
            -              |
  1      |  R 2        |  R 0
  2      |  L 2        -  R 3
  3      |  L 3        |  L 1
```

TM-Tabelle A14.42

ist der „Sieger" im Z(3)-Wettbewerb (ebenda); sie schreibt in einundzwanzig Zügen fünf " | ".

Aufgabe 14.5 Die einfachste Überlegung dürfte die folgende sein: Wäre $Z(n)$ berechenbar, so wäre das spezielle Halteproblem entscheidbar – man wüßte ja, daß eine auf dem leeren Band haltende n-Zustände-TM höchstens $Z(n)$ Züge machen kann.

Übrigens wäre mit $Z(n)$ daher auch $\Sigma(n)$ berechenbar (was freilich schon für ziemlich kleine n gewaltige Rechen-Kapazität voraussetzen würde). Für den umgekehrten Weg führt Rado die Abschätzung

$$\Sigma(n) \le Z(n) \le (n + 1) \cdot \Sigma(5 \cdot n) \cdot 2^{\Sigma(5 \cdot n)}$$

an (*1962* 884; *1963* 78); die rechts stehende Zahl ist bereits für $n = 1$ unvorstellbar groß.

Aufgabe 15.1

(a) Man lasse die terminalen Quintupel von T statt 0 einen ENDLOS-Modul rufen (siehe Abschnitt 14.4) und mache alle Quintupel mit dem Folgezustand q zu terminalen. Damit ist die Frage in das Halteproblem umgewandelt.

(b) Ein Entscheidungsverfahren für dieses Problem würde auch das spezielle Halteproblem entscheiden. Denn man könnte dem Alphabet einer beliebig gegebenen Maschine ein zusätzliches Zeichen anfügen und die terminalen Quintupel so ändern, daß sie (und nur sie) dieses Zeichen schreiben.

Aufgabe 15.2

(a)

```
A152a.TM
               -        0        1        N        E
```
Kommentar ("N" wird als Markierung von "0" verwendet, "E" für "1")

Modul 1: Kopiere die markierte BIZK

Auf "–" Ende Kopieren; sonst mach die im vorangehenden Kopier-Zyklus gesetzten Marken im Original rückgängig

```
1   -  R  7                       0 R  2    1 R  4
```
Zustand 1 hat "N" gelesen – Rechtslauf über das Original
```
2   -  R  3                       N R  2    E R  2
```
Rechtslauf über die Kopie, schreib "N"
```
3   N  L  6                       N R  3    E R  3
```
Zustand 1 hat "E" gelesen – Rechtslauf über das Original
```
4   -  R  5                       N R  4    E R  4
```
Rechtslauf über die Kopie, schreib "E"
```
5   E  L  6                       N R  5    E R  5
```
Linkslauf über Kopie und Original, leite eine neue Kopier-Schleife ein
```
6   -  L  6   0 R  1   1 R  1     N L  6    E L  6
```

Modul 1a: Wird der BIZKNF eine Stelle mehr haben als die aktuelle BIZK?

Von Zustand 1: enthält die Kopie nur "E" (die Marke für "1")?

Ja: schreib ein "N" rechts daneben zur Vorbereitung für BIZKNF
```
7   N  L  9                       N R  8    E R  7
```
Nein: Rechtslauf über die unveränderte Kopie
```
8   -  L  9                       N R  8    E R  8
```

Modul 2: BIZKNF

Auf "–" leite einen neuen Kopier-Zyklus ein.
```
9   -  R  1                       E L 10    N L  9
10  -  R  1                       N L 10    E L 10
```

TM-Tabelle A15.2a

Zur Konvergenz: Offenbar muß es stets dazu kommen, daß einer der Zustände 9 oder 10 das Leerzeichen links vom jeweils gerade etablierten Kode des BIZKNF liest; das betreffende Bandfeld wird im weiteren Verlauf der Berechnung nie wieder aufgesucht.

(b) Die unten angegebene Maschine ist auf der höchsten Stelle der eingegebenen Binärzahl ("BI") zu starten (bei Start auf dem leeren Band hält sie irregulär).

Die Zustände 8 und 9 sorgen für das Anwachsen der Stellenzahl von BIZK
("1..1" wird "0...0"), die Zustände 12 bis 14 für das Schrumpfen der Stellenzahl
von BI (10...0 wird 1...1).

```
A152b.TM
                 —        0        1        N        E

```

Modul 1: Initialisierung und Kopieren BIZK
BI beginnt mit 0: Finalisierung leere BIZK. BI beginnt mit 1: Verschiebe BI (Modul 2); sonst
leite Kopie des aktuellen Zeichens ("N" oder "E") ein und schreibe diesen Kode um.
Auf "—" ist die Kopie der BIZK fertig

```
 1    — R  8    — R 19    0 R  6    0 R  2    1 R  3
```

Rechtslauf "N"-gelesen, auf "1" ruf Modul 2

```
 2    — R  2              N R  6    N R  2    E R  2
```

Rechtslauf "E"-gelesen, auf "1" ruf Modul 2

```
 3    — R  3              E R  6    N R  3    E R  3
```

Von Zustand 7 nach Verschieben von BI (Modul 2); Linkslauf über die noch nicht kopierten
Zeichen von BIZK

```
 4    — L  4    0 R  1    1 R  1    N L  4    E L  4
```

Modul 2: Verschieben BI
"0" gelesen

```
 5    0 L  7    0 R  5    0 R  6
```

"1" gelesen

```
 6    1 L  7    1 R  5    1 R  6
```

Linkslauf über BI, auf "—" ruf Modul 4

```
 7    — L 10    0 L  7    1 L  7    N L  4    E L  4
```

Modul 3: Kopie BIZK fertig
Prüfe: besteht BIZK aus lauter "E"? Ja: "1" wird "0", "0" wird "E"

```
 8             E R  9    0 R  6    N R  9    E R  8
```

Schreib Trennzeichen, ruf Modul 5

```
 9                       — R 12    N R  9    E R  9
```

Modul 4: BIZKNF

```
10    — R  1                       E L 11    N L 10
11    — R  1                       N L 11    E L 11
```

Modul 5: Verschiebe BI und zähle dabei 1 herunter
Auf "—" reguläre Finalisierung

```
12    — L 20    1 R 13    1 R 17
```

Besteht BI in diesem Zwischenstadium nur aus Nullen? Ja: BI war von der Form 10...0 und wird
1...1

```
13    — L 14    0 R 13    0 R 17
```

Linkslauf BI-Verkürzung

```
14             1 L 14    1 L 15
```

Prüfe, ob Zustand 5 "0" geschrieben hat

```
15    — L 10    E R  9              N L  4    E L  4
```

Keine Verkürzung – "0" gelesen, subtrahiere 1
16   1 L 18   0 R 16   0 R 17
Keine Verkürzung – "1" gelesen, subtrahiere 1
17   0 L 7   1 R 16   1 R 17
Linkslauf Zweierübertragung, auf "–" ruf Modul 4
18   – L 10   1 L 18   0 L 7   N L 4   E L 4

Modul 6: Finalisierung
Die Eingabe war 0
19   – L 0
Zwischenschritt reguläre Finalisierung
20   – L 21
Ein letztes Mal BIZKNF und Umschreiben des Kodes.
21   – R 0   1 L 22   0 L 21
22   – R 0   0 L 22   1 L 22

TM-Tabelle A15.2b

(c)

```
A152c.TM
              –          0          1          N          E
```

Modul 1a: Kopiere BIZK
Auf "0" oder "1" entsprechende Initialisierung
 1   – R 5   – R 17   0 R 9   0 R 2   1 R 3
"N" gelesen, Rechtslauf über Original und Kopie; auf "1" ist BI erreicht, schreib "N" und ruf
Modul 2
 2   – R 2   N R 9   N R 2   E R 2
"E" gelesen, Rechtslauf über Original und Kopie; auf "1" ist BI erreicht, schreib "N" und ruf
Modul 2
 3   – R 3   E R 9   N R 3   E R 3
Zurück von Modul 2, Linkslauf Kopier-Schleife
 4   – L 4   0 R 1   1 R 1   N L 4   E L 4
Auf "–": die Eingabe war leer.
Sonst: Kopieren fertig, Rechtslauf über Kopie. Besteht sie aus lauter "E"? Nein – ruf Zustand 6;
Ja – markiere die führende 1 von BI für den nächsten Durchgang mit 0, ruf Verschiebung BI. Im
nächsten Durchgang schreib diese 0 in "E" um, Zustand 6 schreibt danach ein Trennzeichen
dahinter. Nach Verschiebung BI schreibt Zustand 7 lauter "N" (eines mehr, als BIZK Stellen
hatte)
 5   – L 0   E R 6   0 R 9   N R 6   E R 5
Rechtslauf über Kopie, schreib Trennzeichen, ruf Verschiebung BI
 6   – R 9   N R 6   E R 6

Modul 1b: BIZKNF (immer, wenn Zustand 6 das Trennzeichen schrieb)
Liest "–" nur, wenn lauter "E" ("1...1" wird "0...0")
 7   – R 1   E L 8   N L 7
BIZKNF; ruf neuen Kopier-Zyklus
 8   – R 1   N L 8   E L 8

Modul 2: Verschiebe BI und zähle 1 herunter
Auf "−" ist B leer, ruf Finalisierung; sonst schreib die in 1, 2, 3, 5 oder 6 gelöschte 1

  9   − L 18   1 R 10   1 R 14

Von 9: Lauter Nullen?

10   − L 11   0 R 10   0 R 14

Ja: Linkslauf, schreib statt der Nullen Einsen; auf der von Zustand 9 geschriebenen Eins ruf Rücklauf Kopie

11   1 L 11   1 L 12

Auf "−" (das Trennzeichen von 6) ruf Modul 1b; auf "N" oder "E" ruf Modul 1a (Rücklauf Kopier-Zyklus). 12 liest das von 5 geschriebene "0", falls sowohl BIZK aus lauter "E" als auch BI aus lauter Nullen besteht; in diesem Fall schreibt 12 (statt 5) das zusätzliche "E" der BIZK

12   − L 7   E R 6   N L 4   E L 4

0 gelesen, verschiebe BI

13   1 L 15   0 R 13   0 R 14

1 gelesen, verschiebe BI

14   0 L 16   1 R 13   1 R 14

Herunterzählen BI; auf "N" oder "E" ruf Modul 1a

15   1 L 15   0 L 16   N L 4   E L 4

Herunterzählen BI; auf "N" oder "E" ruf Modul 1a, auf "−" (das von 6 gesetzte Trennzeichen) ruf Modul 1b

16   − L 7   0 L 16   1 L 16   N L 4   E L 4

Modul 3: Finalisierung
Die Eingabe war 0

17   − L 0

Auf "−" Abbruch nach Schreiben des Trennzeichens; ruf Modul 3a; auf "0" wird BIZK "1..1" der BIZKNF "0...0"; auf "N" oder "E" Abbruch mitten im Kopieren – kopiere zu Ende

18   − L 19   N L 22   N L 24   E L 24

Modul 3a: Abbruch nach Schreiben des Trennzeichens durch 6
BIZKNF ohne Vermehrung der Stellenzahl

19   − R 21   E L 20   N L 19

BIZKNF ohne Vermehrung der Stellenzahl

20   − R 21   N L 20   E L 20

BIZKNF ohne Vermehrung der Stellenzahl, entferne die Marken

21   − R 17   0 R 21   1 R 21

BIZKNF "1...1" wird "0...0"

22   − R 23   N L 22

BIZKNF "1...1" wird "0...0", entferne die Marken

23   − L 0   0 R 23   1 R 23

Modul 3b: Kopiere zu Ende, aber schreib in der Kopie "0" statt "N" und "1" statt "E", um das finale Feld zu markieren
Linkslauf über die Kopie und die Marken des Orginals

24   − L 24   0 R 25   1 R 25   N L 24   E L 24

"0" oder "1" kopieren? Auf "−" Ende Kopie

25   − R 31   0 R 26   1 R 28

"N" gelesen, Lauf über Original

| 26 | − R 27 | | | N R 26 | E R 26 |

"N" gelesen, Lauf über Kopie

| 27 | 0 L 30 | 0 R 27 | 1 R 27 | N R 27 | E R 27 |

"E" gelesen, Lauf über Original

| 28 | − R 29 | | | N R 28 | E R 28 |

"E" gelesen, Lauf über Kopie

| 29 | 1 L 30 | 0 R 29 | 1 R 29 | N R 29 | E R 29 |

Linkslauf über Kopie

| 30 | − L 24 | 0 L 30 | 1 L 30 | N L 30 | E L 30 |

Modul 3c: BIZKNF nach Modul 3b

Such das Leerzeichen hinter der Kopie

| 31 | − L 32 | 0 R 31 | 1 R 31 | N R 31 | E R 31 |

BIZKNF, lösche den von Modul 3b markierten, überflüssigen Teil der Kopie

| 32 | − R 34 | − L 33 | − L 32 | E L 33 | N L 32 |

BIZKNF fertig, lösche den von Modul 3b markierten, überflüssigen Teil der Kopie

| 33 | − R 34 | − L 33 | − L 33 | N L 33 | E L 33 |

Schreibe den Kode im benötigten Teil der Kopie um.

| 34 | − L 0 | | | 0 R 34 | 1 R 34 |

TM-Tabelle A15.2c

Aufgabe 16.1

($\Rightarrow$) Wir betrachten die in Abbildung 16.3 angedeuteten „Diagonalen" (Zahlenfolgen, die von rechts oben nach links unten gelesen werden). Diese Diagonalen sind geordnet und können numeriert werden; die Nummer einer Diagonale ist in der Kopfzeile abzulesen. Die Diagonale, auf der der Schnittpunkt einer gegebenen Zeile x mit einer gegebenen Spalte y liegt, hat die Nummer $x + y$.

Da jede Diagonale genau eine Eintragung mehr hat als die vorangehende, ist die erste Zahl in der 0-Zeile stets die Summe $0 + 1 + 2 + \dots + (x + y)$. Eine einfache Überlegung zeigt, daß diese Summe auch durch die Formel $\frac{(x+y) \cdot (x+y+1)}{2}$ gegeben wird. Zu dieser Summe muß man nur mehr x addieren, um die dem Paar $(x\ y)$ zugeordnete natürliche Zahl zu erhalten.

($\Leftarrow$) Wenn wir umgekehrt die Elemente jenes Paars ermitteln wollen, dem eine vorgelegte Zahl n zugeordnet ist, müssen wir die Nummer jener Diagonale finden, in der n aufscheint. Nun ist diese Nummer, der eben angestellten Überlegung gemäß, die größte natürliche Zahl k, von der $\frac{k \cdot (k+1)}{2} \le n$ gilt. Wir haben also

$$k^2 + k \le 2 \cdot n,$$

also auch

$$k^2 + k + \tfrac{1}{4} \le 2 \cdot n + \tfrac{1}{4},$$

das heißt

$$(k + \tfrac{1}{2})^2 \le 2 \cdot n + \tfrac{1}{4},$$

und

$$k + \tfrac{1}{2} \leq \pm\sqrt{2 \cdot n + \tfrac{1}{4}},$$

nämlich

$$k \leq \pm\sqrt{2 \cdot n + \tfrac{1}{4}} - \tfrac{1}{2}.$$

Da negative Werte für unser Problem nicht in Frage kommen und k die größte natürliche Zahl sein soll, die unsere Ungleichungen erfüllt, ergibt sich das im Text genannte Ergebnis mit dem nächsten Schritt.

Aufgabe 16.2 GN–TAB.TM: Wir benötigen außer TERTAB.TM nur noch eine binäre Subtraktions-Maschine BIminus1.TM. Der Ablauf einer Berechnung:

GN–TAB.TM startet auf der Einer-Stelle der Gödelnummer

```
101
  1
```

Der Modul TERTAB.TM sucht nach der nächsten TM-Tabelle; der Sub-Modul TERZKNF.TM ist so ausgelegt, daß die Ternärketten linksbündig wachsen:

```
101-222-    wird    101-0000
```

Jede neue Ternärzahl wird dem Sub-Modul KODE–PRF.TM vorgelegt. Ist die Ternärzahl als Tabellen-Kode nicht zulässig, so berechnet TERZKNF.TM ihren Nachfolger. Andernfalls tritt BIminus1.TM in Aktion:

```
101-21000    wird    100-21000
```

BIminus1.TM prüft auch, ob die Gödelnummer nach der Subtraktion Null geworden ist, in welchem Fall die Berechnung terminiert; sonst wird wieder TERTAB.TM gerufen. Die terminale Momentaufnahme des Beispiels:

```
----210100
   0
```

TAB–GN.TM: Die Moduln sind hier TERTAB.TM (mit dem Sub-Modul TERZKNF.TM wie oben), BIplus1.TM und eine TERV.TM, die feststellt, ob zwei durch ein Leerzeichen getrennte Ternärketten gleich sind. TAB-GN.TM startet auf dem Ternär-Kode einer beliebigen TM-Tabelle, etwa

```
211101
   1
```

Rechts von der Eingabe baut TERZKNF.TM ihre Ternär-Kodes auf:

```
211101-00120
```

Sobald KODE-PRF.TM eine dieser Ketten für zulässig befunden hat, läuft TAB-GN.TM über die Eingabe nach links und der Modul BIplus1.TM addiert 1 zu der dort entstehenden Gödelnummer:

```
1-211101-210000
```

Hierauf vergleicht der Modul `TERV.TM` die Eingabe mit dem rechts von ihr stehenden Tabellen-Kode; sind die beiden Zeichenketten nicht gleich, so beginnt ein neuer Zyklus mit `TERZKNF.TM`. Im Fall der Gleichheit werden die beiden Ternärketten gelöscht und `TAB-GN.TM` hält mit der Gödelnummer der Eingabe:

```
1110------------------
   0
```

Diese beiden – den gewissermaßen primitivsten Vorstellungen entsprungenen – Maschinen brauchen schrecklich viel Zeit, nichtsdestoweniger erfüllen sie unsere Forderung nach Berechnung einer bijektiven Zuordnung Binärzahl $\leftrightarrow$ TM-Tabelle durchaus. Selbstverständlich gibt es weit effizientere Konstruktionen, die entsprechenden Maschinen werden aber mit wachsender Geschwindigkeit gedanklich und faktisch komplizierter. Der Leser könnte ja versuchen, für die bijektive Zuordnung Gödelnummer $\leftrightarrow$ TM-Tabelle geschlossene Ausdrücke zu finden, Formeln also, die eine direkte Berechnung der Gödelnummer aus der vorgelegten Tabelle und umgekehrt ermöglichen (dazu wäre anderen Gödelisierungen als der hier vorgeführten der Vorzug zu geben).

Im übrigen weisen wir noch darauf hin, daß die halb-lexikalische Reihenfolge unserer Aufzählung die TM-Tabellen nicht nach Zustand-Anzahlen ordnet; beispielsweise kommt die Tabelle einer 3-Zustände-TM

```
201000102100111121101000
```

vor der Tabelle der 2-Zustände-TM

```
201100102100001021010000
```

– ein Umstand, der sich mit etwas Aufwand beheben ließe.

Aufgabe 17.1

(a) Es sind einfach die Spuren terminierender Läufe im Hinblick auf die Ausgabe zu untersuchen. Für den Teil (b) der Aufgabe dürfen wir voraussetzen, daß die Gesamtmaschine Anfang und Ende der von ihr aufgezählten Zeichenketten markiert.

(b) Es stehe eine markierte Zeichenkette k auf dem sonst lerren Band.

    (1) Die unter (a) konstruierte Maschine kopiert die erste (nächste) von `EINE.TM` generierte Zeichenkette neben k.

    (2) Ein `VGL`-Modul vergleicht sodann die beiden Ketten und löscht die unter (1) generierte. Waren die Ketten gleich, so wird der Prozeß angehalten. Waren sie ungleich, so wird mit (1) fortgesetzt.

Aufgabe 17.2

(a) Sind die beiden Mengen A und B rekursiv aufzählbar, so existieren zwei Maschinen `A.TM` und `B.TM`, die dies leisten. Wir legen eine Maschine für das

Aufzählverfahren so an, daß (mit Hilfe von Kopier-, Vergleich- und Verschiebe-Moduln) ein bestimmter Bandabschnitt für die Vereinigungsmenge reserviert bleibt. Die Elemente von A und B werden nun abwechselnd von A.TM und B.TM generiert; jedes auf dem reservierten Bandabschnitt noch nicht vorhandene Element wird dorthin kopiert.

(b) Das Verfahren unter (a) wird folgendermaßen modifiziert. Die Mengen A und B werden durch wechselweises Generieren ihrer Elemente schrittweise auf zwei markierten Bandabschnitten gesammelt. Hat A.TM als Modul der Gesamtmaschine ein Element ausgeworfen, so prüfe:
 (1) Kommt das Element in der bisher generierten Teilmenge des Schnitts vor? Ja: Rufe sofort B.TM. Nein: Untersuche,
 (2) ob es im bereits generierten Teil von B vorkommt. Ja: Lösche das Element in B und kopiere es zur Schnittmenge. Nein: Kopiere es zu A, falls es dort nicht schon vorhanden ist. In beiden Fällen setze in entsprechender Weise mit B.TM fort.

(c) Diese beiden Verfahren können in gedanklich einfacher Weise auf beliebig aber endlich viele Mengen ausgedehnt werden.

Aufgabe 17.3 Charakteristische Funktionen der von TMn dieser Art aufgezählten Mengen sind mit Hilfe des Aufzählverfahrens einfach zu konstruieren. Will man von einem vorgelegten Element k wissen, ob es zu M gehört, so muß man das Aufzählverfahren ja nur bis zur Ausgabe jener Kette laufen lassen, die in der natürlichen Reihenfolge entweder gleich oder größer als k ist.

Aufgabe 17.4

(a) Rekursiv (Aufgabe 13.3).
(b) Rekursiv (das Alphabet einer TM mit k Quintupeln kann höchstens k Zeichen umfassen).
(c) Nicht rekursiv aufzählbar (Abschnitt 15.1).
(d) Rekursiv aufzählbar (siehe Abbildung 17.3 im folgenden Abschnitt).
(e) Unzureichende Definition.
(f) Nicht rekursiv aufzählbar (für jede dieser Maschinen müßte das allgemeine Halteproblem entschieden werden).
(g) Nicht rekursiv aufzählbar (Äquivalenz-Problem, Abschnitt 15.3).

Appendix B:
Ein Simulator für Turing-Maschinen

Diesem Buch liegt eine 3,5″-Diskette für IBM-PC-kompatible Computer bei. Sie enthält ein Simulationsprogramm für TMn, das in SCHEME – ein am *Massachusetts Institute of Technology* entwickelter LISP-Dialekt – geschrieben ist. Um das Programm auszuführen, benötigt man einen SCHEME-Interpreter. Die Diskette enthält die für das Simulationsprogramm erforderlichen Teile des Interpreters *PC Scheme/Geneva*.

Im folgenden bedeutet ein in spitzen Klammern eingeschlossenes Wort, gefolgt von einem Bindestrich und einem Buchstaben, daß Sie die mit dem Wort beschriftete Taste ihrer Eingabetastatur festhalten müssen, während Sie anschließend den Buchstaben eintasten; beispielsweise erzeugen Sie mit der Tastenkombinaton <Alt Gr>-\ das Zeichen "\" (genannt „Backslash"). Die Taste <Strg> ist auf manchen Computern als <Ctrl> oder ähnlich beschriftet.

Installieren der Software

1. Wählen Sie Laufwerk A (Eingabe `A:`).
2. Legen Sie die Diskette ein.
3. Geben Sie `installc` ein, wenn Sie den Simulator auf der Festplatte C einrichten wollen; zur Einrichtung auf Station D geben Sie `installd` ein (Sie können den Simulator aber auch von der Diskette, das heißt direkt von Station A aus laufen lassen, siehe unten „Laden von UTM").

Auf der gewählten Festplatte wird ein Hauptverzeichnis `turing` mit mehreren Unterverzeichnissen installiert. Davon sind für Sie interessant:

– Das Verzeichnis `aufg`; es enthält unsere Lösungsvorschläge zu den Aufgaben in Gestalt lauffähiger TM-Tabellen.

– Das Verzeichnis `tm` ist zum Zeitpunkt der Installation noch leer; es ist für die von Ihnen geschriebenen Tabellen bestimmt.

– Das Verzeichnis `tp` wird verschiedene Bänder enthalten, die Sie der Aufbewahrung wert erachten; zu Beginn enthält es nur das Band `unadd.tp`, ein Demonstrationsband zu Kapitel 12.

– Auch das Verzeichnis `log` ist anfangs leer, es dient zur Sammlung von Spuren, die Sie, zum Beispiel zwecks Analyse von Progammierfehlern, zeitweilig oder dauernd aufbewahren wollen.

– Das zunächst ebenfalls leere Verzeichnis `rsm` wird Dateien aufnehmen, die Ihnen die Fortsetzung unterbrochener Läufe ermöglichen.

Laden von UTM

Der Simulator UTM erlaubt es, TM-Tabellen zu laden, initiale Bandinschriften zu erzeugen, den Anfangszustand der Maschine und die initiale Position des Lesekopfs zu wählen, sowie den Lauf der TMn in verschiedenen Ausgabemodi zu verfolgen und zu dokumentieren.

Um zunächst UTM zu laden, begeben Sie sich mit der Eingabe `cd\turing` in das Verzeichnis `turing` (beim ersten Mal erledigt das die Installation für Sie). Sie tasten nun `utm` ein und betätigen die Eingabetaste.

Bedienung von UTM

Bei Programmstart meldet sich UTM mit einer Kopfzeile und fragt, ob Sie die Tabelle einer TM laden, eine Datei mit dem mitgegebenen Editor bearbeiten, oder das Programm wieder verlassen wollen.

```
UTM: Eine Universelle Turing-Maschine

   Laden, bearbeiten, oder verlassen [l|b|v]:
```

Im allgemeinen können Eingabeaufforderungen, die mit einem *Fragezeichen* enden, auch durch bloßes Drücken der Eingabetaste beantwortet werden. Eingabeaufforderungen, die mit einem *Doppelpunkt* enden, verlangen die Eingabe von Lettern; in diesen Fällen führt das bloße Drücken der Eingabetaste den Benutzer zum vorherigen Schritt zurück, was bequeme Korrektur früherer Eingaben ermöglicht.

Eine Ausnahme von dieser Regel bildet nur die eben erwähnte Eingabeaufforderung `Laden, bearbeiten, oder verlassen [l|b|v]:`, die stets mit einem der drei Buchstaben beantwortet werden muß.

Falls Sie mit l reagieren, fragt das Programm nach dem Namen einer zu ladenden TM-Tabelle: beantworten Sie diese Frage mit dem Namen einer Datei, die eine TM-Tabelle enthält, zum Beispiel `aufg\m.tm`, und drücken Sie die Eingabetaste. Beim *Laden* einer Datei nach Eingabeaufforderung können Sie auf das Eintasten der Endung `.tm` verzichten. Wenn Sie hier einen TM-Namen ohne Verzeichnisnamen eingeben, so sucht UTM eine zugehörige Datei nur im Verzeichnis `tm`.

```
UTM: Eine Universelle Turing-Maschine

   Laden, bearbeiten, oder verlassen [l|b|v]:   l
   Zu ladende Datei:                            aufg\m.tm
   Ausgabedatei?
```

Mit `Ausgabedatei?` fragt das Programm nach dem Namen einer Protokoll-Datei (Aufzeichnung der Spur), die es in das Verzeichnis `log` schreiben würde; der Name wäre von Ihnen – alphanumerisch bis zu acht Lettern – zu bestimmen. Zur Ausgabe der Spur auf einem angeschlossenen Drucker geben Sie hier `prn` ein. Wünschen Sie nicht, den Lauf zu protokollieren, so drücken Sie bloß die Eingabetaste.

Im nächsten Schritt fragt das Programm nach der Art, in der Sie das initiale Band eingeben wollen:

```
UTM: Eine Universelle Turing-Maschine

    Laden, bearbeiten, oder verlassen [l|b|v]:    l
    Zu ladende Datei:                             aufg\m.tm
    Ausgabedatei:
    Band [c|g|l|w]:
```

Die Optionen haben folgende Bedeutungen:

c (console) Die Bandinschrift wird vom Benutzer über die Tastatur eingegeben.

g (generieren) Mit Betätigung dieser Option überläßt Ihnen UTM die Wahl, ob Sie eine unäre oder die binäre Darstellung einer von Ihnen eingegebenen Dezimalzahl als initiales Band verwenden wollen. Auf dem Bildschirm erscheint die Eingabeaufforderung `Format [i|||b]:`. Mit der Eingabe i wählen Sie hier die Erzeugung einer Unärzahl aus der unären Einheit "I", auf | wird die Unärzahl aus der unären Einheit "|" generiert; b erzeugt die Binärdarstellung. Die darzustellende Zahl geben Sie auf die unmittelbar folgende Eingabeaufforderung `Dezimalzahl:` ein.

l (laden) Das Band wird von der von Ihnen nominierten Datei im Verzeichnis tp geladen. Banddateien in tp entstehen durch Eingabe eines Dateinamens auf die Eingabeaufforderung `Band speichern [Dateiname]?` hin, oder sie werden von Ihrem Editor aus nach tp geschrieben (siehe unten: Text-Editoren).

w (wiederaufnehmen) Ein unterbrochener Lauf wird wieder aufgenommen, und zwar durch Laden der letzten Spur-Daten vor dem Abbruch, falls im Verzeichnis rsm vorhanden (siehe unten).

Wenn Sie sich entschieden haben, die initiale Bandinschrift über die Tastatur einzugeben, sieht der Bildschirm aus wie folgt:

```
UTM: Eine Universelle Turing-Maschine

    Laden, bearbeiten, oder verlassen [l|b|v]:    l
    Zu ladende Datei:                             aufg\m.tm
    Ausgabedatei?
    Band [c|g|l|w]:                               c
    Initiales Band:
```

Sie geben nun die initiale Bandinschrift ein und drücken die Eingabetaste. Im nächsten interaktiven Schritt können Sie durch Eingabe eines Dateinamens dieses Band für künftige Läufe speichern. Es folgen Fragen nach dem Startzustand und nach dem Startfeld (das erste Bandfeld links zählt als Position 1).

```
Initiales Band
|-|
Band speichern [Dateiname]?
Startzustand:                                        1
Starten auf Bandfeld #                               1
Modus [l|s|i|c|k|z|p|v]?
```

Die Ausgabemodi werden durch Drücken einer einzelnen Taste gewählt und haben folgende Bedeutungen:

l   (langsam) Die einzelnen Züge der simulierten TM werden in automatischer Folge langsam auf den Bildschirm ausgegeben. Jede Momentaufnahme wird außerdem protokolliert, sofern Sie im Schritt `Ausgabedatei?` eine Datei namhaft gemacht haben (diese Dateien schreibt UTM selbsttätig in das Verzeichnis `log`).

s   (still) Auf dem Schirm (und in der angewählten Protokoll-Datei) erscheint die Meldung `Ausgabe abgeschaltet.`, sowie zur Kontrolle die erste Momentaufnahme des initiierten Laufs. Die weiteren Momentaufnahmen werden weder auf den Schirm noch in die Protokoll-Datei geschrieben. Es erscheinen erst wieder die terminale Momentaufnahme (oder gegebenenfalls eine Fehlermeldung) und die entsprechenden Abschlußmeldungen.

i   (inspizieren) UTM gibt die nächste Momentaufnahme auf den Schirm und in die Protokolldatei aus und wartet auf die nächste Anweisung des Benutzers.

c   (console) Dieser Modus entspricht dem Einzelschritt-Modus i, die Momentaufnahmen werden jedoch nur auf den Schirm geschrieben. Das heißt, sie erscheinen *nicht* in einer eventuell eingerichteten Protokoll-Datei; dort wird nur die Meldung `Ausgabe abgeschaltet.`, sowie die Zuganzahl bisher und die Bandposition des Lesekopfs („Buchhaltung") niedergelegt.

k   (quick) Wie Modus c, doch werden die Schritte der Simulation fortlaufend hintereinander auf den Schirm ausgegeben.

z   (zap) Der Benutzer wird nach einer Anzahl von Schritten gefragt, die UTM ohne Ausgabe ausführen soll. In einer eventuell vorhandenen Protokoll-Datei erscheinen nur die erste und die letzte Momentaufnahme der Zugfolge, zusammen mit einer Meldung des z-Modus und der Buchhaltung.

p   (Periode) Der Benutzer wird nach einer Anzahl von Zügen gefragt und im folgenden werden nur die Momentaufnahmen nach Erledigung dieser Zuganzahl periodisch ausgegeben. Ist eine Protokoll-Datei eingerichtet, so erscheinen diese Daten auch dort.

v   (verlassen) Die Simulation der Maschine, deren Tabelle geladen wurde, wird beendet.

Der *Standard-Ausgabemodus* wird durch bloßes Drücken der Eingabetaste gewählt. Dieser Modus faßt Schritte mit einstelligen Zustandsnummern, solange sie in der gleichen Bandrichtung erfolgen, zu integrierten Aufzeichnungen zusammen (vergleiche Seite 24f), die auf den Schirm ebenso wie in die vorgewählte Protokoll-Datei ausgegeben werden. Falls Sie sich in unserem Beispiel für diese Option entscheiden, sieht der Bildschirm aus wie folgt:

```
UTM: Eine Universelle Turing-Maschine
        Laden, bearbeiten, oder verlassen [l|b|v]: l
        Zu ladende Datei:                              aufg\m.tm
        Ausgabedatei?
        Band [c|g|l|w]:                                c
        Initiales Band
        |-|
        Band speichern [Dateiname]?
        Startzustand:                                  1
        Starten auf Bandfeld #:                        1
        Modus [l|s|i|c|k|z|p|v]?
        |-|
    *   1
        --|
    R   2345
    >   ----|
    L     76
        --|-|
    R      3
        --|-|
    L   988
        |-|-|
    R   1
        |-|-|
    *  10
    <   -|-|-|
    *  10
        -|-|-|
    *    0
        Selbst-Stop
        14 Züge
        Position des Lesekopfs: 1.
        Band speichern [Dateiname]?
        TM aufg\m.tm verlassen [v]?
```

Vorletzte Zeile: Durch Eingabe eines Dateinamens können Sie die terminale Bandzeile im Verzeichnis tp zur späteren Weiterverwendung aufbewahren. Mit der Eingabe eines v nach der Aufforderung der letzten Zeile gelangen Sie wieder auf die oberste Ebene von UTM; bloßes Drücken der Eingabetaste bereitet einen neuen Lauf der selben TM vor.

Die Zeichen am linken Rand der Spur haben folgende Bedeutung (siehe auch Seite 24):

* Diese Maschinenzeile beschreibt einen einzelnen Zustand.

R Diese Maschinenzeile beschreibt eine Folge von Zuständen mit einstelligen (Zahlen-)Namen, die TM hat sich während dieser Zugfolge nach rechts bewegt.

L   Wie R, doch Bewegung nach links.

>   (Bandzeile) Das Band wurde am rechten Ende verlängert.

<   Das Band wurde am linken Ende verlängert. In diesem Fall stimmen die Positionen in der über dieser Bandzeile erscheinenden Maschinenzeile nicht mit den in diesen Positionen beschrifteten Bandfeldern überein; im allgemeinen ist aber die Korrelation mühelos herzustellen.

Während der Simulator läuft, können Sie jederzeit den Ausgabemodus wechseln, indem Sie die entsprechende Taste drücken. Zur detaillierten Analyse des Verhaltens einer TM empfehlen sich die Modi `i` und `c`.

Falls Sie die Simulation mit `v` abbrechen, haben Sie die Option, den aktuellen Zustand der Berechnung, das heißt die aktuelle Momentaufnahme, in einer Wiederaufnahmedatei zu speichern (es erscheint die Eingabeaufforderung `Aktuellen Zustand speichern [Dateiname]?`). So können Sie die Berechnung zu einem späteren Zeitpunkt fortsetzen lassen, indem Sie – statt die Abbruchdaten durch Eingabe manuell zu rekonstruieren – auf die Eingabeaufforderung `Band [c|g|l|w]:` mit der Option `w` reagieren und danach den Namen der Wiederaufnahmedatei eingeben. Die Berechnung wird aber nur dann fortgeführt, wenn der vollständige Name der neu geladenen TM mit dem Namen der vorher benutzten TM übereinstimmt.

Das Herstellen von Dateien mit einem Text-Editor

Alle in Frage kommenden Dateien sind reine Text-Dateien, die mit einem beliebigen Text-Editor erzeugt werden können. Falls Sie einen Text-Editor mit Formatierungsfunktionen verwenden, achten Sie bitte darauf, die Dateien als reine Text-Dateien abzuspeichern. Bei *Microsoft Word* zum Beispiel erreichen Sie das, indem Sie beim Sichern die Option „Nur Text" wählen. Auf der Ebene der Verzeichnisse, also außerhalb von UTM, gelten die Regeln von DOS (oder WINDOWS etcetera).

Eintragungen in die Verzeichnisse `log` und `rsm` werden stets in UTM angewählt, nämlich durch Eingabe von Dateinamen auf die Eingabeaufforderungen `Ausgabedatei?`, beziehungsweise `Aktuellen Zustand speichern [Dateiname]?` nach Wahl des Ausgabemodus `v` (wie oben erwähnt).

Auch die Dateien im Verzeichnis `tp` entstehen normalerweise auf diesem Weg (Eingabe eines Dateinamens auf die Eingabeaufforderung `Band speichern [Dateiname]?`). Wenn Sie indessen ein Band außerhalb von UTM herstellen wollen, so geben Sie das Band in Ihrem Text-Editor als fortlaufende Zeile ein; Sie speichern es unter einem von Ihnen gewählten Dateinamen „bandname" als `\turing\tp\bandname.tp`. Ähnlich laden Sie eine von UTM angelegte Spur-Datei unter `\turing\log\spurname.log` in den Editor, wenn Sie diese Spur auf dem Bildschirm betrachten wollen, oder Sie geben sie unter diesem Namen auf Ihrem Drucker aus (auf der Ebene des Verzeichnisses `turing` geben Sie dazu `copy log\spurname.log prn` ein).

Wir empfehlen, das Verzeichnis `aufg` nicht zu verändern. Es steht Ihnen frei, in Ihrem Hauptverzeichnis `turing` weitere Unterverzeichnisse einzurichten

(Beispiel: `C:\TURING>md neuetmn`). UTM behandelt alle diese neuen Verzeichnisse als *Verzeichnisse von TM-Tabellen.* Dateien aus tiefer gestaffelten Verzeichnissen (etwa: `\turing\neuetmn\unaertmn\unv.tm`) kann UTM nicht laden.

Die Namen von TM-Tabellen enden (im Verzeichnis `tm` ebenso wie im Verzeichnis `aufg` oder in den von Ihnen neu eingerichteten Verzeichnissen) mit `.tm` – beispielsweise speichern Sie Ihre Tabelle „tmname" im Verzeichnis „verz" korrekter Weise als `\turing\verz\tmname.tm`. Die TM-Tabellen bestehen aus Folgen von Quintupeln (siehe Kapitel 2). Jedes Quintupel beginnt mit einer öffnenden Klammer und endet mit einer schließenden Klammer. Die fünf Komponenten eines Quintupels bezeichnen unserer Konvention gemäß: den aktuellen Zustand der TM, das gelesene Zeichen, das zu schreibende Zeichen, die Bewegungsrichtung des Lesekopfs, und den Folgezustand, in dieser Reihenfolge. Das Leerzeichen ist stets "–"; ein von der jeweils laufenden TM angefordertes neues Bandfeld wird von UTM als der unmittelbaren Umgebung der TM mit diesem Zeichen beschriftet zu Verfügung gestellt. Die Bewegungsrichtung (vierte Komponente der Quintupeln) wird durch die Zeichen "L" (nach links) und "R" (nach rechts) angegeben. Groß- und Kleinbuchstaben werden von UTM nicht unterschieden. Die Null steht für den terminalen Zustand.

Zeilen, die mit einem Semikolon (";") beginnen, sind Kommentare und werden von UTM ignoriert. Wenn Sie in UTM versuchen, auf die Eingabeaufforderung `Zu ladende Datei:` eine nicht wohlgeformte TM-Tabelle zu laden, so gibt UTM entsprechende Hinweise als Fehlermeldungen aus. Sollten Sie innerhalb einer TM-Tabelle irrtümlich das selbe Argument (aktueller Zustand, gelesenes Zeichen) mehrfach verwendet haben, so nimmt UTM während eines Laufs dieser TM das erste dieser Quintupeln für das maßgebliche. Im übrigen ist die Reihenfolge der Quintupeln oder Ihre Anordnung auf dem Bildschirm während des Editierens ohne Belang; zweckmäßiger Weise indes wählen Sie eine möglichst übersichtliche Anordnung.

Beispielsweise sieht die lauffähige Tabelle unserer in `\turing\aufg\m.tm` verzeichneten unären Multiplikationsmaschine wie folgt aus:

```
;M.TM
( 1 - - L 10)   ( 1 I - R  2)
( 2 - - R  3)   ( 2 I I R  2)
( 3 - - L  8)   ( 3 I - R  4)
( 4 - - R  5)   ( 4 I I R  4)
( 5 - I L  6)   ( 5 I I R  5)
( 6 - - L  7)   ( 6 I I L  6)
( 7 - I R  3)   ( 7 I I L  7)
( 8 - - L  9)   ( 8 I I L  8)
( 9 - I R  1)   ( 9 I I L  9)
(10 - - R  0)   (10 I I L 10)
```

Man beachte, daß alle in `aufg` gespeicherten TMn die unäre Einheit "I" verwenden.

Der mitgegebene Text-Editor EDWIN

Beantworten Sie die Eingabeaufforderung `Laden, bearbeiten, oder verlassen [l|b|v]:` mit b, so wird Ihnen dieser für die Herstellung von Tabellen und Bändern sehr geeignete Editor zur Verfügung gestellt. Von seinen vielen Möglichkeiten beschreiben wir hier nur die unverzichtbaren (mehr findet man zum Beispiel in dem Band Texas Instruments *1990*, siehe Literaturangaben).

Die Tastenkombination <Strg>-x <Strg>-v lädt eine neue Datei in den Editor. Es erscheint in der Fußzeile eine englische Eingabeaufforderung, die Sie mit der Angabe des Verzeichnisses, in dem sich die zu bearbeitende Datei befindet, zusammen mit dem dort aufscheinenden Dateinamen, und Drücken der Eingabetaste beantworten müssen. Auf die Angabe des Hauptverzeichnisses `\turing` können Sie in EDWIN verzichten. Beispielsweise bringt die Eingabe <Strg>-x <Strg>-v und `verz\versuchs.tm` die Datei „versuchs.tm" aus dem Verzeichnis „verz" in den Editor, falls sich in `verz` eine Datei dieses Namens befindet.

Die Tastenkombination <Strg>-x <Strg>-s speichert die Datei unter jenem Namen, den Sie beim Laden angegeben haben.

Die Tastenkombination <Strg>-x <Strg>-w speichert die im Editor befindliche Datei unter jenem Namen, den Sie auf die erscheinende Eingabeaufforderung hin eintasten.

Die Tastenkombination <Strg>-x <Strg>-z verläßt den Editor und bringt Sie wieder auf die oberste Ebene von UTM zurück. Die im Editor befindliche Datei bleibt dort erhalten. Mit dieser Option können Sie zum Beispiel einen TM-Entwurf in UTM ausprobieren, wenn Sie ihn zuvor gespeichert haben, und jederzeit (mit der Anwort b auf die Eingabeaufforderung `Laden, bearbeiten, oder verlassen [l|b|v]:`) zu ihm zurückkehren, um ihn zu verändern.

Die Tastenkombination <Strg>-x <Strg>-c verläßt den Editor und bringt Sie wieder nach UTM zurück. Die im Editor geladene Datei wird dort gelöscht.

Die Tastenkombination <Strg>-g macht alle zuvor gesetzten <Strg>-Befehle rückgängig, sofern Sie nicht bereits die Eingabetaste gedrückt haben.

Mit der Eingabetaste beenden Sie eine Zeile.

Mit den Pfeiltasten können Sie den Kursor in der in den Editor geladenen Datei bewegen.

Die Backspace-Taste löscht das Zeichen vor dem Kursor.

Die Entf-Taste löscht das Zeichen an der Position des Kursors.

Die Tastenkombination <Strg>-k löscht die Zeile rechts vom Kursor.

Die Tastenkombination <Strg>-y fügt die letzte mit <Strg>-k gelöschte Zeichenkette an der Stelle des Kursors ein.

Betätigung der normalen Zeichen-Tasten führt zur Einfügung der entsprechenden Zeichen an der Positon des Kursors.

Anmerkung: Einige Zeichen, darunter die runden Klammern "(" und ")", der Punkt und das Semikolon, haben festgelegte Steuerungsfunktionen in SCHEME. Der Anfänger sollte also nicht versuchen, sie als Bandzeichen oder Zustandsbezeichnungen zu verwenden (darauf nehmen wir beispielsweise in Aufgabe 8.7 Bezug). Der Fortgeschrittenere freilich kann sich Ihrer ohne weiteres bedienen:

er schreibt sie in seine TM-Tabellen unter unmittelbarem Voransetzen eines Backslash-Zeichens, also beispielsweise \ (. Die Eingabe eines Bandes in UTM erfolgt aber ohne den Backslash. Die ästhetisch vielleicht bessere Verwendung von "|" (wie im Text) statt "I" als Zeichen für die unäre Einheit wird durch Setzen des Doppelzeichens \|, also <Alt Gr>- Backslash <Alt Gr>-|, oder, kürzer, des Zeichens "!" in den Tabellen ermöglicht. Für die Bänder fällt der Backslash weg, das Zeichen "!" kann gleichfalls eingesetzt werden.

Normalerweise sollten Sie die UTM unterliegende SCHEME-Ebene nicht zu sehen bekommen. Da wir jedoch Fehler unseres Programms (oder unserer Voraussicht) nicht völlig ausschließen können (siehe Kapitel 15), beschreiben wir zuletzt, wie Sie beim Auftreten eines derartigen Fehlers zum Kommando-Interpreter von DOS zurückkehren. Falls auf dem Bildschirm Fehlermeldungen durch eine Zeile mit einer Zahl zwischen eckigen Klammern (etwa: [1]) abgeschlossen werden, führt Sie Eingabe von (utm) wieder auf die höchste Ebene von UTM zurück. Die in EDWIN geladene Datei bleibt dabei im letzten Stand ihrer Bearbeitung erhalten und kann mit Eingabe von b weiter verändert werden. Mit der Eingabe (exit) aber gelangen Sie auf die Kommando-Ebene von DOS zurück; reagieren Sie sinngemäß auf die eventuell zuvor noch erscheinenden Eingabeaufforderungen von EDWIN.

Literatur

Harold Abelson und Gerald Jay Sussman. *Structure and Interpretation of Computer Programs.* MIT Press, Cambridge MA, 1989. Deutsch: Struktur und Interpretation von Computerprogrammen, Springer, Berlin, 1993.

Andreas Bartholomé, Josef Rung und Hans Kern. *Zahlentheorie für Einsteiger.* Vieweg, Braunschweig, 1995.

Jon Barwise und John Etchemendy. *Turing's World 3.0 / An Introduction to Computability Theory.* CSLI Publications (Center for the Study of Language and Information), Stanford CA, 1993.

George S. Boolos und Richard C. Jeffrey. *Computability and Logic.* Cambridge University Press, 3. Auflage, 1989.

Taylor L. Booth. *Sequential Machines and Automata Theory.* John Wiley and Sons, New York NY, 1967.

Jorge Luis Borges. *Fiktionen.* Fischer Taschenbuch Verlag, Frankfurt am Main, 1992.

Allen H. Brady. The Determination of the Value of Rado's Noncomputable Function $\Sigma(k)$ for Four-State Turing Machines. *Mathematics of Computation*, 40(162): 647–665, April 1983.

Allen H. Brady. The Busy Beaver Problem and the Meaning of Life. In Herken 1988, pp. 259–277.

Arthur W. Burks (Hg.). John von Neumann. Theory of Self-reproducing Automata. University of Illinois Press, Urbana IL, 1966.

Arthur W. Burks (Hg.), Essays on Cellular Automata. University of Illinois Press, Urbana IL, 1970.

Gregory J. Chaitin. Randomness and Mathematical Proof. *Scientific American*, (232): 47–52, 1975.

Gregory J. Chaitin. Randomness in Arithmetic. *Scientific American*, (259): 80–85, 1988.

Gregory J. Chaitin. *Information, Randomness & Incompleteness.* World Scientific, Singapur, 2. Auflage, 1990.

Alonzo Church. An Unsolvable Problem of Elementary Number Theory. *American Journal of Mathematics*, 58: 345–363, 1936.

William Clinger und Jonathan Rees. *Revised[4] Report on the Algorithmic Language Scheme.* Technischer Report, November 1991.

Peter Damerow und Wolfgang Lefèvre (Hg.). *Rechenstein, Experiment, Sprache / Historische Fallstudien* zur *Entstehung der exakten Wissenschaften.* Klett-Cotta, Stuttgart, 1981.

Martin Davis. The Definition of Universal Turing Machine. *Proceedings of the American Mathematical Society*, 8(6): 1125–1126, Dezember 1957.

Martin Davis. *Computability & Unsolvability.* Dover, New York NY, 1982 (1958).

Martin Davis (Hg.). *The Undecidable.* Raven Press, Hewlett NY, 1965.

A. K. Dewdney. A Computer Trap for the Busy Beaver, the Hardest-Working Turing Machine. *Scientific American*, 251(2): 10–17, 1984; 252(3): 19, 1985; 252(4): 16, 1985.

Bernhard Dotzler und Friedrich Kittler (Hg.). *Alan Turing: Intelligence Service.* Brinkmann & Bose, Berlin, 1987.

Duden Etymologie, Der Große Duden, Band 7. Bibliographisches Institut, Mannheim, 1963.

Michael Eisenberg. *Programming in Scheme.* MIT Press, Cambridge MA, 1990.

Jerome Fox, R. Crowell und R.Meyerson (Hg.). *Proceedings of the Symposium on Mathematical Theory of Automata, New York NY, April 24,25,26 1962.* Polytechnic Press of the Polytechnic Institute of Brooklyn, Brooklyn NY, 1963.

Robin Gandy. Church's Thesis and Principles for Mechanisms. In Jon Barwise, H. Jerome Keisler und K. Kunen (Hg.), *The Kleene Symposium*, pp. 123–148. North-Holland, Amsterdam, 1980.

Michael R. Garey und David S. Johnson. *Computers and Intractability: A Guide to the Theory of NP-Completeness*. Freeman, 1979.

Kurt Gödel. Über formal unentscheidbare Sätze der Principia Mathematica und verwandter Systeme I. *Monatshefte für Mathematik und Physik*, (38): 172–198, 1931.

Michael Gössel. *Angewandte Automatentheorie I, II*. Akademie-Verlag, Berlin, 1972.

Michael Gössel. *Wahrscheinlichkeitsautomaten und Zufallsfolgen*. Akademie-Verlag, Berlin, 1975.

G. Grosche, V. Ziegler und D. Ziegler (Hg.). *Ergänzende Kapitel zu Bronstein / Semendjajew: Taschenbuch der Mathematik*. Harry Deutsch, Thun und Frankfurt am Main, 1991.

Paul R. Halmos. *Naive Mengenlehre*. Vandenhoeck & Ruprecht, Göttingen, 4. Auflage, 1976.

Brian Hayes. On the Finite-State Machine, a Minimal Model of Mousetraps, Ribosomes and the Human Soul. *Scientific American*, 249(6): 11–16, 1983.

Rolf Herken (Hg.). *The Universal Turing Machine / A Half Century Survey*. Kammerer & Unverzagt, Berlin und Hamburg, 1988. Neuauflagen: Springer, Wien, 1994; Oxford University Press, Oxford 1997.

Hans Hermes. *Aufzählbarkeit, Entscheidbarkeit, Berechenbarkeit*. Springer, Berlin, 1961.

A. Heyting (Hg.), *Constructivity in Mathematics*, North-Holland, Amsterdam, 1959.

Erich Hochstetter, Hermann J. Greve und Heinz Gumin. *Herrn von Leibniz' Rechnung mit Null und Eins*. Siemens AG, Berlin und München, 1966.

Andrew Hodges. *Alan Turing: The Enigma*. Simon and Schuster, New York NY, 1983. Deutsch: Alan Turing, Enigma. Springer, Wien, 1994.

Douglas R. Hofstadter. *Gödel, Escher, Bach: An Eternal Golden Braid*. Basic Books, New York NY, 1979. Deutsch: Gödel, Escher, Bach: ein endloses geflochtenes Band, Klett-Cotta, Stuttgart, 14. Auflage, 1995.

John E. Hopcroft. Turing Machines. *Scientific American*, 250(5): 70–80, 1984.

John E. Hopcroft und Jeffrey D. Ullman. *Introduction to Automata Theory, Languages, and Computation*. Addison-Wesley, 1979. Deutsch: Einführung in die Automatentheorie, Formale Sprachen und Komplexitätstheorie. Addison-Wesley, 3. Auflage, Bonn, 1994.

Günter Hotz und Hermann Walter. *Automatentheorie und formale Sprachen / I. Turingmaschinen und rekursive Funktionen*. Bibliographisches Institut, Mannheim, 1968.

R. W. House und Tibor Rado. An Approach to Artificial Intelligence. In *IEEE Special Publication*, Nummer S-142, pp. 111–116. Januar 1964.

Konrad Jacobs (Hg.). *Selecta Mathematica I–IV*. Springer, Berlin, 1969–1972.

László Kalmár. An Argument against the Plausibility of Church's Thesis. In A. Heyting, 1959, pp. 72–80.

Franz Kaltenbeck und Peter Weibel (Hg.). *Studien zur Theorie der Automaten*. Rogner & Bernhard, München, 1974. Erweiterte Ausgabe und Übersetzung von Shannon/McCarthy (1956).

Brian W. Kernighan und Dennis M. Ritchie. *The C Programming Language*. Prentice-Hall, Englewood Cliffs NJ, 2. Auflage, 1978.

Stephen Cole Kleene. *Introduction to Methamathematics*, Band 1 der *Bibliotheca Mathematica*. North-Holland, Amsterdam, 1971.

Donald Ervin Knuth. *The Art of Computer Programming*, Band 1–3. Addison-Wesley, Reading MA, 1995 (1968).

Kenneth B. Krohn und J. L. Rhodes. Algebraic Theory of Machines. In Fox/Crowell/Meyerson, 1963, pp. 341–384.

Chester Y. Lee. A Turing Machine Which Prints Its Own Code Script. In Fox/Crowell/Meyerson, 1963, pp. 155–164.

Manuel Lerman. *Degrees of Unsolvability / Local and Global Theory*. Springer, Berlin, 1983.

Lucien Levy-Brühl. *Das Denken der Naturvölker*. Braumüller, Wien und Leipzig, 1921.

Harry R. Lewis und Christos H. Papadimitriou. *Elements of the Theory of Computation*. Prentice-Hall, Englewood Cliffs NJ, 1981.

Shen Lin und Tibor Rado. Computer Studies of Turing Machine Problems. *Journal of the Association for Computing Machinery*, 12(2): 196–212, 1965.

Per Martin-Löf. The Definition of Random Sequences. *Information and Control*, (9): 602–619, 1966.

Marvin Minsky. *Computation: Finite and Infinite Machines*. Prentice-Hall, London, 1967. Deutsch: Berechnung: Endliche und unendliche Automaten, Berliner Union, Stuttgart, 1971.

Richard von Mises. *Wahrscheinlichkeit, Statistik und Wahrheit*. Springer, Wien, 1951.

Ernest Nagel und James R. Newman. *Gödel's Proof*. Routledge & Kegan Paul, 1959. Deutsch: Der Gödelsche Beweis. Oldenbourg, München, 5. Auflage, 1992.

Arnold Oberschelp. *Aufbau des Zahlensystems*. Vandenhoeck & Ruprecht, Göttingen, 3. Auflage, 1976 (1968).

Arnold Oberschelp. *Rekursionstheorie*. BI-Wissenschaftsverlag, Mannheim, 1993.

D. L. Parnas. On the Criteria To Be Used in Decomposing Systems into Modules. *Communications of the Association for Computing Machinery*, 15(12): 1053–1058, 1972.

Rózsa Péter. Rekursivität und Konstruktivität. In A. Heyting, 1959, pp. 226–233.

Rózsa Péter. *Playing with Infinity / Mathematical Explorations and Excursions*. Dover, New York NY, 1976 (1943).

Jean Piaget und Alina Szeminska. *Die Entwicklung des Zahlbegriffs beim Kinde*. Klett, Stuttgart, 1994.

Henri Poincaré. *Der Wert der Wissenschaft*. B. G. Teubner, Leipzig, 1906.

Henri Poincaré. Die Logik des Unendlichen. In Poincaré 1913, pp. 99–143 (1909).

Henri Poincaré. Die Mathematik und die Logik. In Poincaré 1913, pp. 143–164 (1912).

Henri Poincaré. *Letzte Gedanken von Henri Poincaré*. Akademische Verlagsgesellschaft, 1913. Französisch: Dernières Pensées, Flammarion, Paris, 1913.

Henri Poincaré. *Wissenschaft und Methode*. Wissenschaftliche Buchgesellschaft, Darmstadt, 1973 (1914).

Emil L. Post. Finite Combinatory Processes – Formulation I. *The Journal of Symbolic Logic*, 1(3): 103–105, 1936. Wiederabdruck in Post 1994, pp. 103–105.

Emil L. Post. Recursively Enumerable Sets of Positive Integers and their Decision Problems. *Bulletin of the American Mathematical Society*, (50): 284–316, 1944. Wiederabdruck in Post 1994, pp. 461–494.

Emil L. Post. *Solvability, Provability, Definability: The Collected Works of Emil L. Post*. Herausgegeben von Martin Davis. Birkhäuser, Boston, 1994.

Wilhelm Thierry Preyer. *Die Seele des Kindes*. Th. Grieben, Leipzig, 8. Auflage, 1912.

Michael O. Rabin und Dana Stewart Scott. Finite Automata and their Decision Problems. *IBM Journal of Research and Development*, 3(2): 114–125, 1959. Deutsch in Kaltenbeck/Weibel 1974, pp. 327–361.

Tibor Rado. On Non-computable Functions. *The Bell System Technical Journal*, 41: 877–884, 1962.

Tibor Rado. On a Simple Source for Non-computable Functions. In Fox/Crowell/Meyerson 1963, pp. 75–81.

Jules Richard. Les principes des mathèmatiques et le problème des ensembles. *Revue générale des Sciences pures et appliquées*, 16(12): 541, 1905.

John Barkley Rosser. An Informal Exposition of Proofs of Gödel's Theorem and Church's Theorem. *The Journal of Symbolic Logic*, (4): 53–60, 1939. Abdruck in Davis (1965), pp. 223–230.

Bertrand Russell. Les paradoxes de la logique. *Revue de Métaphysique et de Morale*, 14(5): 627–650, 1906.

Peter Sander, Wolffried Stucky und Rudolf Herschel. *Automaten – Sprachen – Berechenbarkeit*. B. G. Teubner, Stuttgart, 1992.

Denise Schmandt-Besserat. The Earliest Precursor of Writing. *Scientific American*, 238(6): 38–47, 1978.

Claude Elwood Shannon. A Universal Turing Machine with Two Internal States. In Shannon/McCarthy 1956, pp. 157–165. Wiederabdruck in Sloane/Wyner 1993, pp. 733–741. Deutsch:

Eine universelle Turingmaschine mit zwei inneren Zuständen. In Kaltenbeck/Weibel 1974, pp. 183–193.

Claude Elwood Shannon und John McCarthy (Hg.). *Automata Studies.* Princeton University Press, Princeton NJ, 1956.

N. J. A. Sloane und Aaron D. Wyner (Hg.). *Claude Elwood Shannon: Collected Papers.* IEEE Press, 1993.

Texas Instruments. *PC Scheme: User's Guide & Software,* 1988. MIT Press, Cambridge MA (1990).

James W. Thatcher. The Construction of a Self-Describing Turing Machine. In Fox/Crowell/Meyerson 1963, pp. 165–171.

Flemming Topsøe. *Informationstheorie: Eine Einführung.* B. G. Teubner, Stuttgart, 1974.

Boris A. Trachtenbrot. *Wieso können Automaten rechnen?* N. J. Hoffmann, Köln, o. J.

Boris A. Trachtenbrot. *Algorithmen und Rechenautomaten.* VEB Deutscher Verlag der Wissenschaften, Berlin, 1977.

Alan Mathison Turing. On Computable Numbers, with an Application to the Entscheidungsproblem. *Proceedings of the London Mathematical Society (2),* 42(3): 230–265, 1936; 43(7): 544–546, 1937. Deutsch in Dotzler/Kittler 1987, pp. 17–60.

Alan Mathison Turing. Systems of Logic Based on Ordinals. *Proceedings of the London Mathematical Society (2),* 45: 161–228, 1939. Abdruck in Davis (1965), pp. 155–222.

Alan Mathison Turing. Solvable and Unsolvable Problems. Deutsch in Dotzler/Kittler, 1987, pp. 61–80.

Judson Chambers Webb. *Mechanism, Mentalism, and Metamathematics.* D. Reidel, Dordrecht, 1980. Deutsch: Maschine, Mensch und Metamathematik, Springer, Wien, 1998.

Max Wertheimer. Über das Denken der Naturvölker. I. Zahlen und Zahlgebilde. *Zeitschrift für Psychologie, 1. Abteilung,* 60(5/6): 321–378, 1912.

Eugene Paul Wigner. The Unreasonable Effectiveness of Mathematics in the Natural Sciences. *Communications on Pure and Applied Mathematics,* pp. 1–14, 1960. Wiederabdruck in: The Collected Works of Eugene Paul Wigner. Part B, Volume VI, pp. 534–549. Annotated by Gérard G. Emch, edited by Jagdish Mehra. Springer, Berlin, 1995.

Niklaus Wirth. *Systematisches Programmieren.* B. G. Teubner, Stuttgart, 1993.

SpringerComputerkultur

Oswald Wiener

Schriften zur Erkenntnistheorie

1996. 12 Abbildungen. XXV, 340 Seiten.
Broschiert DM 69,–, öS 485,–
ISBN 3-211-82694-7
Computerkultur, Band X

Erstmals sind die Arbeiten Oswald Wieners zur Erkenntnistheorie aus den Jahren 1965 bis 1995 in einem Band versammelt. Die durch ungewöhnliche Erscheinungsorte erschwerte Zugänglichkeit und der geringe Bekanntheitsgrad dieser Texte stehen in einem krassen Mißverhältnis zu deren Bedeutung für das Verständnis und die kritische und konstruktive Betrachtung der fundamentalen Wandlung, die die Erkenntnistheorie im Zusammenhang mit der Auseinandersetzung mit dem Computer zu kennzeichnen begonnen hat.

Die Aktualität der Arbeiten ist vor allem ein Ausdruck der Originalität und Konsequenz, mit der Wiener zeitlos gültige Automatentheorie mit Empirie der Introspektion verbindet. Der Versuch der Selbstbeobachtung bei Vorgängen der Wahrnehmung und des Verstehens sowie der Versuch einer Beschreibung dieser Vorgänge mit Hilfe von Modellbildungen aus der Automatentheorie haben ihn zu bemerkenswerten Ergebnissen geführt, die unter anderem für die Beantwortung der Frage nach der Natur der Vorstellungsbilder und ihrer Rolle im menschlichen und im maschinellen Denken von Bedeutung sind.

„... Wieners strenge Weiterführung von Turings Vorschlägen zeigt aufs eindrücklichste ... daß auch für ihn die Maschinen-Metapher sich am besten eignet, das Konzept „Geist" resp. „spezifisch eingeschränktes System" ohne metaphysische Flunkereien zu behandeln..."

Basler Zeitung

SpringerWienNewYork

Sachsenplatz 4–6, P.O.Box 89, A-1201 Wien, Fax +43-1-330 24 26
e-mail: order@springer.at, Internet: http://www.springer.at
New York, NY 10010, 175 Fifth Avenue • D-14197 Berlin, Heidelberger Platz 3
Tokyo 113, 3-13, Hongo 3-chome, Bunkyo-ku

SpringerComputerkultur

Rolf Herken (ed.)

The Universal Turing Machine

A Half-Century Survey

Second edition
1995. 29 figures. XVI, 611 pages.
Soft cover DM 76,–, öS 534,–
ISBN 3-211-82637-8
Computerkultur, Vol. II

"On Computable Numbers, with an Application to the Entscheidungs-problem", Alan Turing's paper of 1937, contained his thesis that every effective computation can be programmed on such an automation as that called Turing machine. Furthermore it proved the unsolvability of the halting problem and of the decision problem for first order logic, and it presented the invention of the universal Turing machine. It is that publication that will presumably be acknowledged as marking sub specie aeternitatis the beginning of the "computer age".
This volume recognizes the still continuing influence of the Turing machine concept by collecting contributions from international specialists in logic, computability, mathematics, biology, physics, linguistics, and cognitive science, thus signalling the exceptionally wide scope of that concept.

 **SpringerWienNewYork**

Sachsenplatz 4–6, P.O.Box 89, A-1201 Wien, Fax +43-1-330 24 26
e-mail: order@springer.at, Internet: http://www.springer.at
New York, NY 10010, 175 Fifth Avenue • D-14197 Berlin, Heidelberger Platz 3
Tokyo 113, 3-13, Hongo 3-chome, Bunkyo-ku